JN418802

철도운전이론 해설

황보 작 著

* 철도운전이론 완벽해설
* 기출문제 응용풀이 및 실전예상문제 수록

에듀컨텐츠·휴피아
ECH Educontents Huepia

EduContents
B&B
Book&Brain

차 례

철도운전이론 해설

황보 작 著

* 철도운전이론 완벽해설
* 기출문제 응용풀이 및 실전예상문제 수록

에듀컨텐츠·휴피아
ECH Educontents·Huepia

I. 철도차량운전면허제도 안내

에듀컨텐츠·휴피아
ECH Educontents·Huepia

▣ 철도차량운전면허제 배경

→ 면허제 시행 이전에는 철도차량 운전업무종사자에 대한 선발기준이 철도운영기관별로 달라 다소 문제가 많았다. 이후 철도안전에 대한 중요성이 높아짐에 따라 국가가 철도면허에 대한 통일적인 기준을 정하여 자격을 부여하고 보다 체계적으로 관리하기 위함.

→ 철도차량운전자의 자격제도를 도입하여 철도기관사의 자질을 향상시키고, 기관사의 과실로 인한 철도사고를 줄일 수 있음.

▣ 법적근거

→ **철도안전법:** 제10조(철도차량 운전면허), 제21조(운전업무수행의 필요요건)

→ **철도안전법시행령:** 제10조(운전면허 없이 운전할 수 있는 경우), 제20조(운전면허취득절차의 일부 면제)

→ **철도안전법시행규칙:** 제10조(교육훈련 철도차량 등의 표지) 내지 제38조(운전실무수습의 관리 등)

- 철도차량 운전면허시험 시행지침
- 철도차량 운전면허응시자 및 철도종사자 신체검사에 관한 지침
- 철도차량 운전면허응시자 및 철도종사자 적성검사 시행지침
- 철도종사자 등에 관한 교육훈련 시행지침

▣ 운전면허의 종류

→ **제1종 전기차량 운전면허:** 전기기관차 및 철도장비를 운전할 수 있는 면허

→ **제2종 전기차량 운전면허:** 전기동차 및 철도장비를 운전할 수 있는 면허

→ **고속철도차량 운전면허:** 고속철도차량 및 철도장비를 운전할 수 있는 면허

→ **디젤차량 운전면허:** 디젤기관차, 디젤동차, 증기기관차 및 철도장비를 운전할 수 있는 면허

→ **철도장비 운전면허:** 철도건설 및 유지 보수에 필요한 기계 또는 장비, 철도시설의 검측장비, 철도·도로를 모두 운행할 수 있는 철도 복구장비, 전용철도에서 시속 25Km 이하로 운전하는 차량, 사고복구용 기중기를 운전할 수 있는 면허

▣ 운전면허자격 결격사유

- 19세 미만인 사람
- 정신질환자 또는 뇌전증환자
- 마약, 대마, 향정신성의약품 또는 알코올 중독자
- 듣지 못하는 자, 앞을 보지 못하는 자, 그 밖에 대통령령으로 정하는 신체장애인
- 운전면허가 취소된 날부터 2년이 경과되지 아니하였거나 운전면허의 효력정지기간 중에 있는 자

▣ 운전면허 유효기간 및 갱신

➜ **운전면허의 유효기간**: 10년

➜ 운전면허의 효력을 계속시키고자 하는 자는 운전면허의 유효기간 만료일 전 6개월 이내에 면허갱신을 해야 함

➜ **운전면허 갱신에 필요한 조건**

- 운전면허의 유효기간 내 6개월 이상 해당 철도차량운전업무에 종사한 경력이 있는 경우
- 위 사항과 동등 이상 경력인정(다음 각 호의 어느 하나에 2년 이상 근무한 경력을 말한다.)
  - o 관제업무
  - o 교육훈련기관에서의 교육훈련 업무
  - o 철도운영자등에 소속되어 철도차량운전자를 지도 · 교육 · 관리 또는 감독 업무

➜ **국토교통부령이 정하는 교육훈련이수에 의한 인정**

운전면허의 유효기간내 교육훈련기관 또는 철도운영자등이 실시한 철도차량운전에 필요한 교육을 운전면허갱신 신청일 전까지 20시간 이상 받은 경우

▣ 운전면허의 취소 및 정지

➜ 운전면허취득자가 다음 각 호의 1에 해당하는 때에는 운전면허를 취소하거나 1년 이내의 기간을 정하여 운전면허의 효력을 정지시킬 수 있다. 다만, 내지 제4호에 해당하는 때에는 운전면허를 취소하여야 한다.

- 거짓이나 그 밖의 부정한 방법으로 운전면허를 받은 때
- 철도안전법 제11조 제2호 내지 제4호에 해당하게 된 때
- 운전면허의 효력정지기간중 철도차량을 운전한 때
- 운전면허증을 타인에게 대여한 때
- 철도차량을 운전 중 고의 또는 중과실로 철도사고를 일으킨 때
- 철도안전법 제41조 제1항의 규정에 위반하여 술을 마시거나 마약류를 사용한 상태에서 철도차량을 운전한 때
- 철도안전법 제41조 제2항의 규정에 위반하여 술을 마시거나 마약류를 사용한 상태에서 업무를 하였다고 인정한 만한 상당한 이유가 있음에도 불구하고 국토교통부장관의 확인 또는 검사에 불응한 때
- 철도의 안전 및 보호와 질서유지를 위하여 행한 명령 · 처분을 위반한 때

▣ 면허시험 응시자격

➜ 필기시험

- 시험시행: 정기시험 및 임시시험
- 시험과목: 철도관련법, 철도시스템 일반, 구조 및 기능, 운전이론 일반, 비상시 조치 등

➜ 기능시험

- 시험과목: 준비점검, 제동취급, 제동기 외의 기기취급, 신호 준수, 운전취급, 신호 · 선로 숙지, 비상시 조치 등
- 시험방법: 모의운전연습기

▣ 면허취득절차

1단계: **신체검사 및 적성검사**(국토 교통부장관이 실시하는 신체검사 및 적성검사에서 합격판정)

↓

2단계: **면허취득을 위한 교육과정 이수**(국토교통부장관이 지정한 교육훈련기관에서 교육훈련 이수(20~470시간)

↓

3단계: **필기시험**(교통안전공단에서 면허 종류별로 시행하는 5개 과목당 40점 이상 평균 60점 이상 득점 / 철도 관련법의 경우 60점 이상)

↓

4단계: **기능시험**(교통안전공단에서 면허 종류별로 시행하는 5개 과목당 60점 이상 평균 80점 이상)

↓

5단계: **면허발급**(면허종류별로 면허증 발급)

↓

6단계: **운전실무수습**(철도운영기관에서 교육계획에 따른 운전실무수습)

↓

7단계: **운전실무수습 등록**(철도운영기관에서 실무수습 수료 후, 교통안전 공단에서 인증구간 등록)

↓

8단계: **운전업무종사**(운전기능구간별 면허증 기재사항 변경, 갱신, 반납, 정지, 취소, 자료관리 등)

▣ 운전면허시험의 합격기준

➜ 필기시험

- 시험과목 당 100점 만점을 기준으로, 매 과목 40점 이상(철도관련법의 경우 60점 이상) 총점 평균 60점 이상 득점한 자

➜ 기능시험

- 시험과목 당 60점 이상 총점 평균 80점 이상 득점한 자

▣ 응시자별 운전면허 시험과목

일반응시자 · 철도차량운전 관련 업무 경력자 · 철도관련 업무 경력자

운전면허	필기시험	기능시험
디젤차량 운전면허	- 철도관련법 - 철도시스템 일반 - 디젤차량의 구조 및 기능 - 운전이론 일반 - 비상시 조치 등	- 준비점검 - 제동취급 - 제동기 외의 기기취급 - 신호 준수, 운전취급, 신호 · 선로 숙지 - 비상시 조치 등
제1종 전기차량 운전면허	- 철도관련법 - 철도시스템 일반 - 전기기관차의 구조 및 기능 - 운전이론 일반 - 비상시 조치 등	- 준비점검 - 제동취급 - 제동기 외의 기기취급 - 신호 준수, 운전취급, 신호 · 선로 숙지 - 비상시 조치 등
제2종 전기차량 운전면허	- 철도관련법 - 도시철도시스템 일반 - 전기기관차의 구조 및 기능 - 운전이론 일반 - 비상시 조치 등	- 준비점검 - 제동취급 - 제동기 외의 기기취급 - 신호 준수, 운전취급, 신호 · 선로 숙지 - 비상시 조치 등
철도장비 운전면허	- 철도관련법 - 철도시스템 일반 - 기계장비차량의 구조 및 기능 - 비상시 조치 등	- 준비점검 - 제동취급 - 제동기 외의 기기취급 - 신호 준수, 운전취급, 신호 · 선로 숙지 - 비상시 조치 등

* 철도 관련법은 「철도안전법」과 그 하위규정 및 철도차량운전에 필요한 규정을 포함한다.
* 철도차량운전 관련 업무 경력자 또는 철도관련 업무 경력자가 철도차량운전면허 시험에 응시하는 때에는 이에 대한 경력이 있음을 증명하는 서류를 첨부하여야 한다.

▣ 운전면허 소지자

<table>
<tr><th>소지면허</th><th>응시면허</th><th>필기시험</th><th>기능시험</th></tr>
<tr><td rowspan="2">- 디젤차량운전면허
- 제1종 전기차량 운전면허
- 제2종 전기차량 운전면허</td><td rowspan="2">고속철도 차량 운전면허</td><td>- 고속철도 시스템 일반
- 고속철도차량의 구조 및 기능
- 고속철도 운전이론 일반
- 고속철도 운전관련 규정
- 비상시 조치 등</td><td>- 준비점검
- 제동취급
- 제동기 외의 기기취급
- 신호준수, 운전취급, 신호 및 선로 숙지
- 비상시 조치 등</td></tr>
<tr><td colspan="2">* 고석철도차량 운전면허시험 응시자는 법 제21조의 규정에 의한 디젤차량, 제1종 전기차량, 제2종 전기차량에 대한 운전업무 수행 경력이 3년 이상 있어야 한다.</td></tr>
<tr><td rowspan="4">디젤차량 운전면허</td><td rowspan="2">제1종 전기차량 운전면허</td><td>- 전기기관차의 구조 및 기능</td><td>- 준비점검
- 제동취급
- 제동기 외의 기기취급</td></tr>
<tr><td colspan="2">* 법 제21조의 규정에 의하여 디젤차량의 운전업무 수행 경력이 2년 이상 있고 별표 7 제2호 제1종 전기차량 운전면허에 필요한 교육훈련을 받은 자는 필기 및 기능시험을 면제한다.</td></tr>
<tr><td rowspan="2">제2종 전기차량 운전면허</td><td>- 철도시스템 일반
- 전기자동차의 구조 및 기능</td><td>- 준비점검
- 제동취급
- 제동기 외의 기기취급</td></tr>
<tr><td colspan="2">* 법 제21조에 따른 디젤차량 운전업무 수행 경력이 2년 이상 있고 별표 7 제2호 제2종 전기차량 운전면허에 필요한 교육훈련을 받은 자는 필기시험을 면제한다.</td></tr>
<tr><td rowspan="4">제1종 전기차량 운전면허</td><td rowspan="2">디젤차량 운전면허</td><td>- 디젤차량의 구조 및 기능</td><td>- 준비점검
- 제동취급
- 제동기 외의 기기취급</td></tr>
<tr><td colspan="2">* 법 제21조의 규정에 의하여 제1종 전기차량의 운전업무 수행 경력이2년 이상 있고 별표 7 제2호 디젤차량 운전면허에 필요한 교육훈련을 받은 자는 필기 및 기능시험을 면제한다.</td></tr>
<tr><td rowspan="2">제2종 전기차량 운전면허</td><td>- 도시철도시스템 일반
- 전기자동차 구조 및 기능</td><td>- 준비점검
- 제동취급
- 제동기 외의 기기취급</td></tr>
<tr><td colspan="2">* 법 제21조에 따른 제1종 전기차량 운전업무 수행 경력이 2년 이상 있고 별표 7 제2호 제2종 전기차량 운전면허에 필요한 교육훈련을 받은 자는 필기시험을 면제한다.</td></tr>
</table>

<table>
<tr><th>소지면허</th><th>응시면허</th><th>필기시험</th><th>기능시험</th></tr>
<tr><td rowspan="2">제2종
전기차량
운전면허</td><td rowspan="2">디젤차량
운전면허</td><td>- 철도시스템 일반
- 디젤차량의 구조 및 기능</td><td>- 준비점검
- 제동취급
- 제동기 외의 기기취급</td></tr>
<tr><td colspan="2">* 법 제21조에 따른 제2종 전기차량 운전업무 수행 경력이 2년 이상 있고 별표 7 제2호 디젤차량 운전면허에 필요한 교육훈련을 받은 자는 필기시험을 면제한다.</td></tr>
<tr><td rowspan="2"></td><td rowspan="2">제1종
전기차량
운전면허</td><td>- 철도시스템 일반
- 전기기관차의 구조 및 기능</td><td>- 준비점검
- 제동취급
- 제동기 외의 기기취급</td></tr>
<tr><td colspan="2">* 법 제21조에 따른 제2종 전기차량 운전업무 수행 경력이 2년 이상 있고 별표 7 제2호 제1종 전기차량 운전면허에 필요한 교육훈련을 받은 자는 필기시험을 면제한다.</td></tr>
<tr><td rowspan="3">철도장비
운전면허</td><td>디젤차량
운전면허</td><td>- 철도관련법
- 철도시스템 일반,
- 디젤차량의 구조 및 기능</td><td rowspan="3">- 준비점검
- 제동취급
- 제동기 외의 기기취급
- 신호준수, 운전취급, 신호·선로 숙지
- 비상시 조치 등</td></tr>
<tr><td>제1종
전기차량
운전면허</td><td>- 철도관련법
- 철도시스템 일반,
- 전기기관차의 구조 및 기능</td></tr>
<tr><td>제2종
전기차량
운전면허</td><td>- 철도관련법
- 철도시스템 일반,
- 전기자동차의 구조 및 기능</td></tr>
</table>

※ 비고 : 운전면허 소지자가 다른 종류의 운전면허를 취득하기 위하여 운전면허시험에 응시하는 때에는 신체검사 및 적석검사의 증명서류를 운전면허증 사본으로 갈음한다. 다만, 철도장비 운전면허 소지자의 경우에는 적성검사 증명서류를 첨부하여야 한다.

Ⅱ. 철도차량운전면허교육훈련 지정기관 안내

에듀컨텐츠·휴피아
ECH Educontents·Huepia

▣ 교육훈련 안내

교육훈련을 위해서는 지정 교육훈련기관으로 문의하면 된다.

▣ 교육훈련 지정기관 안내

지정 번호	기관명	위치	지정분야	연락처
2006-1	한국철도공사	경기도 의왕시 월암동 374-1 철도인력개발원	고속철도차량, 디젤차량, 제1종 전기차량, 제2종 전기차량, 철도장비 운전면허, 고속철도, 일반철도, 도시철도 관제	031) 460-4115~16,18
2006-2	서울메트로	서울 성동구 용답동 182	제2종 전기차량 운전면허, 철도장비 운전면허, 도시철도 관제	02) 6110-8022
2009-1	우송대학교	대전 동구 자양동 17-2	제2종 전기차량 운전면허	042) 461-4011
2011-1	한국교통대학교	충북 충주시 대소원면 대학로 50	제2종 전기차량 운전면허	031) 461-4011
2012-1	동양대학교	경북 영주시 풍기읍 동양대로 145	제2종 전기차량 운전면허	054) 630-1017
2007-1 2012-2	부산고통공사	부산 부산진구 중앙대로 644번길 20	제2종 전기차량 운전면허, 철도장비 운전면허, 도시철도 관제	055) 370-0308
2016-1	송원대학교	광주 남구 송암로 73	제2종 전기차량 운전면허	062) 360-5700
2017-1	서울과학기술대학교	서울시 노원구 공릉로 232	제2종 전기차량 운전면허	02) 970-6114

▣ 운전면허취득을 위한 교육과정별 교육과목 및 교육기간

- 모의운행훈련은 전 기능 모의운전연습기와 병행하여 실시하는 기본기능 모의운전연습기 및 컴퓨터지원교육시스템을 포함

- 철도장비 운전면허 취득을 위하여 교육훈련을 받는 자에 대한 모의운행훈련은 다른 차량종류의 모의운전연습기를 활용하여 실시함
- 교육시간은 교육훈련기관이 별도로 정하는 평가 성적 기준에 따라 개인별로 20% 범위 내에서 단축할 수 있음

Ⅲ. 철도운전이론

해설

제1장 운전 기초역학

제1절 단위(單位, unit)

1. 단위의 정의

단위란 길이, 무게, 시간 등의 수량을 수치로 나타낼 때 기초가 되는 일정한 기준, 즉 어떤 물리량의 수량이나 크기, 세기를 측정할 때 수치로 표현하기 위해 기준으로 삼는 일정량을 말한다. 단위 기호는 물리량의 종류를 나타내며 그 물리량의 정도를 그 단위의 배수로 표시한다.

2. 절대단위(물리학적 단위)

절대단위(Absolute System of Unit)는 물리적 개념이나 법칙에 따라 만들어지며, 이런 단위 가운데 특히 기본이 되는 '기본단위'와 이 기본단위를 수학적 법칙이나 관계식을 통해 조합하여 유도해 낸 '유도(보조)단위'로 나뉜다.

분류	물리량	단위 기호	명칭
기본단위	길이	[m]	미터(meter)
	질량	[kg]	킬로그램(kilogram)
	시간	[s]	초(second)
	전류	[A]	암페어(ampare)
	(열역학적)온도	[K]	절대온도(kelvin)
	물질의 양	[mol]	몰(mole)
	광도	[cd]	칸델라(candela)
유도단위	속력	[m/s] [km/h]	
	가속도	[m/s2] [km/h/s]	
	져크	[m/s3] [km/h/s2]	
	힘	[N] [kg·m/s2]	뉴턴(Newton)
	일, 에너지 회전력(토크)	[J] [N·m] [kg·m^2/s^2]	줄(Joule)
	일률(공률)	[W] [J/s] [N·m/s] [kg·m^2/s^3]	왓트(Watt)
	압력	[Pa] [N/m^2] [kg/m·s^2]	파스칼(Pascal)
	진동수	[Hz]	헤르츠(Hertz)
	섭씨온도	[℃]	
	전하량	[C]	쿨롱(Coulomb)
	자속	[Wb]	웨버(Weber)

[표 1-1 기본단위와 유도단위의 예]

또한, 기본단위에서 길이(length), 질량(mass), 시간(time)의 단위를 사용함에 있어 미터[m], 킬로그램[kg], 초[s]를 기본으로 표시한 단위를 'MKS단위'라 하고, 센티미터[cm], 그램[g], 초[s]를 기본으로 표시한 단위를 'CGS단위'라고 한다.

구분	MKS단위	CGS단위	환산(MKS → CGS)
힘	[N] $[kg{\cdot}m/s^2]$	[dyn] $[g{\cdot}cm/s^2]$	$1[N] = 1[kg{\cdot}m/s^2]$ $=10^5[g{\cdot}cm/s^2] = 10^5[dyn]$
일 에너지	[J] $[N{\cdot}m]$ $[kg{\cdot}m^2/s^2]$	[erg] [dyn/cm] $[g{\cdot}cm^2/s^2]$	$1[J] = 1[N{\cdot}m] = 1[kg{\cdot}m^2/s^2]$ $= 10^7[g{\cdot}cm^2/s^2] = 10^7[dyn/cm]$ $= 10^7[erg]$

[표 1-2 MKS단위와 CGS단위의 비교]

3. 중력단위(공학적 단위)

중력단위(Gravitational System of Unit)는 절대단위(MKS, CGS)의 길이[m], 질량[kg], 시간[s]의 기본단위 중 질량[kg]에 중력가속도($9.8m/s^2$)가 가해진 중량[kgf] 즉, 지구가 물체를 잡아당기는 힘인 중력을 고려한 단위를 말한다.

〈절대단위와 중력단위와의 관계〉

$$1[kgf] = 1[kg]\times 9.8[m/s^2] = 9.8[kg{\cdot}m/s^2] = 9.8[N]$$
$$1[gf] = 1g\times 9.8[m/s^2] = 980[g{\cdot}cm/s^2] = 980[dyn]$$

제2절 운동과 힘

1. 스칼라와 벡터

물리량을 표시함에 있어 수와 단위만으로 완전히 지정할 수 있는 양 즉, 크기만으로 표시할 수 있는 물리량을 스칼라(scalar)라 또는 스칼라량이라 하고, 크기와 방향을 함께 가진 양을 벡터(vector) 또는 벡터량이라 한다.

〈스칼라량의 예〉

거리, 면적, 부피, 속력, 시간, 질량, 온도, 밀도, 압력, 일, 에너지

〈벡터량의 예〉

변위, 위치, 속도, 가속도, 힘, 무게, 충격량

일반적으로 벡터를 표시할 때는 $\rightarrow A$ 또는 $\vec{A}$와 같이 문자에 방향을 뜻하는 화살표를 붙여 표시하고, 벡터의 크기만을 표시할 때는 화살표를 떼고 A 라고 쓰거나, 절대 값 기호를 붙여서 $|\vec{A}|$와 같이 사용한다.

[그림 1-1 벡터의 표시]

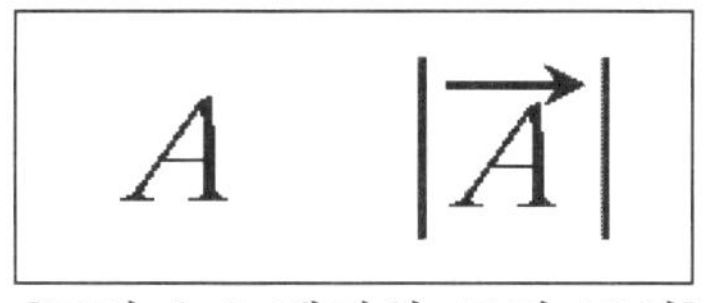

[그림 1-2 벡터의 크기 표시]

또한 하나의 벡터를 같은 효과를 가진 둘 이상의 벡터로 분해가 가능하며, 반대로 둘 이상의 벡터를 같은 효과를 가지는 하나의 벡터로 합성이 가능하다. 벡터량을 합성하는 방법으로는 평행사변형법, 삼각형법, 다각형법이 이용된다.

<평행사변형법>

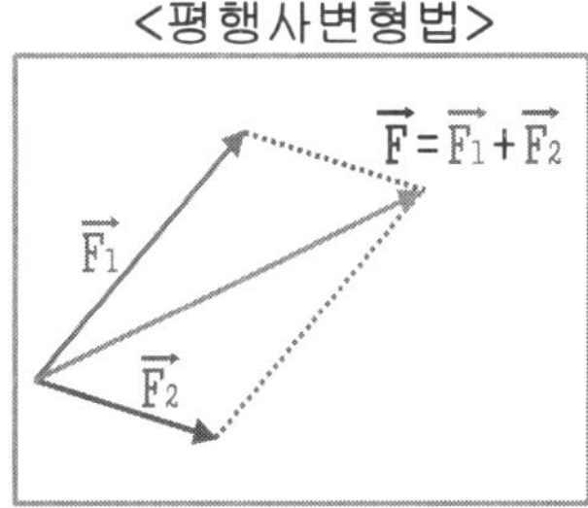

<삼각형법>

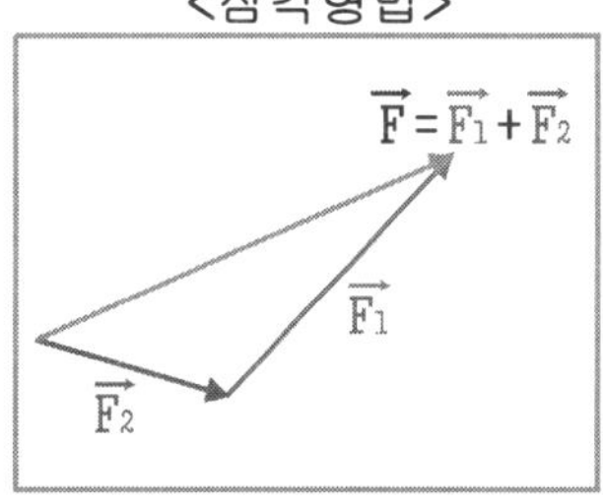

<다각형법>

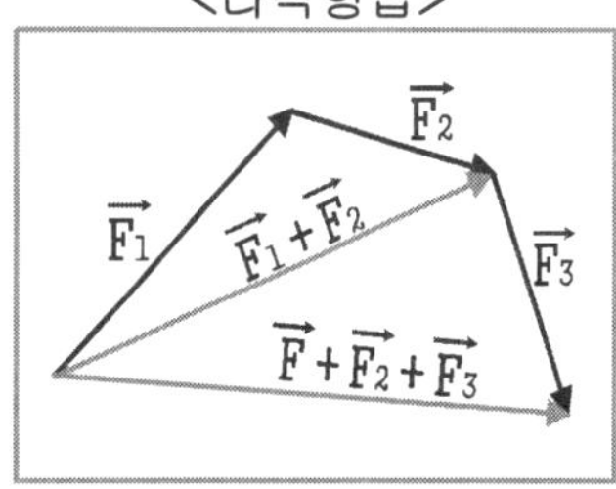

[그림 1-3 벡터의 합성]

2. 위치(Position)와 변위(Displacement)

물체의 움직임을 임의의 한 점을 기준으로 하여 그 기준점으로부터 물체가 어떤 자리에 있는지의 정도를 표시하는 것을 위치(位置)라 하고, 물체의 위치변화를 초기 위치에서 최종 위치까지의 직선거리와 그 직선의 방향으로 표시한 것을 변위(變位)라 한다.

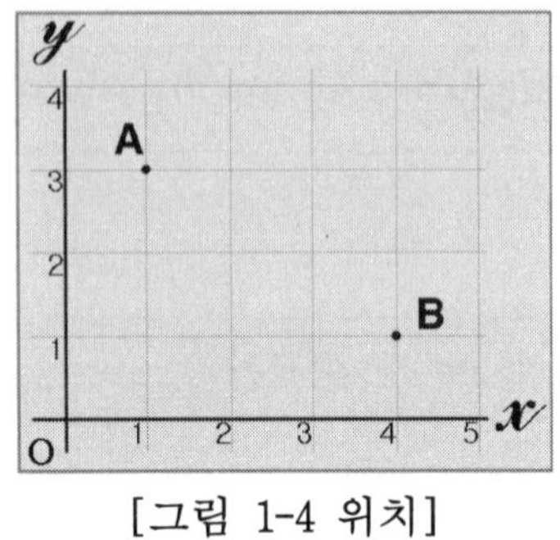

[그림 1-4 위치]

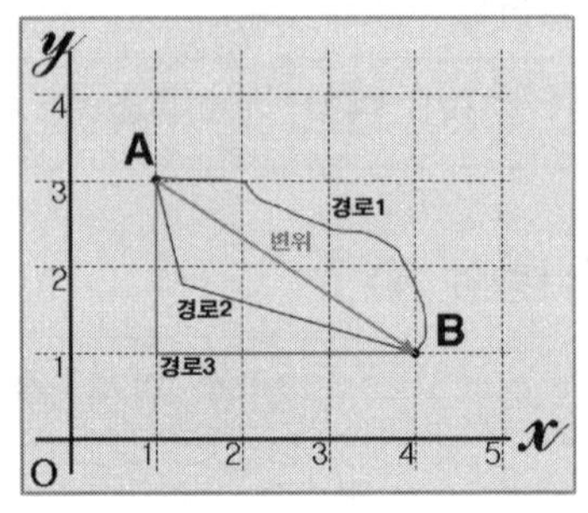

[그림 1-5 변위의 표시]

그림 1-4에서 A점의 위치는 점 O를 기준으로 X축으로 1, Y축으로 3만큼의 지점에 있고, 점 B를 기준으로 A점은 X축으로 -3, Y축으로 2만큼의 지점에 있다. 이처럼 위치는 기준점으로부터의 어떤 자리에 있는지를 의미하며, 변위는 그림 1-5의 A점이 1,2,3경로를 통해 B지점에 도착했을 때 경로를 무시하고 출발점 A에서 도착점 B까지를 직선화살표로 이은 벡터가 변위가 된다.

3. 속력과 속도

3.1 속력(Speed)

단위시간동안 물체가 이동한 거리 즉, 물체가 이동한 경로의 길이를 이동한 시간으로 나눈 값을 속력(速力)이라 한다. 속력은 물체의 빠르기(크기)만 나타낼 뿐 방향을 갖지 않으므로 스칼라량이다. 거리를 S, 시간을 t, 속력을 V라고 하면 다음과 같다.

$$속력 = \frac{거리}{단위시간} \qquad V = \frac{S}{t} \ [m/s][km/h]$$

평균속력(V_L)은 어떤 물체의 속력이 그림 1-6처럼 A에서 B로 변화될 때 이동한 거리($S_2 - S_1$)를 걸린 시간($t_2 - t_1$)으로 나누어 구한 값을 평균속력이라 한다.

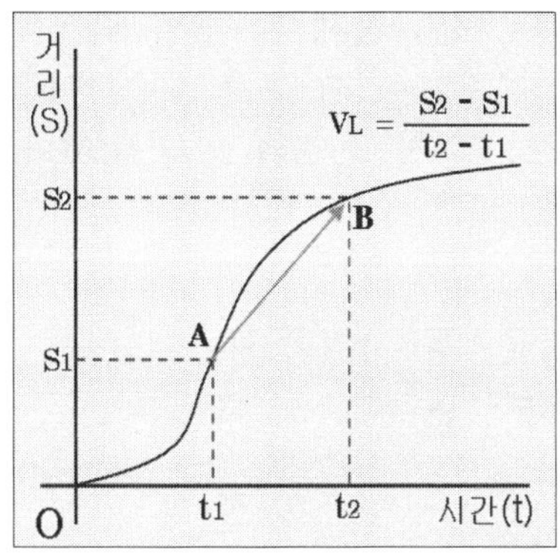

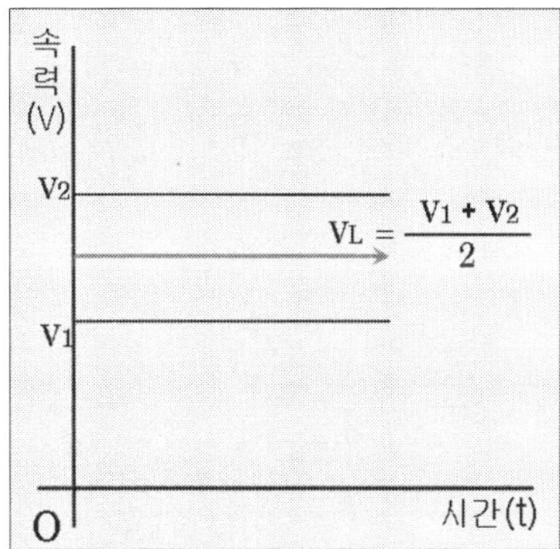

[그림 1-6 평균속력]

평균속력을 식으로 나타내면 아래와 같다.

$$\text{평균속력} = \frac{\text{이동거리}}{\text{걸린시간}} \qquad V_L = \frac{\Delta S}{\Delta t} = \frac{S_2 - S_1}{t_2 - t_1}$$

$$V_L = \frac{V_1 + V_2}{2} = \frac{V_1 + V_2 + V_3}{3} \cdots \frac{Vn}{n} [m/s][km/h]$$

3.2 속도(Velocity)

속력은 물체의 빠르기만을 표시하지만 속도는 크기뿐만 아니라 물체의 운동 방향까지도 함께 나타내는 벡터량 이다. 즉, 속도는 단위시간동안 물체의 변위가 되며, 변위를 $\vec{S}$, 시간을 t, 속도를 $\vec{V}$하고 하면 다음과 같다.

$$\text{속도} = \frac{\text{변위}}{\text{단위시간}} \qquad \vec{V} = \frac{\vec{S}}{t} \Rightarrow V = \frac{S}{t} \; [m/s][km/h]$$

이처럼 속력과 속도는 물리적 개념상 큰 차이점이 있으나 속력과 속도의 기호표기에 있어서 속도의 방향을 생략하여 속력과 같게 표시하기도 한다.

평균속도는 출발점에서 도착지까지 도중의 속도변화를 무시하고 물체의 변위를 걸린 시간으로 나눈 값을 말한다.

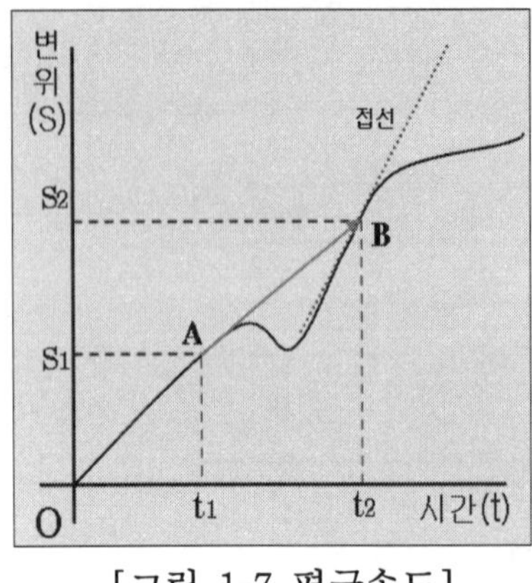

[그림 1-7 평균속도]

그림 1-7에서 어떤 물체가 A점을 출발해 B점까지 곡선을 따라 이동했을 때 곡선 AB 사이의 속도 변화를 무시하고, 두 점 A, B를 이은 직선의 기울기가 평균속도가 되며, B지점에서의 접선의 기울기는 순간속도가 된다.

이직선의 기울기를 구했을 때 나타나는 부호가 순간속도의 방향이 된다.

$$평균속도 = \frac{변위}{걸린시간}$$

3.3 속력과 속도의 관계

속력과 속도의 관계에서 물체의 운동방향이 변하지 않는다면 속력과 속도는 같고, 물체의 운동방향이 변했다면 속력은 속도보다 큰 물리량을 가진다.

속력의 이동거리 ≥ 속도의 변위 크기

3.4 열차의 평균속도와 표정속도

철도에서는 평균속도의 의미를 조금 다르게 사용한다. 열차 출발역에서 최종 도착역까지의 운행거리를 중간역에 정차한 시간을 제외한 운전시분(순수운전시분)으로 나눈 속도를 '평균속도'라 하고, 출발역에서 최종 도착역까지의 운행거리를 중간역에 정차한 시간을 포함한 총 운행시간으로 나누어 구한 속도를 '표정속도'라 한다.

$$평균속도 = \frac{총운행거리}{순수운전시분}$$

$$표정속도 = \frac{총운행거리}{총운행시분} = \frac{총운행거리}{순수운전시분 + 도중역 정차시분}$$

정차역이 적은 열차일수록 표정속도는 평균속도에 가까워지며, 역간거리가 짧고 정차역이 많은 도시철도는 표정속도와 평균속도의 차가 크게 나타난다.

3.5 상대속도

상대속도란, 절대속도가 아닌 두 물체 사이에서 어느 한 물체를 기준으로 다른 한 물체의 움직임에 대한 속도차를 말한다. 즉, 각각의 속도를 가진 A, B 두 물체에서 A

(관측자)를 기준으로 B(관측대상)를 바라보았을 때 A와 B 사이의 속도차이를 상대속도라 한다.

상대속도(V) = 관측대상의 속도(B) - 관측자의 속도(A)

3.6 최고속도와 제한속도

단위시간 동안의 변위 값이 가장 큰 속도를 '최고속도'라고 한다. 철도의 최고속도는 차량최고속도와 선로최고속도로 나눌 수 있으며, 차량의 종류에 따라 차량성능이 다르며, 차량성능에서 허용 가능한 최고속도를 '차량최고속도'라 하고, 선로의 등급이나 여러 조건들을 감안하여 평탄 직선선로에서 최대허용 가능한 속도를 선로최고속도라 한다.

제한속도란 열차를 안전하게 운행시키기 위해 차량성능, 신호현시, 선로의 조건(규격, 곡선, 구배, 분기기 종류) 등의 여러 조건들을 고려하여 열차 운행속도의 한계를 정한 것이다.

여러 가지 제한속도 중 가장 제한이 많은 속도를 적용하여 열차가 안전하게 운행될 수 있도록 하고 있다.

차 종	KTX	7400대	8000대	8200대	전동차
최고속도 [km/h]	330	150	85	150	110~100

[표 1-3 차량 종류별 차량최고속도]

선로명	고속선	경부선	중앙선	경인선	안산선	대전 1호선
최고속도 [km/h]	350	140	120	110	110	80

[표 1-4 노선별 선로최고속도]

철차번호	#8		#10		#12	
	편개	양개	편개	양개	편개	양개
제한속도 [km/h]	25	40	35	50	45	60

[표 1-5 분기기 종류에 따른 제한속도]

3.7 등속직선운동

등속직선운동(등속도운동)이란 시간의 흐름에 따라 속력(빠르기)과 운동방향이 변하지

않고 일정한 운동을 말한다.

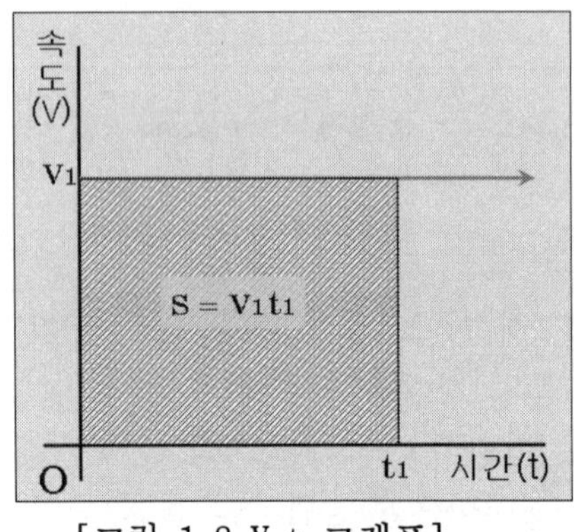

[그림 1-8 V-t 그래프]

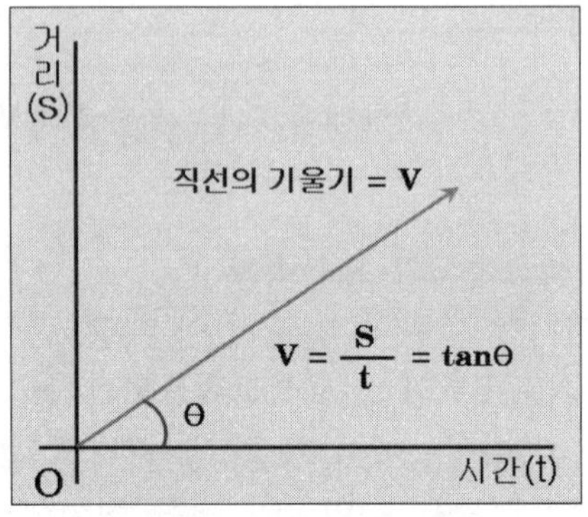

[그림 1-9 S-t 그래프]

등속직선운동에서 속도는 일정하므로 V-t 그래프(그림1-8)와 같이 시간(t)축에 평행하게 되고, 시간과 속도의 곱(Vt)이 이루는 면적은 거리(S)가 된다. 또한 S-t 그래프(그림 1-9)에서 거리는 시간에 정비례하므로 직선으로 나타나며 이 직선의 기울기(θ=경사각)가 속도의 크기가 된다.

4. 가속도

가속도란 단위 시간에 따른 속도 변화량을 말하며, 평균가속도는 일정시간 동안 변화한 속도벡터의 차로 나타낼 수 있다.

$$\text{가속도} = \frac{\text{속도 변화량}}{\text{단위시간}} \qquad \vec{a} = \frac{\overrightarrow{V_2} - \overrightarrow{V_1}}{t_2 - t_1} = \frac{\Delta \vec{V}}{\Delta t} \quad [m/s^2,\ km/h/s]$$

어떤 물체가 등가속도 운동하고 있을 때

처음 속도를 V_1, 나중속도를 V_2, V_1에서 V_2로 변화되는 시간을 t라고 하면, 가속도 a는 다음 식으로 된다.

$$a = \frac{V_2 - V_1}{t}$$ ------------------------------ (식 1-1)

식2-1을 V_2로 다시 정리하면, 식 1-2와 같다.

$$V_2 = V_1 + at$$ ---------------------------- (식 1-2)

이 때 이동한 거리(S)를 구해보면, 처음속도(V_1)와 나중속도(V_2)의 평균속도

$(\frac{V_1 + V_2}{2})$에 시간(t)를 곱한 값이 되므로, $S = \frac{V_1 - V_2}{2} t$ 가 되고, 여기 V_2에 식1-2를 대입하면,

$$S = \frac{V_1 + (V_1 + at)}{2} t = \frac{V_1 t + (V_1 t + at^2)}{2} = \frac{2V_1 t + at^2}{2} = V_1 t + \frac{1}{2}at^2$$ 이 된다.

$$S = V_1 t + \frac{1}{2}at^2$$ ---------------------------- (식 1-3)

또 식 2-2의 양변을 제곱하여 이동한 거리(S)를 구해보면

$$(V_2)^2 = (V_1 + at)^2$$

$$V_2^2 = (V_1 + at)(V_1 + at) = V_1^2 + 2V_1 at + a^2t^2 = V_1^2 + 2a(V_1 t + \frac{1}{2}at^2)$$ 에서 괄호속의

$V_1 t + \frac{1}{2}at^2$ 은 식 1-3의 이동거리(S) 공식과 같으므로 식 1-4로 정리할 수 있다.

$$V_2^2 = V_1^2 + 2aS$$ ---------------------------- (식 1-4)

식1-1, 1-2, 1-3, 1-4에서 처음속도 V_1=0 이라면 아래와 같이 정리할 수 있다.

$$a = \frac{V}{t}, \quad V - ul, \quad S = \frac{1}{2}at^2, \quad V^2 = 2aS$$

열차가 역을 출발하여 일정속도에 이를 때까지 속도가 점점 증가하고, 열차가 일정속도로 진행하다 역에 정차하기 위해서는 속도를 점점 감소시켜 정지해야 한다. 이렇게 속도가 점점 증가하는 정도를 가속도라 하고, 속도가 점점 감소하는 정도를 (-)가속도 또는 감속도라 한다.

제3절 운동법칙

1. 힘(Force)

1.1 힘의 정의

물체의 모양을 변형시키거나, 물체의 운동상태(빠르기, 방향)를 변화시키는 요인을 '힘'이라 한다. 힘은 접촉 또는 비접촉을 통해 전달되며, 어떤 물체의 상태를 변화시키거나 관성을 파괴시키는 작용을 한다.

예를 들어, 공을 발로 차서 멀리 보냈다면, 이것은 정지해 있던 공에 힘을 가하여 운동상태를 변화시킨 것이 되며, 바닥에 놓인 깡통을 발로 밟아 찌그러뜨렸다면, 이것은 깡통에 힘이 가해져 모양을 변화시킨 것이 된다.

1.2 힘의 3요소

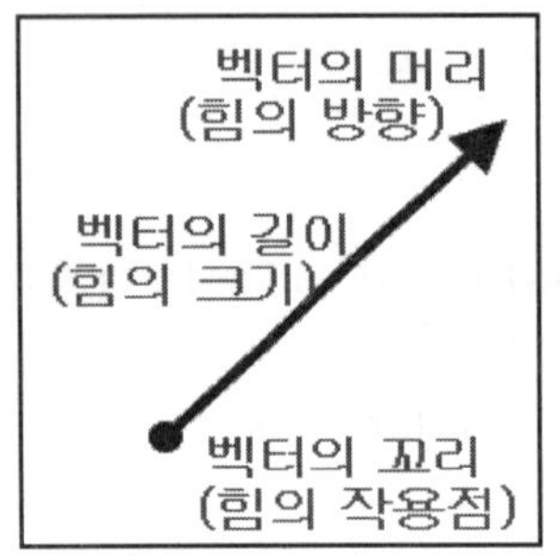

힘은 크기와 방향이 존재하는 벡터량이다.

힘을 표시할 때는 벡터 표시와 같이 화살표로 나타낼 수 있으며, 화살표의 시작점은 힘의 작용점, 화살표의 길이는 힘의 크기, 화살표의 머리 방향은 힘의 방향을 의미한다. 이렇게 힘을 나타내는 화살표에는 힘의 작용점, 힘의 크기, 힘의 방향이 동시에 나타나며 이 3가지 요소를 '힘의 3요소'라 한다.

또한 기호로 표시할 때는 '$\vec{F}$'로 표시하며 힘의 크기만을 표시할 때는 'F'라고 표시한다.

1.3 힘의 단위 뉴턴(Newton)

$1N$(뉴턴)이란 1kg의 질량(m)을 가진 물체에 $1m/s^2$의 가속도(a)를 발생시킬 수 있는 힘의 크기를 '$1N$'이라 한다. 따라서 힘의 단위는 질량(m)에 가속도(a)가 가해진 $[kg\,m/s^2]$ 또는 $[N]$이 된다.

$$F = m\,a \qquad [N,\ kg\,m/s^2]$$

〈힘의 절대단위〉

$$1N = 1kg\ m/s^2 = 10^5\,g\,cm/s^2 = 10^5\ \text{dyn}$$
$$1\text{dyn} = 1\,g\,cm/s^2 = 10^{-5}kg\,m/s^2 = 10^{-5}N$$

〈힘의 중력단위〉

$$1kgf = 9.8\,kg\,m/s^2 = 9.8N$$
$$1N = 1kgm/s^2 = \frac{1}{9.8}kgf$$
$$1gf = 9.8\,g\,m/s^2 = 980\,gcm/s^2 = 980\ \text{dyn}$$
$$1\text{dyn} = 1g\,cm/s^2 = \frac{1}{100}g\,m/s^2 = \frac{1}{100}\frac{1}{9.8}gf = \frac{1}{980}gf$$

※ $1kgf$의 의미: 1kg의 질량에 $9.8m/s^2$(중력가속도)가 가해진 힘의 크기

※ 1dyn 이란: 1g의 질량에 $1cm/s^2$의 가속도를 발생시킬 수 있는 힘의 크기

2. 뉴턴의 운동법칙

2.1 관성의 법칙

관성이란 물체에 외력(외부에서 가해지는 힘)이 가해지지 않으면 현재의 운동 상태를 그대로 유지하려는 성질을 '관성'이라 하며, 물체에 가해진 외력의 합력이 0일 때 정지해 있던 물체는 계속 정지해 있고, 운동하던 물체는 계속해서 운동상태를 유지하게 되는 것을 '관성의 법칙' 또는 '운동의 제1법칙'이라 한다.

관성은 모든 물체가 갖고 있는 기본적 성질이며, 질량이 크면 관성이 크고, 질량이 작으면 관성도 작다. 또한, 관성이 클수록 그 물체의 운동상태를 변화시키는 외력도 커진다.

참 고

• 관성의 예

정지상태 관성효과	버스가 갑자기 출발할 때 승객이 뒤로 넘어지려고 하는 것 지구의 인력을 벗어난 로케트는 관성의 힘으로 달까지 움직이는 것 엘리베이터를 탔을 때 정지 상태에서 위로 올라가려는 경우
운동상태 관성효과	달리던 버스가 갑자기 멈출 때 승객이 앞으로 넘어지려고 하는 것 삽으로 흙을 퍼서 멀리 버린 던진 경우 엘리베이터를 타고 위로 올라가다가 정지하려고 하는 경우

2.2 가속도의 법칙

가속도의 법칙은 힘(F)과 가속도(a)의 관계, 그리고 질량(m)과 가속도(a)의 관계를 정리한 것으로, 그림 1-10과 같이 동일한 질량의 물체에 가해지는 힘의 크기가 커지면 그 물체의 가속도도 커지며, 동일한 힘을 질량이 다른 각각의 물체에 가하면 질량이 큰 물체 일수록 발생되는 가속도는 작아진다.

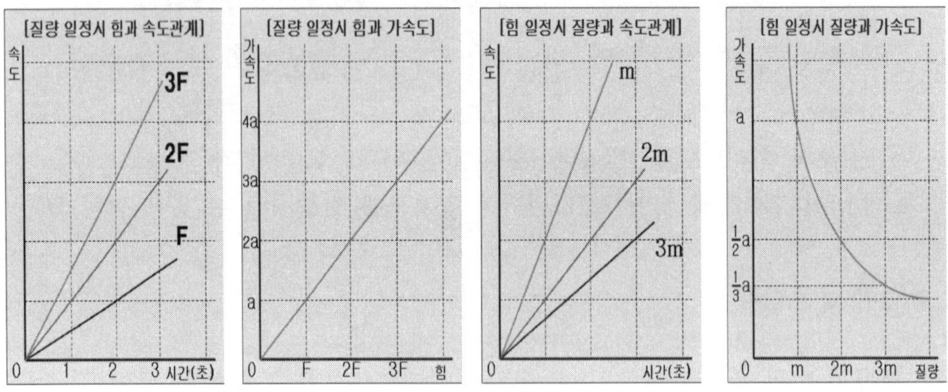

[그림 1-10 질량과 힘의 변화에 따른 가속도의 변화]

따라서 아래와 같이 정리할 수 있다.

같은 질량일 때: $a \propto F$, 같은 힘일 때: $a \propto \frac{1}{m}$

이처럼 물체(질량)에 힘(F)을 가하면 가속도(a)가 발생되는데 이때 가속도(a)의 크기는 물체에 가해지는 힘(F)의 크기에 비례하고, 물체의 질량(m)에 반비례 한다. 이것이 '운동의 제2법칙'으로 '가속도의 법칙'이다.

$$\therefore\ a \propto \frac{F}{m}$$ ------------------------------------ (식 1-5)

식 1-5에 비례상수(k)를 이용하면 $a = k\frac{F}{m}$ 로 정리할 수 있으며 $1N$(뉴턴)의 정의에 의해 식 1-6과 같이 정리할 수 있다.

$$F = m\ a \quad [N,\ kg\,m/s^2]$$ ---------------------- (식 1-6)

※ 관성질량: 물체의 고유한 성질 중 하나로, 물체에 힘이 가해지면 가해진 힘의 크기와 그 힘에 의해 발생된 가속도의 비 즉, 힘과 가속도의 비례관계에서 등호가 성립

하기 위한 비례상수(k)를 관성질량이라 한다. 물체의 질량을 물체가 지닌 관성의 정도로 정의한 것이다.

2.3 제3법칙

두 물체 사이에 한 물체가 다른 물체에 힘을 가하면(작용), 힘을 받는 물체는 힘을 가한 물체에 크기는 같고 방향이 반대인 힘이 작용(반작용) 한다는 것을 '운동의 제3법칙' 또는 '작용 반작용'의 법칙이라고 한다. 즉, 물체 A가 다른 물체 B에 힘FA를 가했을 때, 물체 B도 자신에게 작용된 힘과 같은 크기의 힘FB를 물체 A에게 작용한다는 것. 식으로 표시하면 아래와 같이 나타낼 수 있으며,

$$F_A = -F_B$$

여기서 F_A를 작용이라고 하면, F_B는 반작용이 되므로 (-)부호를 이용하여 나타낸다.

힘의 평형과 작용 반작용은 작용되는 힘의 크기가 같고 방향이 반대인 힘이 작용한다는 점에서는 같지만, 작용하는 두 힘이 한 물체에서 작용하는지 두 물체 간에 작용하는 것인지에 따라 힘의 평형과 작용 반작용은 구분된다.

구 분	공 통 점	차 이 점
힘의 평형	작용하는 힘의 크기는 같고 방향은 반대이다.	한 물체에서 두 힘이 작용함으로 작용점이 한 물체에 있다.
작용 반작용		두 힘이 서로 다른 물체에 작용하므로 작용점이 다른 물체에 있다.

[표 1-6 힘의 평형과 작용 반작용]

참 고

• **작용반작용의 예**
1. 자동차나 열차가 가속할 때
2. 두 사람이 빙판위에서 스케이트를 신고 서로를 밀 때
3. 호수의 두 배 사이에서 줄을 잡고 당길 때
4. 달이 지구를 공전할 때

제4절 원운동

1. 등속 원운동

1.1 등속 원운동의 정의

물체가 반지름이 r인 원의 궤적을 따라 회전하는 것을 '원운동'이라 하고 이때 물체의 회전운동의 빠르기(속력)가 일정한 원운동을 '등속원운동'이라 한다. 등속원운동은 등속도 운동과 차이가 있다.

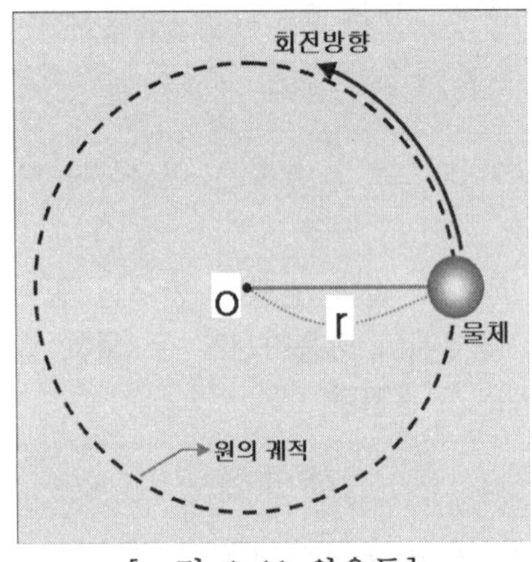

[그림 1-11 원운동]

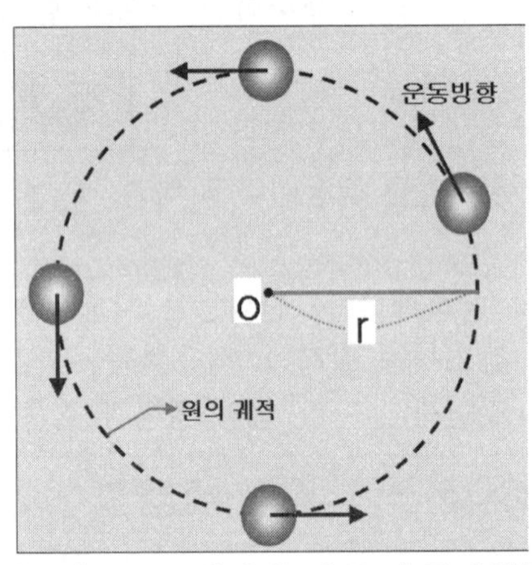

[그림 1-12 위치에 따른 운동방향]

등속도 운동은 속력(빠르기)과 운동방향이 변하지 않은 반면, 등속 원운동은 회전하는 물체의 속력(빠르기)은 일정하나 운동방향이 연속적으로 변화 한다. 따라서 등속 원운동은 속도가 연속적으로 변하는 가속도 운동이 된다.

1.2 주기(Cycle)와 진동수(Frequency)

물체가 등속원운동 하고 있을 때 물체가 얼마나 빨리 회전하고 있는가를 표현한 것으로서 등속원운동 하는 물체가 1회전 하는데 걸리는 시간을 '주기(T)'라고 한다.

앞에서 정의한 속력은 $V=\frac{S}{t}$이므로 $t=\frac{S}{V}$라 할 수 있다. 여기에 등속원운동 하는 물체의 속력과 원운동 궤적의 둘레를 대입하면 주기라는 것은 다음과 같이 나타낼 수 있다.

$$\text{주기}=\frac{\text{원의 궤적 길이}}{\text{물체의 속력}} \qquad T=\frac{2\pi r}{V}[\text{sec}]$$

진동수(f)는 물체가 등속원운동 하고 있을 때 단위시간(초) 동안 몇 바퀴 회전했는지를 나타낸다. 즉, 물체가 한 바퀴 회전하는데 걸리는 시간은 주기(T)이고, 1초 동안에 몇 주기(T)가 있었는지를 나타내는 것이 진동수이다.

$$T = \frac{1}{f}\,[\text{sec}] \qquad f = \frac{1}{T}\,[\text{Hz}]$$

1.3 각속도

회전하는 물체의 빠르기를 나타내기 위한 개념으로 물체가 회전하는 빠르기 정도를 일정시간 동안에 회전한 중심각으로 나타낸 것, 즉 단위시간 동안에 회전한 각의 크기를 각속도(ω)라 한다.

그림 2-13과 같이 반지름 r인 원의 궤적을 등속원운동 하는 물체가 θ각 만큼 이동할 때 걸린 시간을 t라고 하면 각속도(ω) 다음과 같이 나타낼 수 있다.

$$\text{각속도} = \frac{\text{이동한 각}}{\text{걸린 시간}} \qquad \omega = \frac{\theta}{t}$$

그럼, 물체가 한 바퀴 회전했을 때, 걸린 시간(t)은 주기(T)이고, 이 때 이동한 각(θ)은 360° 가 된다. 여기서 이동한 각(360°)을 호도법으로 나타내면 2π[rad]이 된다.

$$\omega = \frac{\theta}{t} = \frac{360^\circ}{T} \quad \text{호도법 적용하면} \quad \omega = \frac{2\pi}{T} = 2\pi f\,[\text{rad/sec}]$$

참 고

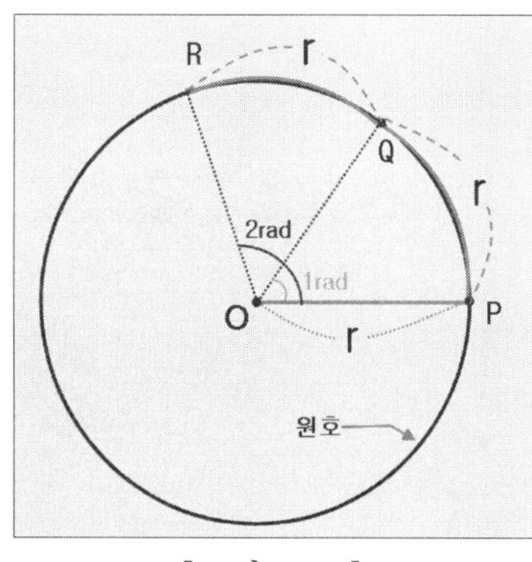

[그림 1-13]

호도법:

반지름 r인 원에서 반지름 길이(r)에 해당하는 원호의 길이를 잡았을 이 때 만들어지는 중심각의 크기를 1라디안[rad] 또는 1호도라 정의하여 십진법 대신 각의 크기를 나타내는 것을 호도법이라 한하고 단위를 rad을 사용한다.

따라서, 원을 한 바퀴 회전한 각도 360°는 2π[rad]이고, 반원의 각도 180°는 π라디안이다.

1.4 선속도

어떤 물체가 각속도의 빠르기로 회전하고 있을 때 물체의 빠르기를 '선속도'라 하며 선속도는 이동거리(s)를 걸린시간(t)으로 나누어 구할 수 있다. 어떤 각속도의 빠르기로 회전하고 있는 물체가 1회전 했을 때의 시간을 주기(T)라 하면 이때 이동한 거리(s)는 원의 둘레의 길이($2\pi r$)가 된다.

$$\text{선속도(속력)} = \frac{\text{이동거리}}{\text{걸린시간}} \qquad V = \frac{2\pi r}{T} = r\frac{2\pi}{T} = r\,\omega$$

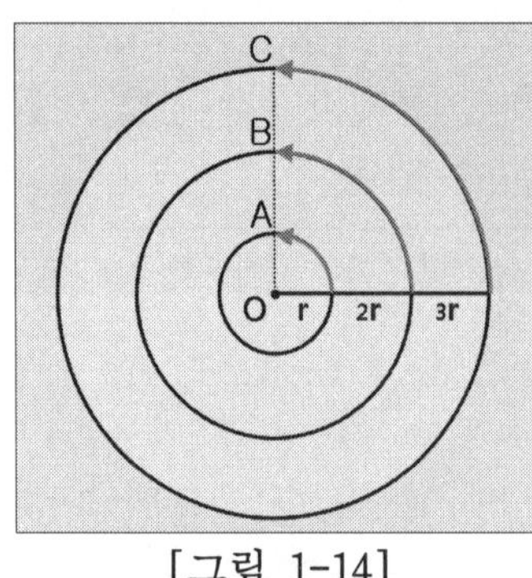

[그림 1-14]

왼쪽 그림과 같이 원판이 등속원운동 하고 있을 때 각각의 A, B, C 물체가 이동한 각은 모두 같다. 즉 모두 같은 각속도를 가지고 있다.

하지만, A, B, C 각각의 물체가 이동한 거리는 C가 가장 크고, A가 가장 작음을 알 수 있다.

따라서 물체 C의 선속도가 가장 크며, A물체의 선속도가 가장 느리게 되는데 이는 같은 각속도의 빠르기를 가졌어도 회전하는 물체가 그리는 궤적(원)의 반지름(r)에 의해 선속도는 달라진다.

1.5 가속도

등속원운동 하는 물체의 가속도 크기는 가속도 정의에 의해 시간에 대한 속도의 변화량으로 나타낼 수 있다. 즉 등속원운동 하는 물체의 가속도는 선속도의 변화량(ΔV)을 걸린시간(t)으로 나눈 값이 가속도의 크기가 된다. 물체가 1회전 했을 때의 시간을 주기(T)라고 하면 이때 선속도 변화량은 $2\pi V$가 된다.

$$\text{가속도} = \frac{\text{선속도 변화량}}{\text{걸린시간}} \qquad a = \frac{\Delta V}{t} = \frac{2\pi v}{T} = r\omega^2 = \frac{v^2}{r}$$

2. 구심력

원운동 하는 물체의 운동방향에 대해 수직방향으로 작용하는 힘을 구심력(Centripetal force)이라 한다.

오른쪽의 그림처럼 P지점에서 물체의 운동방향은 $\overrightarrow{V_1}$이다. 물체의 운동방향과 수직으로 원의 중심을 향하는 힘(F)이 구심력이 되며, 이 구심력에 의해 물체는 직선운동이 아닌 원운동을 하게 된다.

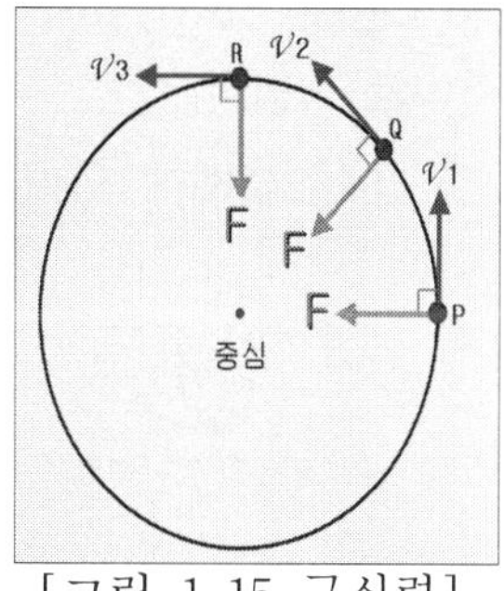

[그림 1-15 구심력]

원운동은 물체의 방향이 연속적으로 변하는 가속도 운동이며, 이 가속도의 방향은 항상 원의 중심을 향하고 있어 구심가속도라 하고, 이 가속도를 발생시키는 힘이 구심력이 되는데, 구심력의 크기는 뉴턴의 제2법칙으로 구할 수 있다.

$F = ma$에서 가속도(a)는 $a = \dfrac{\Delta V}{t} = \dfrac{2\pi v}{T} = r\omega^2 = \dfrac{v^2}{r}$ 이므로 대입하면,

$$구심력 F = ma = m r\omega^2 = m\frac{v^2}{r} \quad [N]$$

구심력(F)은 각속도(ω)가 일정시 원의 궤적 반지름(r)에 비례하고, 선속도(V)가 일정시 반지름(r)에 반비례한다.

$$각속도(\omega)\ 일정시:\ F \propto r \qquad 선속도(v)\ 일정시:\ F \propto \frac{1}{r}$$

3. 원심력

등속원운동 하는 물체는 구심력 즉, 원의 중심으로 향하는 힘이 작용한다. 이 구심력에 대한 관성력으로서 힘의 크기는 같고, 방향은 반대인 가상의 힘을 원심력(Centrifugal force)이라 한다.

$$원심력 F' = -ma = -m r\omega^2 = -m\frac{v^2}{r} \quad [N]$$

물체에 외력이 가해지면 물체는 현재의 운동 상태를 그대로 유지하려는 성질(관성)에 의해 가해진 외력과 크기는 같고, 방향이 반대인 가상의 힘이 작용한다. 이 가상의 힘을 관성력이라 하고, 또 물체가 원운동 한다는 것은 물체의 직선운동 방향에 대해 수

직방향의 구심력(외력)이 작용한 것이므로, 구심력은 최초 운동상태에 대한 외력이라 할 수 있다.

따라서, 물체에 외력(구심력)이 가해지면 최초의 운동상태를 유지하기 위해 외력(구심력)에 대해 크기는 같고, 방향이 반대인 관성력이 생기며, 이때 구심력에 대한 관성력이 원심력이 된다.

제5절 여러 가지 힘

1. 중력

중력이란, 지구가 물체를 잡아당기는 힘 즉, 만유인력의 하나로서 지구와 물체사이의 인력작용에 의해 발생하는 힘을 '중력'이라 한다. 중력은 지구상에 물체의 무게(중량)를 결정하는 의미를 가진다.

1.1 만유인력

모든 물체에는 잡아당기는 힘이 존재한다는 것으로서, 서로 다른 두 물체 사이에는 향상 잡아당기는 힘(인력)이 존재하며, 이 힘을 '만유인력이'라 하고, 크기는 두 물체의 질량의 곱에 비례하고, 두 물체 사이의 거리의 제곱에 반비례 한다.

$$F = G\frac{mM}{r^2}\ [\mathrm{N}]$$

m, M : 물체의 질량
r : 두 물체 사이의 거리
G : 만유인력 상수 $6.67 \times 10^{-11} [Nm^2/kg^2]$

여기서 M을 지구질량, r을 지구와 물체사이의 거리라 하면, 이때의 만류인력(F)은 중력이 된다.

1.2 중력가속도

지구와 물체 사이에는 만유인력 법칙에 의해 인력이 작용하고 이 인력을 중력이라 했다. 그럼, 물체에 힘이 작용하면 가속도가 발생한다는 뉴턴의 제2법칙에 의해 물체에 중력(힘)이 작용하면 가속도가 발생하는데 중력에 의해 발생되는 가속도를 중력가속도(Gravitational acceleration)라 하고 'g'라는 기호를 사용한다.

중력가속도는 중력과 가속도의 법칙에 의해 구할 수 있다.

지구와 물체 사이의 만유인력은

$$F = G\frac{mM}{r^2} \quad \text{-------------------------------------} \quad (식\ 1\text{-}7)$$

이고, 가속도 법칙 $F=ma$ 에서 가속도(a) 대신 중력가속도(g)를 대입하면

$$F=mg=W \quad \text{------------------------------------} \quad (\text{식 } 1\text{-}8)$$

식 1-8의 W는 중력(무게)이 된다.

식 1-8의 중력(W)과 식 1-7의 만유인력(F)는 같은 힘이므로, 정리하면 아래와 같은 식이 성립한다.

$$G\frac{mM}{r^2}=mg \quad \Rightarrow \quad g=G\frac{M}{r^2} \quad \text{-----------------------} \quad (\text{식 } 1\text{-}9)$$

식 1-9에서 'M'대신 지구의 질량($5.9736\times10^{24}\ kg$)을, 'r'대신 지구 반지름(6.4×10^6 m)을 대입하면 아래와 같다.

$$6.67\times10^{-11}\frac{5.9736\times10^{24}}{(6.4\times10^6)^2}=9.7275.....m/s^2 \quad g\fallingdotseq 9.8m/s^2$$

또한, $mg=W\ [kgf]$에서 W는 m(질량)이라는 물체에 중력가속도가 작용하고 있는 것이 되며, 이를 중량 또는 무게라 한다. 즉, W(중량, 무게)를 g(중력가속도)로 나눈 값이 물체의 질량(m)이 된다.

중량 $W=mg[kgf]$, **물체의 질량** $m=\frac{W}{g}[kg]$

2. 마찰력

어떤 물체에 외력을 가하면 그 물체는 외력이 가해진 방향으로 운동을 하게 된다. 이 때 물체의 접촉면에서 가해진 외력과 반대방향으로 물체의 운동을 방해하는 힘이 작용하게 되는데 이 힘을 '마찰력'이라 한다. 마찰력(F)은 물체가 받는 수직항력(N)과 물체 접촉면의 마찰계수(μ)의 곱으로 나타낼 수 있다.

마찰력 $F=\mu N$ [N]

μ : 접촉면의 마찰계수
N : 물체의 수직항력

2.1 수직항력

물체가 어떤 면과 접촉하고 있을 때 물체의 접촉면에 대해 수직 위 방향으로 물체를 떠받치는 힘을 '수직항력(N)'이라 한다.

수평탁자에 어떤 물체가 있다. 만약 탁자가 없다면, 이 물체는 중력에 의해 지구중심 방향으로 끌려 갈 것이다. 그러나 이 물체는 탁자표면에 정지

해 있다. 이것은 물체에 작용하는 중력과 탁자가 물체를 떠받치는 힘이 상쇄되었기 때문이다.

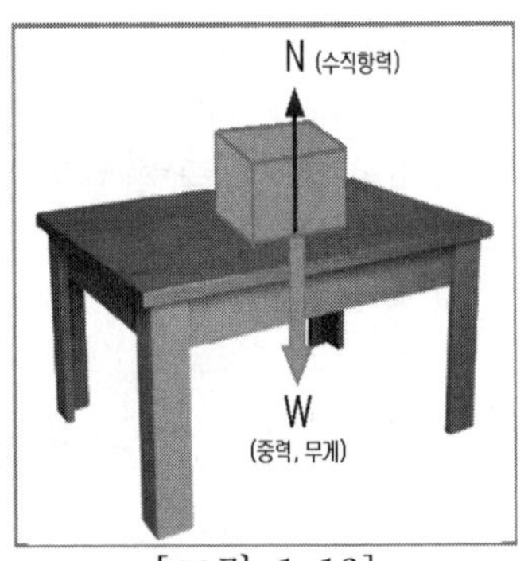

[그림 1-16]

이렇게 탁자의 표면에서 물체를 수직 위 방향으로 떠받치는 힘이 '수직항력'이 된다.

(1)수평면에서의 수직항력

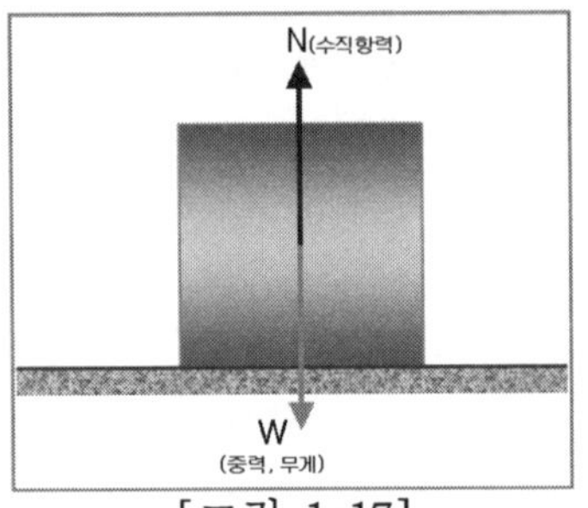

[그림 1-17]

수평면에서는 접촉면과 누르는 힘(무게, 중력)이 수직하게 작용함으로 이에 대한 수직항력의 크기는 물체가 바닥을 누르는 힘(무게)과 같게 된다.

$$W = mg = N$$

수평면에서의 수직항력 $N = mg$ [N]

(2) 경사면에서의 수직항력

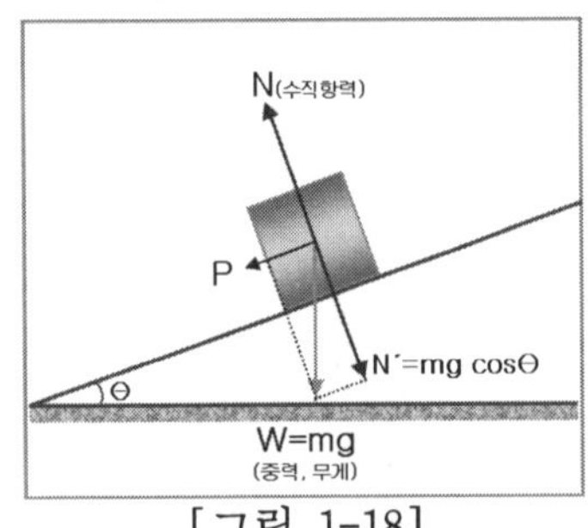

[그림 1-18]

경사면에서의 물체의 무게(W)는 수평선에 수직으로 작용한다. 따라서 물체의 무게는 경사면을 따라 내려가려는 힘(P)과 경사면(접촉면)을 누르는 힘(N'), 이 두 가지 힘으로 나누어진다. 수직항력(N)은 접촉면에 대해 수직 위 방향으로 작용하는 힘(N) 이므로 경사면을 누르는 힘(N')의 크기와 같게 된다.

경사면에서의 수직항력 $N = N' = mg\cos\theta = W\cos\theta$ [N]

2.2 마찰계수

접촉면의 재질, 모양 등에 따라 거칠고 매끄러운 정도가 달라지며, 이에 따라 마찰력

도 크게 달라진다. 이렇게 접촉되어 있는 두면의 미끄러짐에 대한 저항을 수치로 나타낸 것이 '마찰계수'이다. 또, 마찰계수를 '수직항력(N)에 대한 마찰력(F)의 비'라고도 할 수 있으며, 'μ'라는 기호로 표시한다.

(1) 수평면에서 마찰계수

수평면에서의 마찰계수 $\mu = \dfrac{F}{N}$

(2) 경사면에서 마찰계수

그림1-19에서 물체가 경사면에서 정지해 있다면 경사면을 미끄러져 내려가려는 힘(P)과 마찰력(F)이 같다는 것 이므로 $P = F$ 가 된다.

$F = P$ 값을 구하면, $F = P = mg\ \sin\theta$ 이고, 수직항력 $N = N' = mg\cos\theta$ 가 된다.

$F = \mu N$에서 마찰계수 $\mu = \dfrac{F}{N}$이므로,

F와 N을 대입하면, 경사면의 마찰계수를 구할 수 있다.

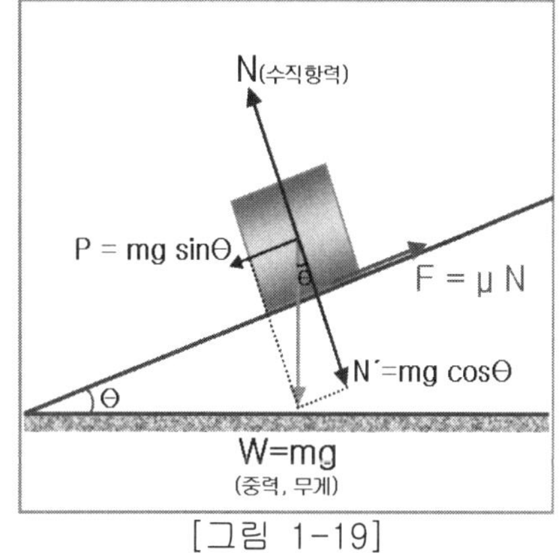

[그림 1-19]

$$\mu = \frac{F}{N} = \frac{mg\ \sin\theta}{mg\ \cos\theta} = \tan\theta$$

따라서 경사면에 물체가 정지해 있을 때의 마찰계수(μ) 값은 $\tan\theta$가 된다.

경사면에서의 마찰계수 $\mu = \dfrac{F}{N} = \dfrac{mg\ \sin\theta}{mg\ \cos\theta} = \tan\theta$

3.3 마찰력의 종류

(1) 정지 마찰력: 정지해 있는 물체에 작용하는 마찰력으로서 물체에 외력의 크기를 점점 증가시키면, 물체는 일정한도를 넘는 외력이 가해질 때까지 정지해 있다. 물체가 정지해 있는 동안에는 가해진 외력이 곧 정지마찰력이 되며, 이 때 마찰력을 '정지 마찰력'이라 한다.

정지마찰력 = 가해진외력

(2) 최대정지 마찰력(F_s): 물체에 외력이 가해지면 일정한도 이상의 외력이 작용하기 전까지 물체는 정지해 있다. 외력이 증가함에 따라 정지마찰력도 증가하다 일정한도를 넘게 되면 정지해 있던 물체가 움직이기 시작한다. 이렇게 물체가 움직이기 직전에 가해진 외력의 크기가 '최대정지 마찰력'이 된다.

최대정지 마찰력 $F_s = \mu_s N$ [N] μ_s: 최대정지 마찰계수
N : 수직항력

(3) 운동(미끄럼) 마찰력(F_K): 물체가 움직이고 있을 때 접촉면에서 발생하는 마찰력을 '운동 마찰력' 또는 '미끄럼 마찰력'이라 하고, 접촉면의 재질, 모양, 상태가 변하지 않으면 운동 마찰력의 크기도 변하지 않는다.
운동 마찰력은 최대정지 마찰력보다 작은 값을 가진다.

운동 마찰력 $F_k = \mu_k N$ [N] μ_k: 운동(미끄럼) 마찰계수
N : 수직항력

참 고

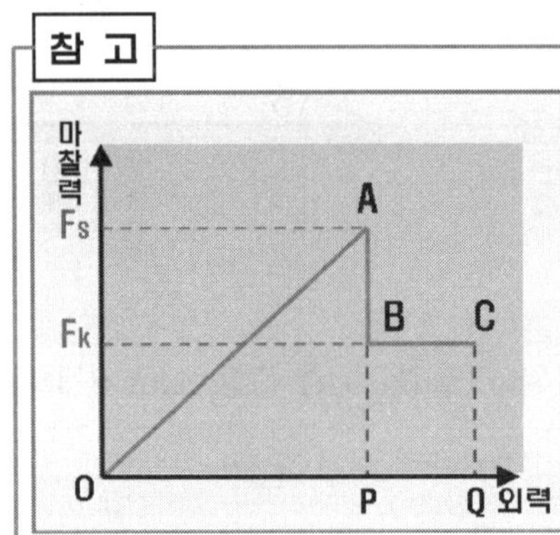

OA구간: 정지 마찰력
(외력=마찰력)
A점: 최대정지 마찰력
(정지 마찰력의 임계점)
BC구간: 운동마찰력
(마찰력 일정)
OP구간: 물체의 정지상태 구간
PQ구간: 물체의 운동 구간

2.4 마찰력의 특징

- 마찰력은 접촉면에서 발생하는 접선력이다.
- 마찰력의 크기는 접촉면의 마찰계수(μ)과 수직항력(N)에 비례한다.
- 마찰력의 크기는 마찰계수(μ)과 수직항력(N)에 의해 결정되므로 접촉면의 넓이와는 무관하다.
- 마찰력의 방향은 물체에 가해진 외력이나 물체의 운동방향과 반대로 작용한다.
- 운동마찰계수는 최대정지 마찰계수 보다 작다.

제6절 일과 에너지

1. 일(Work)

물리학에서 정의하는 일이란, 어떤 물체에 일정한 힘(F)을 가해 그 가해진 힘의 방향과 같은 방향으로 물체가 이동한 경우, 일정하게 가해진 힘(F)과 물체가 이동한 거리(S)의 곱을 '일(W)'이라 한다.

즉, 일(W)은 힘(F)과 이동거리(F)의 곱으로 타나낼 수 있다.

일량 $W = F\ S$ [J]	W : 일의 량[J] F : 힘[N] S : 이동거리[m]

2. 에너지(Energy)

물리학에서 에너지란 물체가 가지고 있는 일의 량, 즉 일을 할 수 있는 능력을 말한다. 또한, 일의 량을 기준으로 같게 표시할 수 있거나, 환산할 수 있는 것을 '에너지'라 한다.

에너지는 위치 · 운동 · 열 · 전기에너지 등의 여러 가지 형태로 존재할 수 있으며, 물체가 운동을 함으로서 가지게 되는 에너지를 운동에너지(E_k)라 하고, 물체의 위치변화에 의해 갖게 되는 에너지를 위치에너지(E_p)라 한다. 이 두 가지 에너지는 밀접한 관계가 있으며, 운동에너지(E_k)와 위치에너지(E_p)의 합을 역학적 에너지라 한다.

일(W)은 아래의 정리에 의해 운동에너지(E_k) 양과 같아짐을 알 수 있다.

일은 $W = F\ S$ 이고, 이 때 가해지 힘 $F = m\ a$ 이므로,

$$W = m\ a\ S \quad \text{------------------------------------} \quad (\text{식 } 1\text{-}10)$$

가 된다. 그런데 $V^2 = 2\ a\ S$ 에서 $a = \dfrac{V^2}{2S}$ 이므로 식 1-10에 대입하면

$$W = m\ \frac{V^2}{2\,S}\ S = \frac{1}{2}\ m\ V^2 \quad \text{------------------} \quad (\text{식 } 1\text{-}11)$$

가 되고, 여기서 $\dfrac{1}{2}\ m\ V^2 = Ek$ 가 된다.

$$\therefore W = F\ S = \frac{1}{2}\ m\ V^2 = Ek \ \ (\text{운동 에너지량})$$

지면을 기준으로 중력에 의한 위치에너지를 예로 들면,

일 $W = F\ S = m\,a\,s$ 에서 가속도(a)는 지구중력에 작용하는 가속도이므로 중력가

속도(g)가 되고, 이동거리(s)는 지면으로 부터의 높이(h)가 됨으로 $W = FS = mas = mgh$ 가 된다.

$$\therefore W = FS = mgh = Ep \text{ (위치 에너지량)}$$

또한, 위치에너지의 변화는 곧 운동에너지의 변화로 이어진다.

물체가 지면으로부터 높이(h)에서 자유낙하 운동을 한다면,

$V_2^2 - V_1^2 = 2as$ 에서 $V_1 = 0,\ a = g,\ S = h$ 이므로 $V_2^2 = 2gh$가 되고,

$W = \frac{1}{2} m V^2$ 의 식에 대입하면,

$$W = \frac{1}{2} m V^2 = \frac{1}{2} m\, 2gh = mgh$$

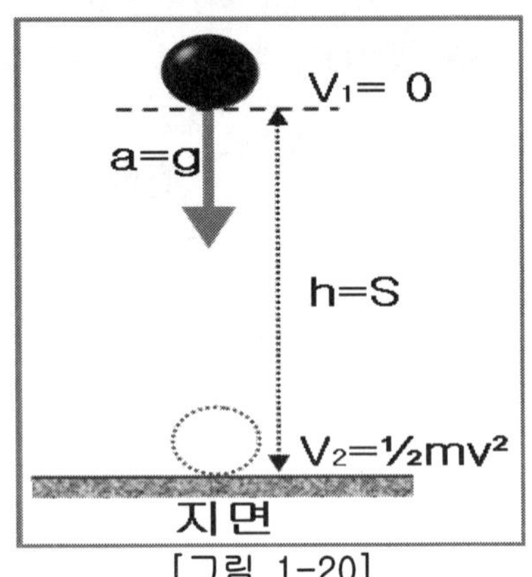

[그림 1-20]

$$\therefore W = \frac{1}{2} m V^2 = mgh \text{ (위치 에너지량)}$$

3. 일과 에너지의 단위

일과 에너지의 단위는 J(Joule)로 표시하며, 1[J]은 1[N]의 힘이 가해져 1[m] 거리를 이동시켰을 때 한 일의 량을 의미하며, 전기적으로는 1[A]의 전류가 1[Ω]의 저항을 가진 도체를 1[sec]동안 통과할 때의 값이다.

3.1 일의 절대단위

$$1\text{J} = 1Nm = 1kg\ m^2/s^2 = 10^7\ g\ cm^2/s^2 = 10^7\ \text{dyn}cm = 10^7 erg$$

$$1erg = 1\text{dyn}cm = 1\,g\ cm^2/s^2 = 10^{-7} kg\ m^2/s^2 = 10^{-7} Nm = 10^{-7}\text{J}$$

3.2 일의 중력단위

$$1kgf\,m = 9.8\,kg\,m^2/s^2 = 9.8Nm = 9.8J$$
$$1J = 1N\,m = 1\,kg\,m^2/s^2 = \frac{1}{9.8}\,kgf\,m$$
$$1gf\,cm = 9.8\,g\,cm\,m/s^2 = 980\,g\,cm^2/s^2 = 980\ \text{dyn}cm = 980\,erg$$

4. 일률(공률)

4.1 일률의 정의

일률이란, 단위시간(t)에 한 일의 량(W)을 일률(P)이라 한다. 또한, 일량은 에너지의 량이므로 단위시간에 전달된 에너지의 량으로도 정의할 수 있다.
따라서 일률(P)을 아래와 같은 식으로 나타낼 수 있다.

$$P = \frac{W}{t} = \frac{F\,S}{t} = F\,V = m\,a\,V \quad \text{[Watt]}$$

4.2 일률의 단위

일률의 단위는 $W(watt)$라고 표시하며, $1[watt]$는 1[sec]에 $1[J]$의 일을 할 수 있음을 의미한다.

(1) 일률의 절대단위

$$1\text{Watt} = 1\text{J/s} = 1Nm/s = 1kg\ m^2/s^3 = 10^7\ \text{dyn}cm/s = 10^7 erg/s$$

(2) 일률의 중력단위

$$1kgf\,m/s = 1kg\,9.8m/s^2\,m/s = 9.8Nm/s = 9.8J/s = 9.8\,Watt$$
$$1\,Watt = 1J/s = 1N\,m/s = 1kg\,\frac{9.8}{9.8}m/s^2\,m/s = \frac{1}{9.8}\,kgf\,m/s$$

(3) 일률과 동력(마력)단위 환산

$$1Ps = 75kgf\,m/s = 75kg\,9.8m/s^2\,m/s = 735Nm/s = 735J/s = 735\,Watt$$

※ MKS 단위에서 동력단위 1[Ps] = 75[$kgf\ m/s$]이다.

제2장 견인전동기

제1절 철도차량의 견인전동기 개요

국내 철도운영기관에서 사용되고 있는 철도차량의 종류는 기술이 발전함에 따라 그 종류도 다양해 졌다. 철도차량의 종류를 동력원을 얻는 방법에 따라 크게 나누면, 전기를 에너지원으로 사용하는 전기차량과 디젤을 에너지원으로 사용하는 디젤차량으로 분류할 수 있다.

전기차량은 전차선에서 전원을 공급받아 전동기를 이용하여 동력을 얻고, 디젤 차량의 경우 디젤엔진을 가동하여 생성된 전기를 전동기에 이용하여 동력을 얻고 있다. 결국, 몇몇 철도차량을 제외한 대부분의 철도차량은 전동기를 이용하여 동력을 얻고 있다.

과거 철도차량에는 회전력과 속도제어가 비교적 용이하고, 큰 힘을 발생시킬 수 있는 직류직권 전동기를 주로 사용했다. 하지만 Inverter장치 개발 등의 전원제어 기술의 발달로 교류전동기 속도제어가 쉽게 이루어질 수 있게 되면서 직류직권 전동기보다 회전력 및 속도제어, 유지보수가 더 용이한 3상교류 전동기가 많이 사용되고 있다.

<table>
<tr><th>구 분</th><th colspan="2">차 량 종 류</th><th>견인전동기 종류</th></tr>
<tr><td rowspan="6">전기차량</td><td>고속차량</td><td>KTX(18200마력)</td><td>3상동기전동기</td></tr>
<tr><td rowspan="2">전기
기관차</td><td>8000대(5300마력)</td><td>직류직권전동기</td></tr>
<tr><td>8100대(7200마력)
8200대(7200마력)</td><td>3상유도전동기</td></tr>
<tr><td rowspan="2">전동차</td><td>저항제어</td><td>직류직권전동기</td></tr>
<tr><td>inverter제어</td><td>3상 유도전동기</td></tr>
<tr><td rowspan="2">디젤차량</td><td>디젤전기
기관차</td><td>2000대(800마력)
3000대(875마력)
4000대(1310~1500마력)
5000대(1750마력)
6000대(1800~2000마력)
7000대(3000마력)</td><td>직류직권전동기</td></tr>
<tr><td>디젤동차</td><td>PP디젤동차(1980마력×2)
NDC디젤동차
CDC디젤동차</td><td>액압 변속기 방식</td></tr>
</table>

[표 2-1 차량별 견인전동기 종류]

제2절 견인전동기 기초 전기이론

1. 앙페르의 법칙

도선에 전류가 흐르면 그 도선주위에는 도선을 원점으로 하는 동심원 모양의 자기장기 형성되며, 형성된 자기장의 방향은 오른손의 엄지손가락을 전류의 방향으로 하여 나머지 손가락이 도선을 감아쥐는 방향으로 형성된다는 법칙이다.

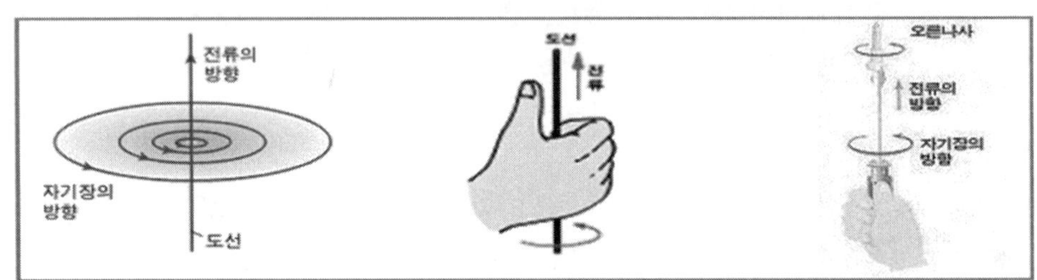

[그림 2-1]

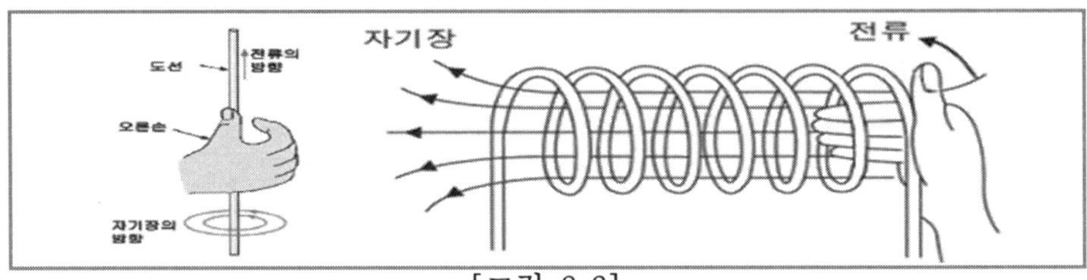

[그림 2-2]

2. 패러데이와 렌츠의 법칙

도선을 코일로 만들어 코일 내부의 자기장을 변화시키면 코일(도선)에는 유도전류(I)가 흐르게 되는데, 유도전류를 흐르게 하는 전압, 즉 유도기전력(E)의 크기는 코일의 감은횟수(n)와 시간에 따른 자속(Φ)의 변화량($\frac{\Delta \Phi}{\Delta t}$)에 비례한다는 법칙이며, 코일내부에 형성되는 전류(유도기전력)를 크게 하려면 코일의 감은횟수(n)를 증가시키고 자속(Φ)이 강한 자석을 빠르게 움직이면 된다.

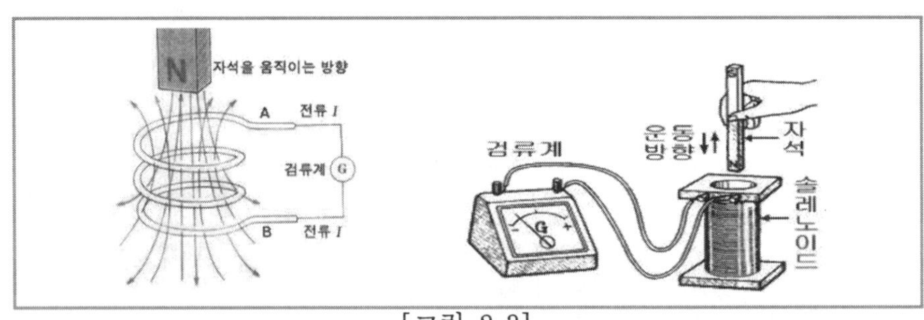

[그림 2-3]

렌츠의 법칙은 코일에 유도되는 전류의 방향을 찾는 법칙으로 코일은 코일내부를 지나는 자속이 변화하면 그 변화를 상쇄(방해)시키려는 방향으로 유도전류를 만들어 낸다.

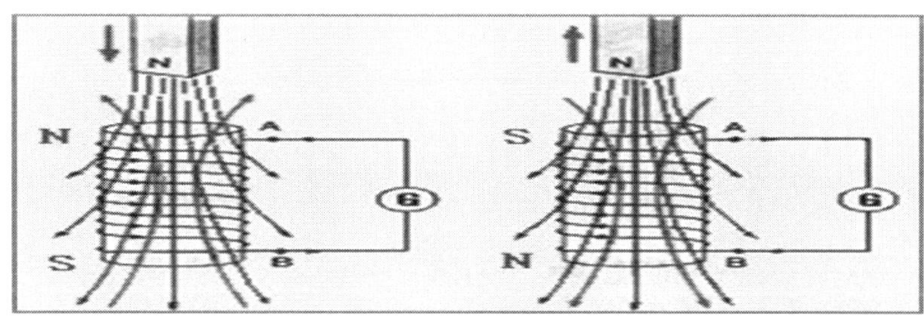

[그림 2-4]

3. 플래밍의 법칙

3.1 오른손 법칙(발전기)

자기장내의 자기력선에 대해 수직으로 도선을 움직이면 도선에 유도전류가 발생되는데 유도되는 전류의 방향은 아래의 그림과 같은 방향으로 흐르게 된다.

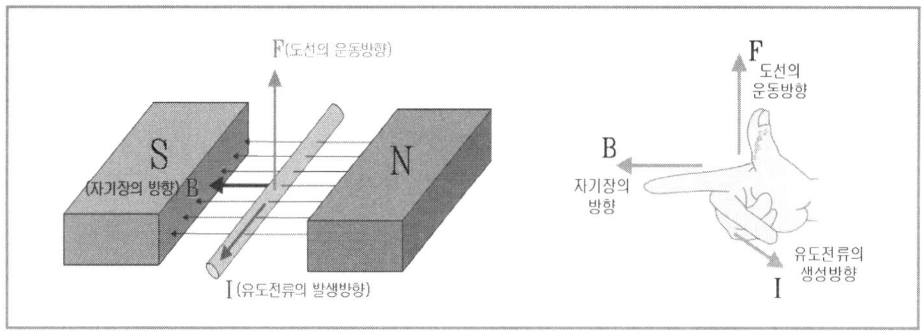

[그림 2-5]

자기장내에서 도선을 회전운동 시켜 유도전류를 발생시키는데 이 원리를 이용한 것이 발전기이다. 따라서 플래밍의 오른손법칙은 운동에너지를 이용해 전류를 생성함으로 '발전기 원리'라고도 한다.

3.2 왼손법칙(전동기)

자기장내의 자력선에 대해 전류가 수직방향으로 흐를 수 있도록 도선 놓아두고 도선

에 전류를 흐르게 하면 도선에는 그림 3-6과 같은 방향으로 전자력(F)이 발생한다. 그림 3-6처럼 자가장의 방향과 전류의 방향을 알면, 플래밍의 왼손법칙에 의해 발생되는 전자력의 방향을 찾을 수 있다.

플래밍의 왼손법칙은 자기장내 도선에 전류를 흘려 힘을 얻게 됨으로 '전동기의 법칙'이라고도 한다.

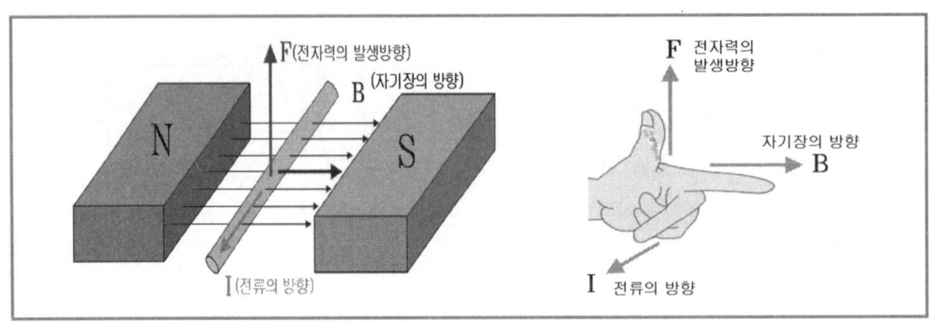

[그림 2-6]

제3절 직류 전동기

1. 직류 전동기의 구조 및 동작원리

직류전동기는 전기에너지(직류전류)를 역학적에너지로 변환하는 장치로써 고정자(계자), 회전자(전기자), 브러쉬, 정류자로 구성되어 있으며, 고정자 권선에서 자계(자기장)를 형성하고, 회전자에 전류를 흐르게 하면 플래밍의 왼손법칙에 의해 회전자에 전자력이 발생하여 회전자가 회전하는 원리로 되어 있다.

직류전동기는 속도제어가 쉬워 전동차, 엘리베이터, 압연기 등과 같이 속도 조정이 필요한 경우 널리 사용된다.

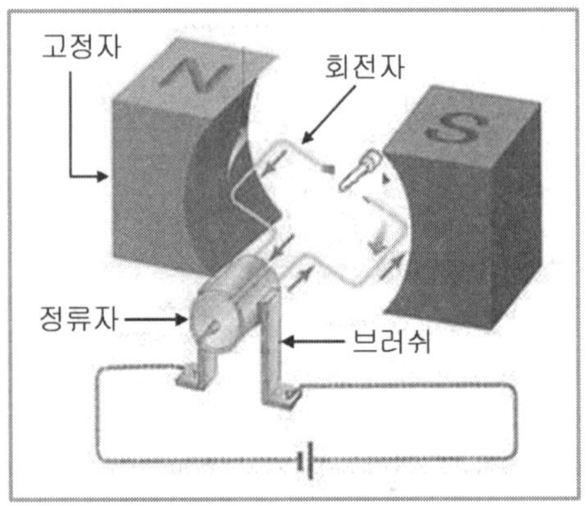

[그림 2-7]

2. 직류 전동기의 분류

직류 전동기의 고정자(계자)는 철심에 코일을 감아놓은 형태로 되어 있으며, 이 코일에 전류가 인가되면 앙페르의 법칙에 의해 코일은 자기장을 형성하는 전자석이 된다. 즉, 계자권선에 전류를 인가하면 계자는 전자석이 되어 자속을 발생시키데 이 전자석

이 된 상태를 '여자'라고 하며, 계자를 여자 시키는 방법에 따라 자여자 전동기와 타여자 전동기로 나뉜다.

2.1 타여자 전동기

계자가 여자 되기 위해서는 계자권선에 전류를 인가시켜 전자석이 되도록 하는데, 이 계자권선에 인가되는 전류의 전원이 외부에서 주어지는 방식으로 만든 전동기를 타여자 전동기라 한다. 즉, 계자회로와 전기자회로가 분리 되어 각각의 전원을 사용하는 전동기를 말한다.

타여자 전동기의 계자회로는 전기자회로와 독립되어 있어 부하의 증감에 관계없이 일정한 속도로 회전하는 특성을 가지고 있으며, 계자회로에 가변저항을 연결하여 발생되는 자속을 변화시켜 속도를 광범위하게 조정할 수 있다.

2.2 자여자 전동기

타여자 전동기와는 반대로 자속을 발생시키는 계자권선에 인가되는 전류의 전원을 전기자권선에 같이 연결하는 방식으로 만든 전동기를 자여자 전동기라 한다. 즉, 계자권선과 전기자권선이 같은 전원을 사용하는 전동기를 말한다.

자여자 전동기는 계자회로와 전기자회로의 결선방법에 따라 분권, 직권, 복권 전동기로 나뉜다.

(1) 분권 전동기

분권 전동기는 계자권선과 전기자권선이 병렬이 되도록 연결하여 만든 전동기를 말하며, 부하 변동에 대해 속도변화가 작은 정속도 특성을 가지고 있다.

(2) 직권 전동기

직권 전동기는 계자권선과 전기자권선을 직렬로 연결한 구조로 되어 있다. 직권 전동기는 부하 변동에 따라 속도변화가 심하며, 부하가 감소하면 속도가 급속히 증가하여 벨트 운전시 매우 위험하다. 반면, 기동시 토크(회전력)가 커 큰 힘이 필요한 전동차, 크레인 등에 적합하다.

(3) 복권 전동기

복권 전동기는 분권과 직권 전동기의 특성을 합쳐 놓은 것으로서 전기자권선과 계자권선을 직렬 및 병렬로 연결한 전동기 이다. 따라서 분권 전동기와 직권 전동기의 특성이 결합되어 나타난다. 즉, 복권 전동기 보다는 기동토크가 크고, 부하가 적을 때 직권 전동기처럼 급속한 속도 상승은 일어나지 않는다.

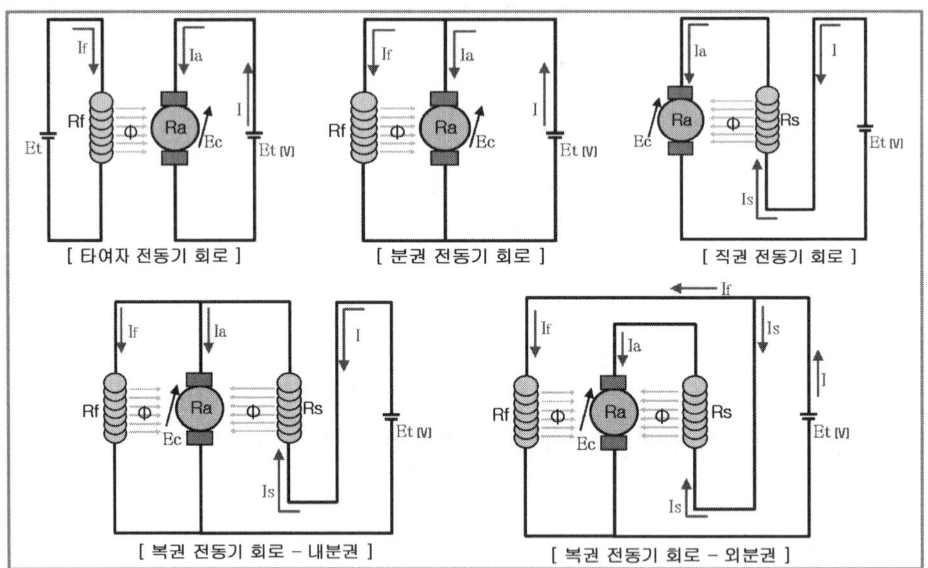

[그림 2-8]

3. 직류직권 전동기

3.1 직류직권 전동기의 원리

직류직권 전동기에 전압(Et)을 가하면 전류(I)가 계자권선에 흘러 자속(ϕ)을 발생시키고, 이 전류가 다시 정류기와 브러쉬를 거쳐 회전자를 통과할 때 플래밍의 왼손법칙에 의해 회전자(전기자)에서는 전자력(F)이 발생한다.

이 전자력은 회전축을 기준으로 회전자 도선 양단에 흐르는 전류의 방향이 서로반대가 되며, 이에 따라 발생하는 전자력의 방향도 서로반대가 되어 회전축을 원의 중심으로 하는 회전운동과 회전력을 발생하게 된다.

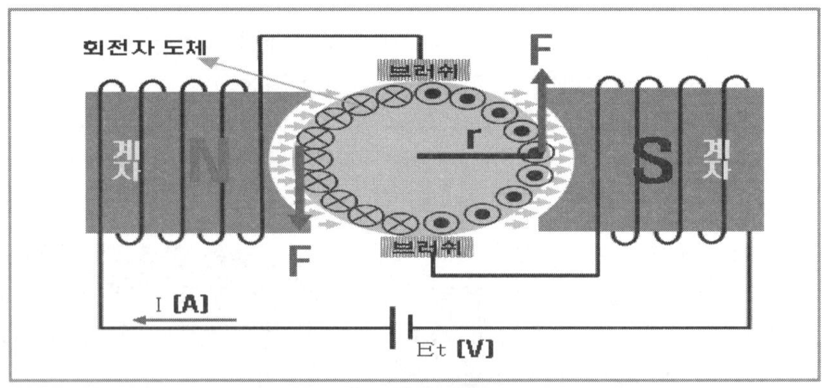

[그림 2-9]

(1) 회전력(토크)

회전력은 회전자 도선에서 발생한 전자력(F)과 회전자 회전반경(r)의 곱으로 나타낼 수 있으며, 일반적으로 물체를 회전시킬 수 있는 힘을 회전력 또는 토크(Torque)라고 한다.

$$\text{회전력}(T) = \text{힘}(F) \times \text{반지름}(r)$$

(2) 역기전력

직류직권 전동기에 전압(Et)을 인가하면, 플래밍의 왼손 법칙에 의해 회전자가 회전력을 발생 시키면서 회전한다. 반대로 전동기가 운전하고 있다는 것은 회전자가 자속(ϕ) 내에서 회전(운동)하는 것과 같다. 따라서 플래밍의 오른손 법칙에 의해 기전력이 발생하고, 이 기전력의 방향은 회전자에 흐르는 외부 유입전류의 방향과 반대이기 때문에 회전자에 유기된 기전력을 '역기전력(Ec)'이라 한다.

역기전력(Ec)의 크기는 계자의 극수(P), 전기자의 감은 수(Z), 자속의 세기(ϕ), 회전수(N)에 비례하며, 회전자의 병렬 회로수(a)에 반비례 한다.

$$\text{역기전력 } Ec \propto P \cdot Z \cdot \Phi \cdot \frac{N}{60} \cdot \frac{1}{a}$$

3.2 직류직권 전동기의 토크 특성

전동기는 전기적 에너지(Et×I)를 기계적 에너지(T×ω)로 변환하는 기기이다.

즉, 전동기에 전압(Et)을 가하여 전류(I)가 흐르면 전동기 회전자에는 역기전력(Ec)이 발생하고 회전축은 회전각속도(ω)와 회전력(T)을 발생시킨다.

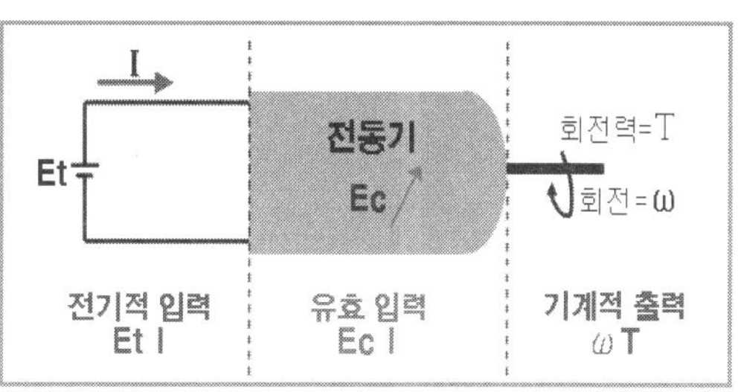

[그림 2-10]

이때 전동기의 내부손실이 없다고 가정하면, 입력한 전기적 에너지와 출력되는 기계적 에너지는 같게 되며 다음과 같은 식을 전개할 수 있다.

$$\text{전동기의 출력}(P) = Et\,I = Ec\,I = \omega\,T$$

토크(T)로 정리하면,

$$T = \frac{Ec\ I}{\omega}$$ ------------------------------------- (식 2-1)

그런데, 위의 전동기를 발전기라고 가정하면, 역기전력(Ec)은 식 2-2와 같다.

$$Ec = P \cdot Z \cdot \Phi \cdot \frac{N}{60} \cdot \frac{1}{a}$$ ---------------------- (식 2-2)

또한, 회전각속도(ω)는

$$\omega = \frac{2\pi N}{60}$$ -- (식 2-3)

이 됨으로 식 2-2와 식 2-3을 식 2-1에 대입하면

$$T = \frac{PZ\Phi \frac{N}{60}\frac{1}{a}}{\frac{2\pi N}{60}} I = \frac{PZ\Phi}{2\pi a} I$$ ------------ (식 2-4)

식 2-4에서 계자의 극수(P), 전기자의 감은 수(Z), 회전자 도체의 병렬 회로수(a)는 전동기를 만들 때 이미 결정된 것임으로 $\frac{PZ}{2\pi a} = K$ 로 계산하여 일정한 상수(K)라 하면, 식 2-5와 같이 정리할 수 있다.

$$T = K\Phi I$$ ---------------------------------- (식 2-5)

회전력 $T = K\Phi I$

(1) 계자 미포화시 회전력 특성

계자에서 발생되는 자속(ϕ)은 계자에 흐르는 전류(I)가 증가하면 자속도 증가하게 된다. 즉, $\Phi \propto I$ 함으로 식 2-6과 같이 된다.

$$\Phi = k' I$$ -- (식 2-6)

식 2-6을 식 2-5에 대입하면

$$T = K\ (K'\ I)\ I = K''\ I^2$$ ----------------------- (식 2-7)

계자 미포화시 회전력(T)은 인가되는 전류의 제곱(I^2)에 비례하여 증가하는 특성을

가진다.

계자 미포화시 회전력 특성 $T \propto I^2$

(2) 계자 포화시 회전력 특성

계자에 흐르는 전류(I)가 증가하면 자속(ϕ)도 증가한다. 하지만 일정한도에 도달하면 전류가 계속 증가해도 자속은 더 이상 증가하지 않는 상태가 된다. 이때를 계자 포화상태라 하며 계자 포화상태에서의 자속(ϕ)은 일정한 값(K')을 가진다.

즉, $\Phi = K'$ -- (식 2-8)

식 2-8을 식 2-5에 대입하면 식 2-9와 같이 된다.

$T = K\,(K')\;I = K''\,I$ ------------------------------ (식 2-9)

따라서 계자 포화시 회전력(T)은 인가되는 전류(I)에 비례하여 증가하는 특성을 가진다.

계자 포화시 회전력 특성 $T \propto I$

3.3 직류직권 전동기의 회전수(속도)

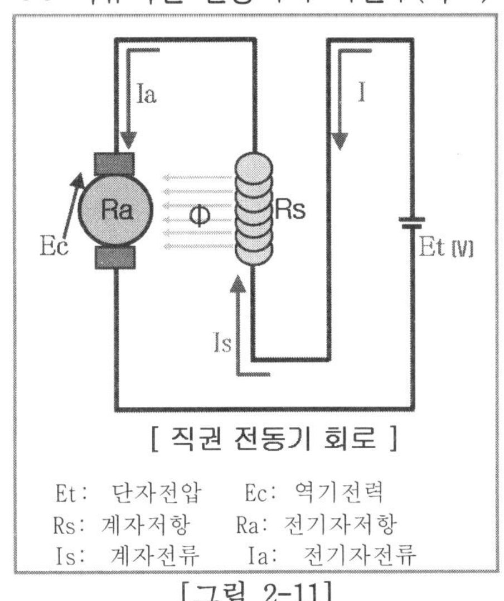

[그림 2-11]

그림 2-11은 직류직권 전동기의 등가회로 이다.

외부에서 전압(Et)을 인가해주면 부하전류(I)가 계자권선(Rs)에 흐르면서 자속(ϕ)를 발생시키고, 다시 이 전류가 전기자권선(Ra)에 흐를 때 전동기 회전축에서는 회전력(T)과 회전각속도(ω)를 발생시킨다. 여기까지가 플래밍의 외손법칙에 의한 전동기 동작과정이다.

그리고 발전기원리에 의한 역기전력(Ec) 발생과정을 보면, 전동기가 운전 중일 때 이 전동기의 전기자(회전자)는 자속(ϕ)내에서 회전운동하고 있는 것과 같으므로 플래밍의 오른손 법칙에 의해 전기자에는 역기전력(Ec)이 형성된다.

그런데, 이 회로가 전동기로 작용하기 위해서는 단자전압(Et)이 전동기 전기자에서 발생되는 역기전력(Ec)보다 켜야 한다.

그림 2-11에서 단자전압(Et)을 인가했을 때 부하전류(I)가 직렬로 연결된 계자권선(Rs)과 전기자권선(Ra)을 흐르면서 전압강하가 일어나고 남은 전압에 의해 전동기가 동작하여 역기전력(Ec)을 발생함으로 다음과 같은 식이 성립된다.

$Et - (Is\,Rs + Ia\,Ra) = Ec$ ---------------------------- (식 2-10)

그런데, 계자회로와 회전자회로가 직렬로 연결되어 있음으로 부하전류 $I = Is = Ia$ 가 된다. 따라서 식 2-10을 아래와 같이 정리할 수 있다.

$Ec = Et - I(Rs + Ra)$ ------------------------------ (식 2-11)

$Et = Ec + I(Rs + Ra)$ ------------------------------ (식 2-12)

위의 회로가 발전기로 작용한다고 가정하면, 전기자에서 발생되는 역기전력(Ec)은 자속(ϕ)과 회전수(N)에 비례하여 증가하게 된다.

즉, $Ec \propto \Phi$이고, $Ec \propto N$이므로, 식 2-13이 성립한다.

$\therefore\ Ec = K\Phi N$ ------------------------------------ (식 2-13)

식 2-13을 회전속도(N)로 정리하면

$N = \dfrac{Ec}{K\Phi}$ 이고, 비례상수 K의 역수를 K'라 하면,

$N = K_1 \dfrac{Ec}{\Phi}$ -- (식 2-14)

식 2-14에 식 2-11을 대입하면, 전동기의 회전수(N)로 정리할 수 있다.

$N = K_1 \dfrac{Et - I(Rs + Ra)}{\Phi}$ -------------------------- (식 2-15)

식 2-15에서 전기자 반작용과 계자포화가 없다고 가정하면, 자속(ϕ)는 전류(I) 값에 비례($\Phi \propto I \Rightarrow \Phi = KI$)함으로 식 2-16과 같이 정리할 수 있다.

$N = K_1 \dfrac{Et - I(Rs + Ra)}{KI} = K_2 \dfrac{Et - I(Rs + Ra)}{I}$ --- (식 2-16)

$$N = K_1 \frac{Et - I(Rs + Ra)}{\Phi} = K_2 \frac{Et - I(Rs + Ra)}{I}$$

직권전동기는 회전축 부하가 증가하게 되면 합성저항이 감소하여 부하전류(I)가 증가하고, 식 2-16에 의해 부하전류(I) 증가 시 속도(N)는 감소하게 된다. 따라서 부하전류

(I)와 속도(N)는 반비례하는 관계가 있다.

$$\text{회전수(속도)} \quad N \propto \frac{1}{I}, \quad N \propto Et$$

3.4 직류직권 전동기의 속도제어

직권전동기의 회전수(N) 즉, 속도를 제어하는 방법에는 앞서 유도된 식(2-15, 2-16)에서 단자전압(Et)을 직접 조절하거나, 계자저항(Rs)과 전기자저항(Ra)을 조절하여 단자전압(Et)을 조절하는 방법과, 회전수(N)가 자속(ϕ)에 반비례하는 특성을 이용하여 회전속도를 조절하는 방법이 있다.

(1) 단자전압(Et) 제어법

기관차와 전동차(M)에는 보통 4개 또는 6개의 직권전동기가 장착되어 있으며, 이 전동기들의 결선방법을 직렬→직병렬→병렬 순으로 변경하면 단자전압(Et)을 변화시켜 전동기 회전속도(열차의 속도)를 제어할 수 있다. 이렇게 단자전압을 변화시켜 속도제어 하는 방법을 단자전압 제어법이라 한다.

전동기의 결선방법이 변경(직렬→직병렬→병렬)될 때를 전이(Transition)라 하고, 전이할 때 단자전압(Et)의 변화가 매우 크게 일어나며, 이에 따라 열차의 속도변화도 커짐으로 열차에 충격이 발생하는 단점이 있다. 이를 보완하기 위해 저항 제어법을 병용한다.

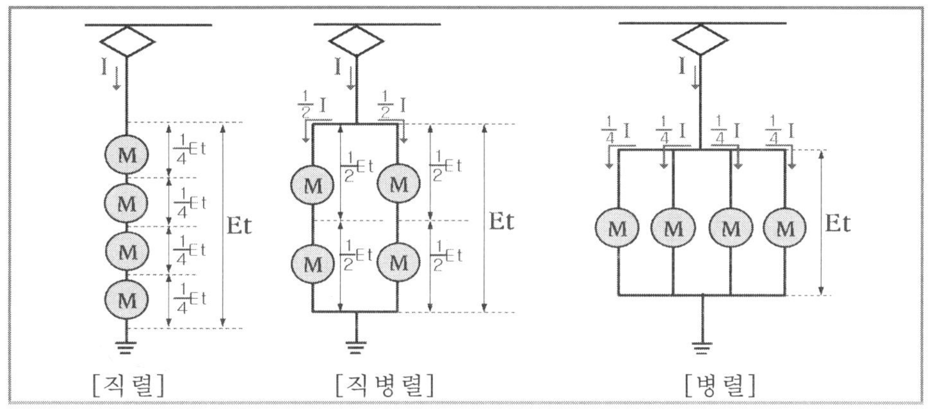

[그림 2-12]

(2) 저항 제어법

전동기 결선회로에 직렬로 저항을 연결하고 순차적으로 저항 값을 줄이면, 전동기에 걸리는 단자전압((Et) 값이 서서히 증가한다. 이처럼, 저항 값에 의한 속도제어 방

법을 '저항 제어법'이라 한다. 저항 제어법은 직병렬제어 시 전이에 의해 나타나는 돌이전류를 완화시켜 주는 역할을 하며, 이에 따라 단자전압 제어법의 단점인 열차충격을 보완할 수 있다.

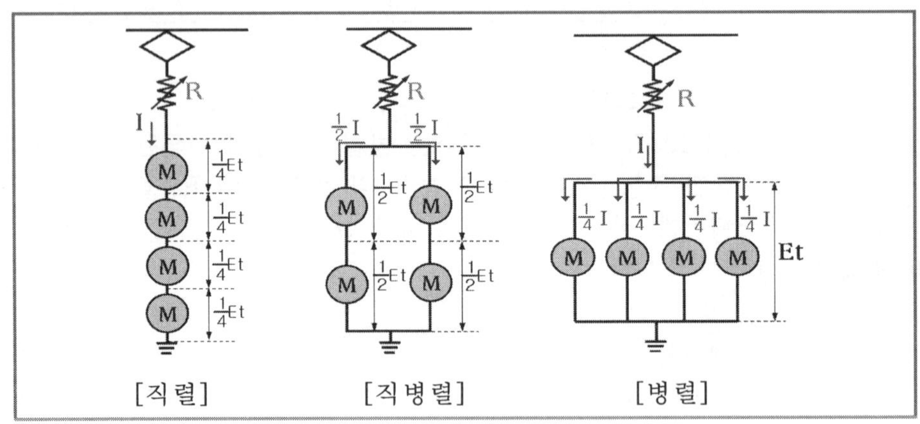

[그림 2-13]

(3) 계자 제어법

전동기의 회전수(N)가 자속(ϕ)에 반비례하는 특성을 이용하여 계자권선에 유입되는 전류의 크기를 조절하여 자속(ϕ)을 제어하는 방법으로 계자회로에 저항을 연결하거나, 계자권선을 단락하는 방법 등의 저항분로 계자법, 계자권선 단락(부분단락)법, 혼합형 등이 있다.

전동기 기동시(열차 출발시)에는 큰 회전력이 필요함으로 자속(ϕ)을 크게 하고, 열차가 출발한 후에는 자속(ϕ) 값을 차츰 줄여가며 회전수(N) 즉, 열차속도를 증가시킨다.

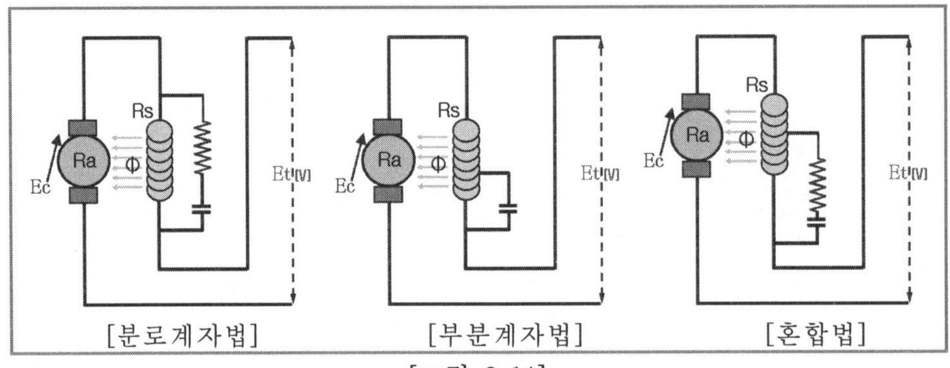

[그림 2-14]

3.5 직류직권 전동기의 특성

전동차 및 기관차의 견인전동기로 사용되는 직류직권 전동기는 차량의 차축기어와 맞물려 있음으로 전동기에서 나타나는 특성이 그대로 차량의 특성이 된다.

(1) 직류직권 전동기의 특성곡선

① 회전수(N)와 전류(I)

$N \propto \frac{1}{\Phi}$이고, $\Phi \propto I$이므로 $N \propto \frac{1}{I}$

전류(I) 감소시 회전수(N)는 증가한다.

② 회전력(T)과 전류(I)

$T \propto I$ 이므로, 전류(I) 증가시 회전력도 증가 한다.

③ 회전력(T)과 회전수(N)의 관계

$I \propto \frac{1}{N}$이고, $T \propto I$이므로

$$T \propto \frac{1}{N}, \quad N \propto \frac{1}{T}$$

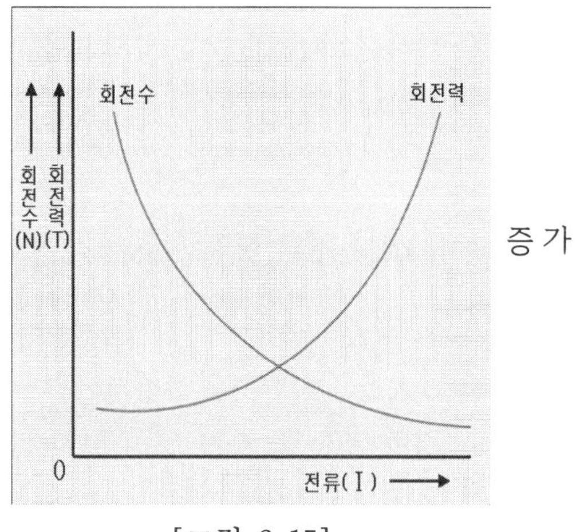

[그림 2-15]

결국, 전동기 회전수(N)를 증가시키면 회전력(T)이 감소하고, 회전력(T)을 증가시키면, 회전수(N)가 감소하는 특성이 있다.

(2) 직류직권 전동기 특성

① 기동시 회전력(T)이 크다.

② 회전수(N)가 적을 때 회전력(T)이 크다.

③ 회전수 변화폭이 커 속도제어가 용이하다.

④ 회전수(N)가 클 때 전류(I)가 적어서 전력소비량이 적다.

⑤ 병렬 운전시 부하 불균형이 적다.

⑥ 운전 중 급격한 전류 및 전압 변동에 의한 내구성을 갖는다.

제4절 3상유도 전동기

1. 유도 전동기의 개요

유도전동기는 교류전원을 사용하는 전동기이다. 교류전동기는 유도전동기와 동기전

동기로 나누어지고, 다시 교류전원의 이용방법에 따라 크게 단상 유도전동기와 3상 유도전동기로 나누어진다. 유도전동기는 직류전동기에 비해 정류자와 브러쉬가 없으며, 구조가 간단하고 고장이 적어 유지보수가 용이하다.

3상유도 전동기는 같은 교류 전동기인 동기 전동기에 비해 회전력 변동이 커 철도차량 같이 부하가 큰 기기에 적합하나 회전속도의 제어가 곤란하여 사용할 수 없었다.

하지만, 전자공학의 발달로 인해 고전압 및 전압주파수 제어가 가능한 VVVF Inverter 장치가 개발되면서 3상유도 전동기의 회전력 및 회전속도 제어가 용이해졌다. 이렇게 VVVF Inverter 장치의 등장으로 3상유도 전동기가 철도차량의 견인전동기로 사용되기 시작해 현재 제작되는 대부분의 전동차에 사용되고 있다.

2. 3상 유도전동기의 구조

3상 유도전동기(농형)는 고정자와 회전자로 구성되어 있다. 고정자 틀에는 슬롯이라고 부르는 홈에 권선이 감긴 형태로 되어 있어 3상의 교류전원을 인가하면 회전자계가 만들어진다. 회전자는 단락환에 도체봉을 결합하여 원통형으로 만들어 회전축 철심과 연결한 구조로 되어 있으며, 고정자에서 만들어진 회전자계가 회전자 도체봉을 통과시 유도기전력이 형성되고, 이 유도기전력과 회전자계의 상호작용으로 회전력이 발생한다. 즉, 고정자권선에서는 회전자계가 만들어지고, 회전자는 회전자계가 도체봉을 쇄교하는 과정에서 회전력을 발생시킨다.

(가)고정자 틀(슬롯)	(나)고정자 권선	(다)슬롯에 권선 삽입	(라)완성된 고정자

[그림 2-16]

(가)회전자 철심	(나)도체봉 삽입	(다)완성된 회전자	(라)3상 유도전동기

[그림 2-17]

3. 3상유도 전동기의 동작원리

3.1 아라고의 원판

유도전동기의 원리는 아라고의 원판 실험으로 설명할 수 있다. 아래의 내용은 아라고 원판이 회전하는 과정을 순서대로 정리한 것이다.

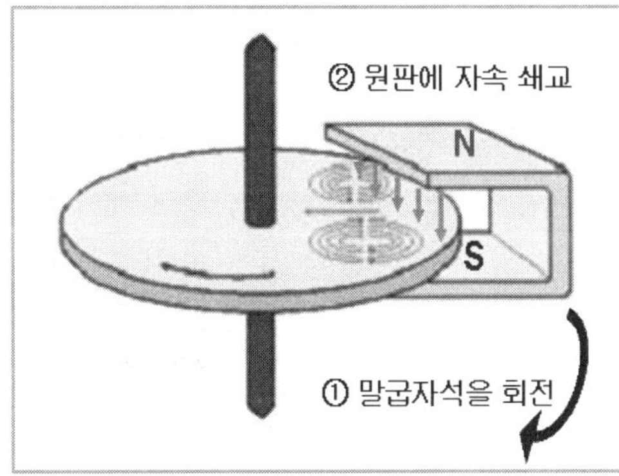

[그림 2-18]

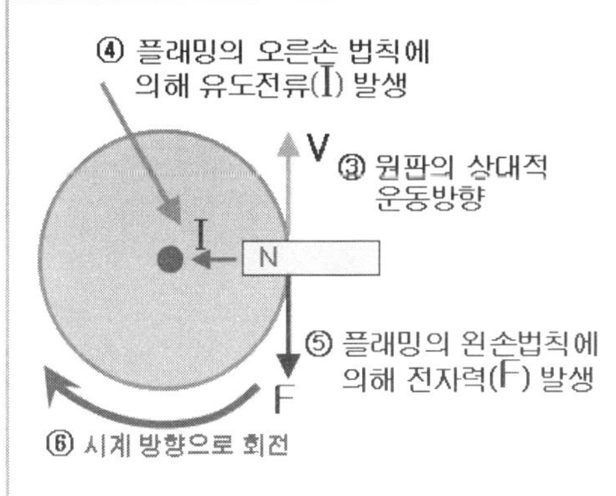

[그림 2-19]

① 그림 2-18과 같이 회전이 가능한 도체 원판에 말굽자석을 시계방향으로 회전시킨다.

② 말굽자석의 자기장(자속)이 변화하여 도체원판을 쇄교하게 된다.

③ 이때 실제 회전한 것은 말굽자석이나 원판의 상대적 운동방향은 그림 2-19의 ③번 화살표와 같은 방향(V)이 된다.

④ 플래밍의 오른손 법칙(자가장 내의 도체가 움직이면 유도전류가 발생한다)에 의해 원판의 중심을 향하는 맴돌이 전류(와류전류)가 유도된다.

⑤ 이때 자속내의 도체원판에 전류가 흐르게 됨으로 플래밍의 왼손 법칙에 의해 도체원판에는 그림 2-19의 ⑤번 화살표와 같은 방향으로 전자력(F)이 발생한다.

⑥ 이 전자력(F)에 의해 원판은 시계방향으로 회전하게 된다.

결론적으로 말굽자석을 시계방향으로 회전시킨다는 것은 자기장을 회전시키는 것과 같은 현상 즉, 회전자계와 같은 효과를 가진다.

회전자계에 의해 원판에 유도전류가 발생하고, 이 유도전류에 의해 전자력이 발생하여 원판도 시계방향으로 회전하게 되는 것이 유도전동기의 기본 원리이다. 그런데, 이때 원판의 회전속도는 말굽자석의 회전속도 보다 조금 늦게 회전하게 된다.

말굽자석 회전속도 〉 원판의 회전속도

3.2 회전자계의 발생과정

아라고의 원판에서 말굽자석을 회전시키면 원판을 통과하는 자기장 변화에 의해 원판이 회전하게 된다. 실제로 유도전동기는 말굽자석 대신 회전하는 자계를 사용하는데 이 회전하는 자계를 '회전자계'라 하고, 회전자계는 고정자권선의 배치방법과 3상 교류전원의 특성에 의해 만들어진다.

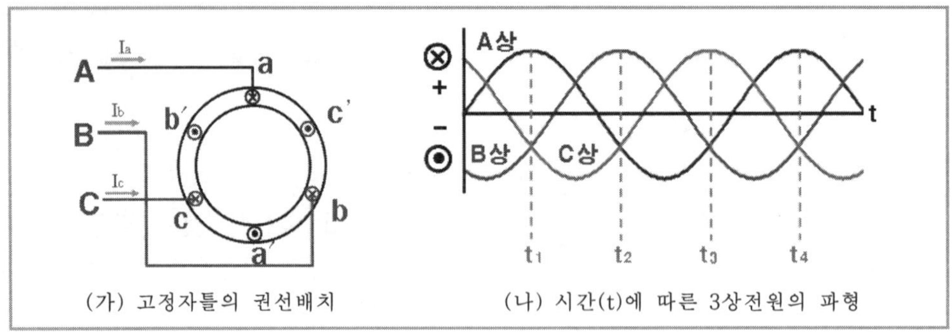

(가) 고정자틀의 권선배치　　(나) 시간(t)에 따른 3상전원의 파형

[그림 2-20]

3상 교류전원 각상의 이름을 A, B, C상이라 하고, 전동기 고정자 틀에 권선을 그림 2-20(가)와 같이 120° 각도 차를 두고 A, B, C상을 각각 a, b, c로 들어가 a', b', c'로 나오게 감은 다음, 그림 2-20(나)와 같은 파형의 3상 전원을 인가하면 시간(t)에 따른 전원파형의 변화에 따라 고정자 권선에 흐르는 각각의 전류 Ia, Ib, Ic의 상태를 확인할 수 있다.

- t=t1 일 때 자기장의 방향

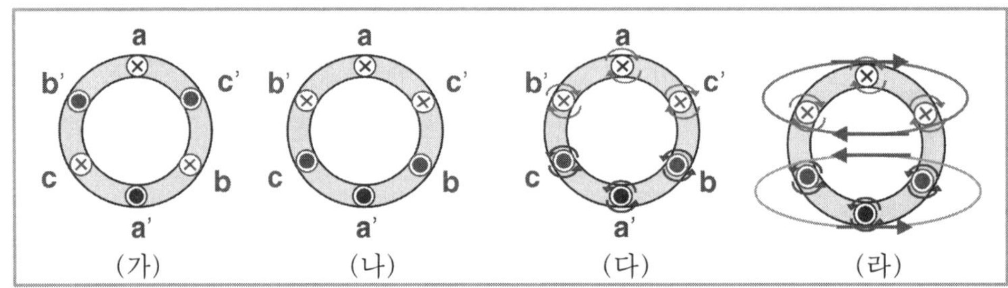

(가)　(나)　(다)　(라)

[그림 2-21]

t=t1 일 때 3상 교류전원의 파형(그림 2-20의 나)을 보면, A상은 (+)영이고, B상과 C상은 (-)영역에 있으므로 그림 2-21(가)의 고정자 틀 a에서는 전류가 들어가는 방향이 되고, b와 c에서는 전류가 나오는 방향으로 바뀌게 되므로 그림 2-21(나)와 같은 방향으로 전류가 흐르게 된다. 따라서 a, b', c'는 전류가 들어가는 방향이 되고, 나머지 a', c, b,는 전류가 나오는 방향이 된다. 그림 2-21(나)에서 앙페르의 법칙에 의해 권선 주의에 생기는 자기장을 살펴보면 그림 2-21(다)와 같이 되며, 이에 따라 고정자내의 합

성자기장은 그림 2-21(라)와 같이 나타난다.

● t=t2 일 때 자기장의 방향

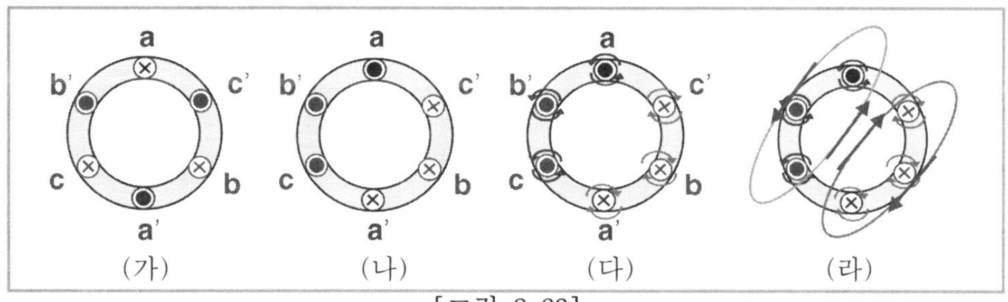

[그림 2-22]

t=t2 일 때 3상 교류전원 파형(그림 2-20의 나)을 보면, B상은 (+)영이고, A상과 C상은 (-)영역에 있으므로 전류의 방향은 그림 2-22(나)와 같이 a', b, c'는 전류가 들어가는 방향이 되고, 나머지 b', a, c는 전류가 나오는 방향이 된다. 따라서 권선 주의에 생기는 자기장은 그림 2-22(다)와 같고, 이여 합성자기장은 그림 2-22(라)와 같이 나타난다.

● t=t3 일 때 자기장의 방향

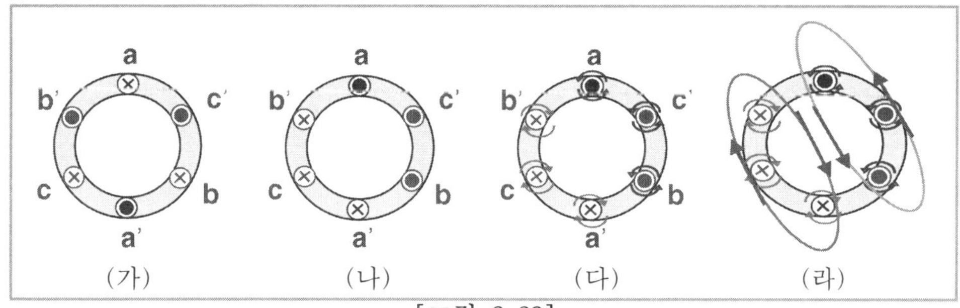

[그림 2-23]

● t=t4 일 때 자기장의 방향

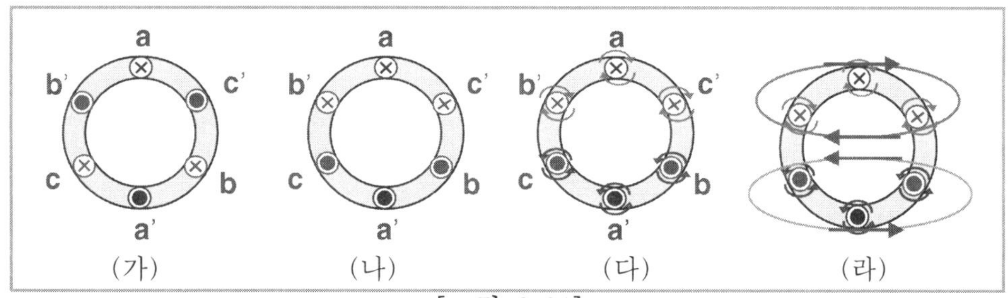

[그림 2-24]

위와 같은 방법으로 t=t3, t=t4일 때의 합성자기장의 방향을 찾아보면 그림 2-23(라),

그림 2-24(라)와 같이 시간(t)의 흐림에 따라 합성자기장의 방향이 시계방향으로 변화하는 것을 알 수 있다. 즉, 고정자 틀에 A상, B상, C상의 권선이 각각 120°의 공간적 차이를 두고 감겨 있어 3상의 교류전원을 인가하면 고정자 권선에서 회전하는 자기장(회전자계)이 생긴다.

4. 3상 유도전동기의 속도와 슬립

4.1 동기속도(Ns)

고정자 권선에서 만들어지는 회전자계의 회전속도를 동기속도(Ns)라 하고, 동기속도는 극수(P)에 반비례하고, 3상 교류전원의 주파수(f)에 비례하여 증가한다.

$Ns \propto \frac{2}{P}$이고, $Ns \propto f$이므로 $Ns \propto \frac{2f}{P}$이라 할 수 있다. 그런데 동기속도(Ns)의 단위는 분당 회전수(rpm)이고, 주파수(f)는 1초 동안의 진동수(회전수) 이므로 1분 동안의 진동수는 60f가 된다. 이것을 정리하면 동기속도는 아래와 같다.

$$\text{동기속도 } Ns = \frac{120\,f}{P} \text{ [rpm]}$$ -----------------(식 2-17)

참 고

※ 주기(T) : 1회전이나, 1반복 하는데 걸리는 시간을 주기라 한다.

※ 주파수(f): 1초 동안에 회전수, 반복횟수, 진동수를 주파수라 한다.

- 주파수와 주기는 서로 역수관계에 있다. ($f = \frac{1}{T}$ 또는 $T = \frac{1}{f}$)
  예를 들어, 주파수(f)가 60Hz라는 것은 1초 동안에 주기(T)가 60번 반복 된다는 것이고, 이때의 1회전 또는 1반복(주기)하는데 걸리는 시간은 $\frac{1}{60}$초가 된다.

※ 동기속도(Ns)와 극수(P)의 관계

극수(P)	동기속도(Ns) = 회전수
2극	1 회전
4극	$\frac{1}{2}$ 회전
8극	$\frac{1}{4}$ 회전

$$\Longrightarrow \therefore Ns \propto \frac{2}{P}$$

- 극수(P)는 고정자에 슬롯을 증가시킨 후 슬롯에 권선을 감아 증가시킬 수 있다.

4.2 슬립(S)

아라고의 원판에서 말굽자석을 회전시키면 여러 과정을 거쳐 도체원판도 같은 방향으로 회전한다. 그런데 말굽자석의 회전속도 보다 원판의 회전속도가 조금 느리게 회전한다. 이 원리를 전동기에 적용하면, 말굽자석의 회전속도는 고정자에서 발생되는 회전자계의 속도(Ns=동기속도)가 되고, 원판의 회전속도는 회전자의 회전속도(N=실제속도)와 같다고 할 수 있다. 이렇게 회전자계와 회전자 사이에서 회전속도의 차이가 생기게 되는데, 회전자계(동기속도) 속도에 대한 회전자계와 회전자의 속도 차, 또는 동기속도(Ns)에 대한 동기속도(Ns)와 실제속도(N)의 속도차를 슬립(S)이라 한다.

$$\text{슬립} = \frac{\text{회전자계 속도} - \text{회전자 속도}}{\text{회전자계 속도}} = \frac{\text{동기속도} - \text{실제속도}}{\text{동기속도}}$$

$$\textbf{슬립}\ S = \frac{Ns - N}{Ns} \qquad \text{(식 2-18)}$$

만약, 전동기의 실제속도(N)와 동기속도(Ns)가 같다면 회전자 도체를 통과하는 자속(Φ)이 회전자 도체를 쇄교하지 못해 회전자 도체에 기전력이 유지되지 못하므로 회전력이 발생하지 않는다. 따라서, 전동기의 실제속도(N)와 동기속도(Ns)간에는 속도차가 있어야 회전력이 발생한다. 즉, 슬립이 존재해야 전동기로서의 역할을 할 수 있다.

(1) 슬립의 범위

위의 슬립에 관한 식에서 슬립(S)이 증가한다는 것은 실제속도(N)가 감소한다는 것과 같고, 슬립(S)이 감소한다는 것은 실제속도(N)가 증가한다는 의미와 같다.

전동기가 정지 상태라는 것은 실제속도(N)가 '0'이라는 것과 같으므로 이때의 슬립(S)값은 1이 된다.(N=0 일 때 S=1)

또 전동기의 실제속도(N)가 동기속도(Ns)와 같다고 가정하면, 이때의 슬립(S) 값은 '0'이 된다.($N=Ns$ 일 때 S=0)

따라서, 슬립의 범위는 0보다 크고, 1보다 작은 값을 가져야 한다.

$$\therefore \text{슬립의 범위} \quad 0 < S < 1$$

※ 실제 전동기 운전시의 슬립(S)의 값은 2.5%~5% 정도이다.

(2) 역회전시 슬립의 범위

전동기가 역 회전한다는 것은 실제속도(N)의 회전방향이 바뀐 것이 됨으로 $(-N)$이라 할 수 있다. 따라서 $N=-N$을 식 2-18에 대입하면 아래와 같이 정리할 수 있다.

$$S = \frac{Ns-(-N)}{Ns} = \frac{Ns+N}{Ns}$$ ---------------------------- (식 2-19)

전동기 정지 상태에서 실제속도(N) 0이 되고 이때의 슬립(S) 값은 1이 된다.

또, 실제속도(N)와 동기속도(Ns)가 같다면 이때의 슬립 값은 S=2가 되므로, 전동기 역회전시 슬립의 범위는 1보다 크고 2보다 작은 값을 가진다.

∴ 역회전시 슬립의 범위 $1 < S < 2$

4.3 전동기의 상대속도

동기속도(Ns)와 실제속도(N)의 속도 차이를 전동기의 '상대속도'라 한다.

즉, 동기속도와 실제속도의 속도 차($N_S - N$)가 상대속도가 된다. 따라서 슬립에 관한 식3-18에서 $Ns-N$으로 정리하면 상대속도를 구할 수 있다.

$$Ns - N = SNs$$ ------------------------------------ (식 2-20)

∴ 상대속도는 SNs 또는 $Ns-N$이다.

4.4 전동기의 실제속도(N)

식 2-18을 실제속도(N)에 관한으로 식으로 다시 정리하면

$$S\,Ns = Ns - N$$

$$N = Ns - S\,Ns$$

$$N = (1-S)Ns$$ ------------------------------------ (식 2-21)

가 된다. 그런데, 동기속도는 식3-17의 $Ns = \frac{102f}{P}$ 이므로, 식 2-21에 대입하여 정리하면 실제속도(N)를 구할 수 있다.

$$N = (1-S)\frac{120f}{P}$$ -------------------------------- (식 2-21)

∴ 전동기의 실제속도 $N = (1-S)\frac{120f}{P}$ [rpm]

[N:실제속도, : 슬립, f : 전원주파수, P: 극수]

> **참 고**
>
> **[유도전동기의 속도제어]**
>
> 유도전동기는 구조가 간단하고 운전시 전부하에서 슬립이 작아 회전수가 우수하나 회전속도(N)가 전동기의 극수(p)와 전원의 주파수(f)에 의해 정해지므로 속도제어가 어렵다.
>
> $N = (1-S)Ns$ 〔rpm〕, $N = (1-S)\dfrac{120f}{P}$ 〔rpm〕이므로
>
> 전동기 회전수(N)는 슬립(S), 전원주파수(f), 극수(p)의 3가지 중 어느 하나를 제어해야만 속도조절이 가능하지만, 전원주파수와 극수는 고정된 것으로 변경이 쉽지 않으므로 비교적 조절이 쉬운 슬립을 변화시켜 회전속도(회전수)를 제어한다.
>
> ① 슬립제어(2차 저항의 가감)
> 회전자 회로에 저항을 넣어 같은 토크에 대한 슬립을 변화시키는 방법
> ② 주파수제어
> 전원의 주파수를 변경시켜 속도를 제어하는 방법. 연속적으로 원활하게 속도제어를 할 수 있으나 VVVF Inverter 장치 등의 별도의 장치가 필요
> ③ 극수변경제어
> 극수가 증가하면, 속도가 감소되는 특성을 이용한 방법으로 변경이 쉽지 않다.

4.5 슬립(S)과 실제속도(N)의 특성

동기속도(Ns)를 1이라고 하면, 상대속도(SNs)는 동기속도와 실제속도 차인 슬립 'S'가 되고, 실제속도(N)는 동기속도에서 슬립을 뺀 것 '1-S'가 된다.

동기속도 (회전자계 속도)	상대속도	실제속도 (회전자 속도)
Ns	SNs	$N=(1-S)Ns$
1	S	$1-S$

[표 2-2 동기속도에 대한 상대속도 및 실제속도의 특성]

5. 3상 유도전동기의 회전력(T)

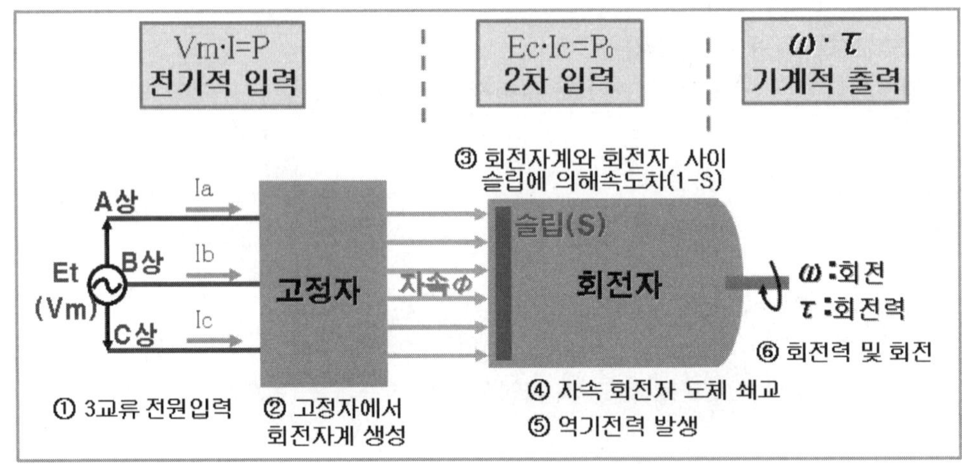

[그림 2-25]

그림 2-25는 3상유도전동기의 동작과정을 간단히 설명한 것이다.

① 전동기에 3상 교류전원을 인가(전기적 에너지 입력)

② 입력된 3상전원에 의해 고정자 권선에서 회전자계 발생(동기속도 발생)

③ 회전자계와 회전자간 속도 차 발생(슬립 발생)

④ 회전자계와 회전자의 속도 차(슬립)에 의해 자속이 회전자 도체를 쇄교

⑤ 자속이 쇄교하면 회전자도체에 역기전력(Ec)이 생겨 유도전류(Ic)가 흐른다. (역기전력과 유도전류 발생 - 오른손법칙)

⑥ 자속내 회전자 도체에 유도전류가 흐름으로 전자력이 발생(왼손법칙)

⑦ 회전자 축에서는 회전력과 각속도를 출력(기계적 에너지 출력)

위의 동작과정에서 ①~②의 과정인 전기적 입력($P = VmI$)이 그대로 고정자 권선에 전달되어 회전자계를 발생시키고, 회전자계는 '슬립'이라는 손실을 거쳐 회전자도체에 역기전력(Ec)을 발생(③~⑤의 과정)시킨다. 따라서 전기적 입력($P = VmI$)은 슬립(S)만큼의 차이가 생긴 역기전력(Ec)과 유도전류(Ic)라는 출력을 발생시킨다.

역기전력(Ec)과 유도전류(Ic)는 전기적 입력에서는 출력이 되지만, 기계적 출력 입장에서는 입력이 되므로 '2차 입력($P_0 = Ec\ Ic$)'이라 한다.

이 2차 입력($P_0 = Ec\ Ic$)이 그대로 전달되어 회전자의 회전자 축이 회전하는 기계적 출력($P_0 = \omega\ T$)으로 나타나게 되므로 2차 입력과 기계적 출력은 같게 된다.

전기적입력($P = VmI$) $\neq$ 2차입력($P_0 = Ec\ Ic$) $=$
기계적출력($P_0 = \omega\ T$)

전동기의 2차 입력과 기계적 출력이 같으므로 다음과 같은 식이 성립한다.

$$P_0 = Ec\ Ic = \omega T$$ ---------------------------------- (식 2-22)

식 2-22에 각속도 $\omega = \dfrac{2\pi N}{60}$을 대입하면,

$$P_0 = \frac{2\pi N}{60} T$$ ---------------------------------- (식 2-23)

식 2-23을 회전력 T로 정리하면,

$$T = \frac{60}{2\pi N} P_0$$ ---------------------------------- (식 2-24)

식 2-24의 $\dfrac{60}{2\pi}$을 계산하여 다시 정리하면,

$$T = 9.55 \frac{P_0}{N} \text{ [Nm]}$$ ---------------------------------- (식 2-25)

식 2-25를 중력단위로 환산하면,

$$T = \frac{9.55}{9.8} \frac{P_0}{N} \text{ [kgf · m]}$$ -------------------------- (식 2-26)

$$\therefore T = 0.975 \frac{P_0}{N} \text{ [kgf·m]}$$ ----------------- (식 2-27)

2차 입력(P_0)는 전기적 입력(P)에 비해 슬립만큼의 차이가 생기므로 $P_0 = (1-S)P$라고 할 수 있으며, 실제속도(N) 역시 동기속도(Ns)에 비해 슬립 만큼의 차이가 생기므로 $N = (1-S)Ns$ 라 할 수 있다.

그리고, 2차 입력(P_0)은 기계적 출력인 전동기의 실제속도(N)를 출력하고, 전기적 입력(P)은 고정자 권선에서 동기속도(Ns)를 출력하므로 식 2-28과 같이 정리할 수 있다.

$$\therefore T = 0.975 \frac{P_0}{N} = 0.975 \frac{P}{Ns} \text{ [kgf·m]}$$

P_0: 2차 입력($Ec\ Ic$), P: 전기적 입력($Vm\ I$)
N: 전동기 실제속도, Ns: 회전자계의 동기속도 ----- (식 2-28)

제5절 VVVF 전동차 견인전동기의 속도 및 토크제어

1. 견인전동기의 회전력(토크) 특성

유도전동기 회전력(토크= T)은 자속(Φ)과 회전자 전류(Ir)의 곱에 비례($T \propto \varnothing Ir$)하므로 식 2-29와 같이 정리할 수 있다.

$$T = K_1 \varnothing Ir \quad \text{-- (식 2-29)}$$

[K_1 =기계 상수, φ =자속, Ir =회전자자 전류]

식 2-29의 자속(Φ)은 고정자 전류(I_0)에 비례($\varnothing \propto I_0$)하고, 또한 고정자 전류(I_0)는 단자전압과 전원주파수의 비($\frac{Vm}{f}$)에 비례($\varnothing \propto I_0 \propto \frac{Vm}{f}$) 한다. 따라서 자속($\Phi$)은 식 2-30과 같이 정리할 수 있다.

$$\varnothing = K_2 \frac{V_m}{f} \quad \text{-- (식 2-30)}$$

[V_m : 전동기의 단자전압, f : 전원주파수]

식 2-29의 회전자 전류(Ir)는 고정자 전류(I_0)에 슬립주파수(Fs)를 곱한 것($Ir = I_0\,Fs$)과 같고, 고정자 전류(I_0)는 입력전압(Vm)과 전원주파수(f)의 비에 비례($I_0 \propto \frac{Vm}{f}$)함으로 식 2-31과 같이 정리할 수 있다.

$$Ir = K_3 \frac{Vm}{f} Fs \quad \text{-------------------------------------- (식 2-31)}$$

식 2-30와 식 2-31을 식 2-29에 대입하면 다음과 같은 식이 성립된다.

$$T = K_1 \varnothing Ir = K_1 \left(K_2 \frac{Vm}{f} \right) \left(K_3 \frac{Vm}{f} Fs \right)$$

$$T = K_4 \left(\frac{Vm}{f} \right)^2 Fs \quad \text{-------------------- (식 2-32)}$$

2. 견인전동기의 속도특성

3상 유도전동기의 회전자 속도(실제속도= N)는 앞서 기술한 바와 같이 고정자에서

발생되는 회전자계의 회전속도 즉, 동기속도가 증가함에 따라 증가하고, 동기속도가 일정한 상태에서 슬립(S)이 증가할수록 실제속도는 감소한다. 따라서 실제속도(N)는 동기속도(Ns)에 비례($N \propto Ns$)하고, 슬립(S)에 반비례($N \propto \frac{1}{S}$)하는 특성을 가진다.

이 관계를 식으로 정리하면, 다음과 같이 정리할 수 있다.

$$N = (1-S)\frac{120f}{P} \text{ [rpm]} \qquad \text{(식 2-33)}$$

3. 역행시 견인전동기의 속도 및 토크 조절법

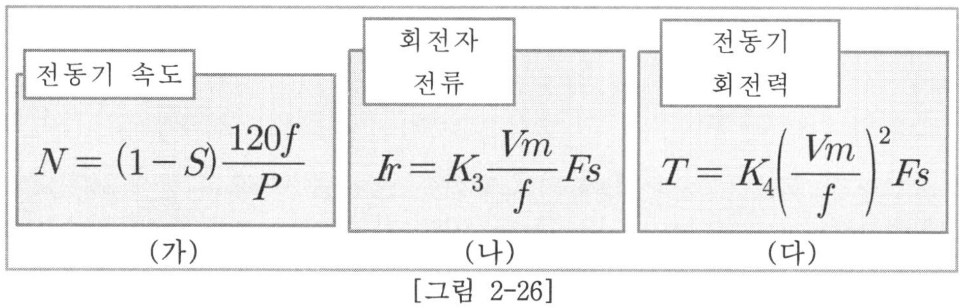

[그림 2-26]

그림 2-26의 식은 전동기의 실제속도(N), 회전자전류(Ir), 회전력(T)의 특성을 표시한 것이다.

전동기의 속도를 변화시킬 수 있는 인자들은 그림3-26의 (가)식과 같이 전원주파수(f), 슬립(S), 극수(P)가 있으나 극수변경은 쉽지 않으므로 전원주파수(f)와 슬립주파수를 사용하여 회전수(속도)를 제어한다.

또한 전동기의 회전력은 전원전압(Vm), 슬립주파수(Fs), 전원주파수(f)의 값을 제어하여 조절할 수 있고, 이 3가지 요소들을 어떻게 조절하느냐에 따라 정토크 제어, 정출력 제어, 특성영역 제어라는 3가지 영역으로 구분 된다.

3.1 정토크 제어(저속영역)

정지해 있던 열차가 출발하여 속도가 증가하는 것은 견인전동기의 회전수(N)가 증가해야 하는 것과 같다. 위의 그림 2-26(가) 식의 전원주파수(f)를 증가시키면 전동기 회전수가 증가된다. 하지만 전원주파수(f)만 증가시키면 그림 2-26(다) 식에서처럼 회전력(T)이 감소함으로 열차 출발시 기동력 부족으로 출발할 수 없는 상황에 이른다. 따라서 열차가 출발하기 위해서는 전동기 회전수(N)의 증가와 함께 일정한 크기의 회전력(T)이 필요하다.

이때 회전수(N)를 증가시키면서 회전력(T)을 일정하게 유지할 수 있는 조절법이 '정토크 제어법'이다.

정토크 제어법은 전원주파수(f)와 전원전압(Vm)의 비($\frac{Vm}{f}$)를 일정하게 증가시켜 일정한 상수 값이 되도록 제어하는 방법이다. 그러면 회전력(토크 = T)이 일정하게 유지되면서 전동기의 회전수(N)는 증가한다.

이처럼 회전력(토크)을 일정하게 유지하면서 속도를 제어하는 영역이라 하여 '정토크 제어영역'이라고도 한다.

3.2 정출력 제어(중속영역)

정출력 제어영역은 정토크 제어시 증가시킨 전원전압(Vm)이 최고점에 이르러 더 이상 상승시킬 수 없는 시점부터 이루어지는 제어 영역이다.

정출력 영역에서는 전원주파수와 슬립주파수의 비($\frac{Fs}{f}$)를 일정하게 유지하여 증가시킨다. 그러면, 그림 2-26(가) 식에 의해 회전수(N)가 증가하고, 그림 2-26(나) 식에 의해 회전자전류(Ir)는 일정하게 유지된다. 이때 전원주파수(f)와 슬립주파수(Fs)의 비($\frac{Fs}{f}$)가 일정하게 증가함으로 슬립 값도 일정 값을 가진다. 반면 회전력(T)은 그림 2-26(다) 식($\frac{Fs}{f^2}$)에 의해 감소하게 된다.

이처럼, 전원전압(Vm)이 최고점에서 일정 값을 갖고, 회전자전류(Ir)와 슬립 값도 일정하게 유지됨으로 '정출력 영역'이라 한다.

3.3 특성 영역(고속영역)

전동기의 회전전수(N)를 계속 증가시켜 고속으로 운전하기 위한 영역으로 전원전압(Vm)과 슬립주파수(Fs)가 최대가 되어 일정 값으로 유지될 때 전원주파수(f)를 계속 증가 시키면, 그림 2-26(가) 식에 의해 전동기의 회전수(N)는 증가하고, 그림 2-26(나)와 (다) 식의 회전자 전류(Ir)와 회전력(T)은 감소하게 된다.

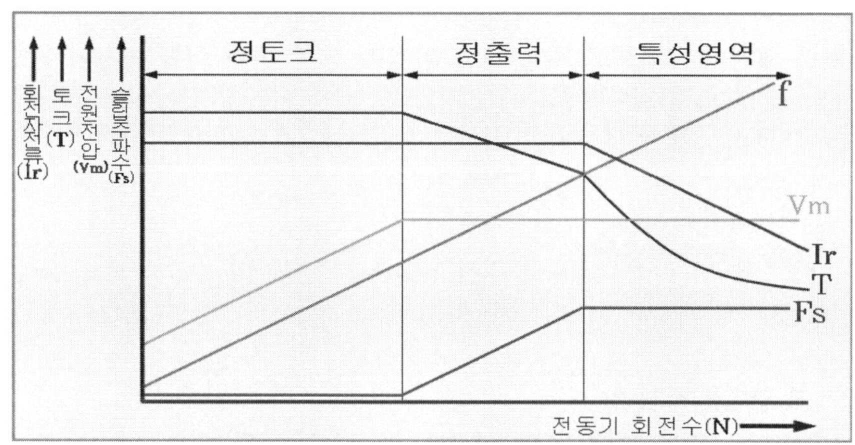

[그림 2-27 역행시 제어 인자들의 변화]

영 역	현 재 상 태	제 어 대 상	결 과
정토크 (저속)	Fs 일정유지	$\frac{Vm}{f}$ 비를 일정유지 하여 Vm과 f를 증가	T와 Ir이 일정 f에 비례하여 N 증가
정출력 (중속)	Vm 최고점에서 일정유지	$\frac{Fs}{f}$ 비를 일정유지 하여 Fs와 f를 증가	Ir이 일정 f에 반비례하여 T감소 f에 비례하여 N 증가
특성영역 (고속)	Vm과 Fs 최고점 일정유지	f 계속 증가	f에 반비례하여 Ir감소 f^2에 반비례하여 T감소 f에 비례하여 N 증가

[표 2-3 역행시 견인전동기 제어인자들에 대한 상태변화]

4. 제동시 견인전동기의 속도 및 토크 조절법

3상 유도전동기에 입력되는 3상 전원 3개의 상 중 임의의 2개상의 결선을 바꾸면 회전자계가 역회전하여 역 회전력을 발생시킨다. 이런 현상을 이용하여 전동기를 제동장치로 이용하며, 이때 전동기는 발전기 역할을 하게 되어 역기전력을 발생시킨다. 발생된 역기전력을 고전압으로 변압시켜 전차선으로 되돌려주는 방식을 회생제동이라 한다.

전동기가 제동 작용시 속도 및 회전력 조절법은 역행시 제어 인자들을 역으로 제어하는 것과 거의 비슷하나, 역행 시 나타나던 정출력 영역이 생략된다.

4.1 특성 영역(고속영역)

이 영역은 열차가 고속으로 주행 중인 상태며, 이에 따라 역행시 제어과정에서 이미 전원전압(Vm)과 슬립주파수(Fs)는 최대값으로 일정하게 유지된 상태이다.

이때 전원주파수(f)를 감소시키면 그림 2-26(나)와 (다)식에 의해 회전자전류(Ir)와 회전력(T)이 증가하게 되고, 전동기의 회전수(N)는 그림 2-26(가)식에 따라 감소하게 된다.

이 회전력(T)은 역 회전력으로서 회전자의 회전을 방해하는 힘으로 작용하여 제동효과를 발휘한다.

4.2 정토크 영역(중속영역)

중속영역에서는 전원주파수(f)를 제곱한 값(f^2)과 슬립주파수(Fs) 값을 일정한 비($\frac{Fs}{f^2}$)가 되도록 유지하여 감소시키면 그림 2-26(나)식에 의해 회전자전류(Ir)는 감소하나, 그림 2-26(다)식에 의해 회전력(T)은 일정하게 유지된다. 이때 전동기의 회전수(N)는 전원주파수(f^2)의 감소로 그림 2-26(가)식에 따라 감소하게 된다.

4.3 정토크 영역(저속영역)

회생제동시 저속영역에서는 전원전압(Vm)과 전원주파수(f)의 비($\frac{Vm}{f}$)를 일정하게 하여 감소시킨다. 그러면, 회전력(T)과 회전자전류(Ir)는 그림 2-26(다)와 (나)식에 의해 계속해서 일정하게 유지되고, 전동기의 회전수(N)는 그림 2-26(가)식에 의해 감소한다.

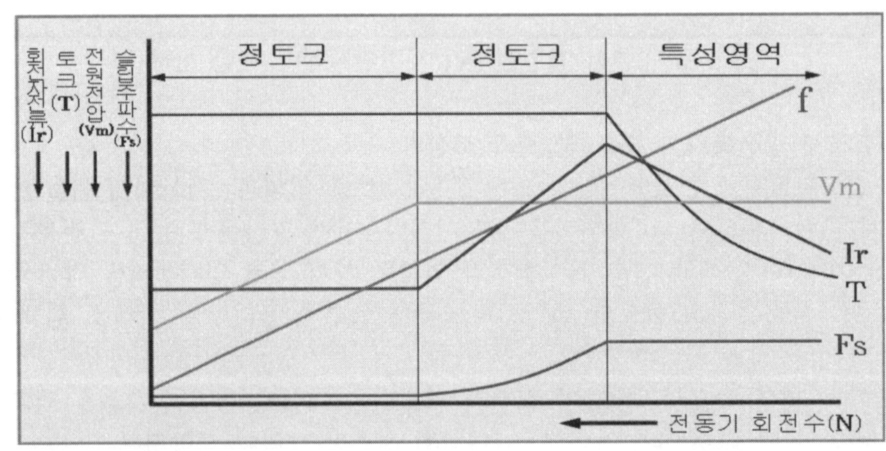

[그림 2-28 회생제동시 제어 인자들의 변화]

영 역	현재상태	제어대상	결 과
특성영역 (고속)	Vm과 Fs 최고점 일정유지	f 계속 감소	f에 반비례하여 Ir증가 f^2에 반비례하여 T증가 f에 비례하여 N감소
정토크 (중속)	Vm 최고점에서 일정유지	$\frac{Fs}{f^2}$ 비를 일정유지 하여 f와 $Fs=f^2$ 감소	T 일정 f에 비례하여 Ir감소 f에 비례하여 N감소
정토크 (저속)	Fs 최소값으로 일정유지	$\frac{Vm}{f}$ 비를 일정유지 하여 Vm과 f를 감소	T와 Ir이 일정 N(속도) 감소 f에 비례하여 N감소

[표 2-4 회생제동시 견인전동기 제어인자들에 대한 상태변화]

제6절 전동기의 손실과 효율

1. 전동기의 손실

전동기에 전기에너지를 입력하면 기계적 에너지를 출력한다. 이 과정에서 입력된 전기에너지는 모두 기계적 에너지로 전환되는 것이 아니며, 전동기내부에서 마찰이나 열 등의 여러가지 형태로 자체 소멸하는 에너지가 생긴다. 이렇게 전동기내부에서 소멸되는 에너지를 '손실'이라 하고, 전동기 손실을 다음과 같이 분류할 수 있다.

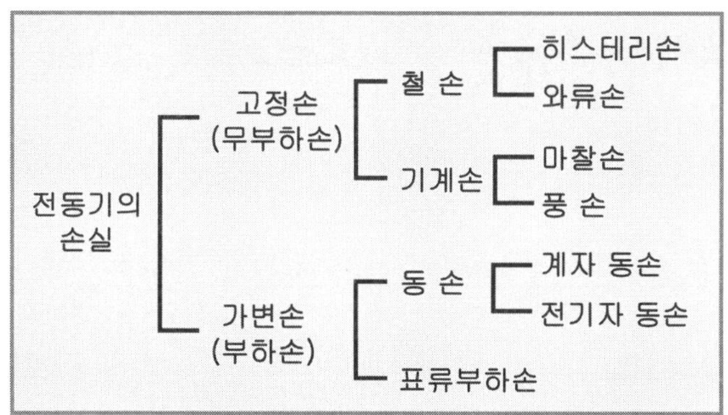

[그림 2-29]

1.1 고정손(무부하손)

전동기 부하에 상관없이 운전 시 항상 발생되는 손실을 '고정손'이라 하고, 자성체를

자화시키는데 소모되는 에너지인 '히스테리손'과 자성체의 단면을 자속이 통과할 때 렌츠의 법칙에 의해 기전력이 발생하는데 이때 발생하는 손실인 '와류손'으로 나뉜다.

또한, 고정손에는 기계손이 발생하는데, 기계부 마찰에 의한 마찰손과 공기에 의해 발생되는 풍손으로 나눌 수 있다.

일반적인 전기기기에서 히스테리손과 와류손의 발생 비율을 보면 히스테리손은 고정손의 대부분인 80% 정도가 발생하고, 나머지 20%정도는 와류손이 차지한다.

1.2 가변손(부하손)

가변손은 전동기 회전축 부하 증감에 따라 변동하여 발생하고, 계자권선이나 전기자권선 자체저항에 의해서 발생하는 손실인 '동손'과 측정이나 계산이 매우 어려운 '표류 부하손'으로 나눌 수 있으며, 가변손의 대부분은 동손이 차지한다.

2. 전동기의 효율

전동기에 전기에너지를 입력하면, 전동기 내부의 여러 가지 손실에 의해 에너지가 소모되고 남은 전기에너지가 전환되어 기계적 에너지로 출력된다. 그러므로 출력은 입력에서 전동기 내부의 손실을 뺀 값이 된다.

$$\text{출력} = \text{입력} - \text{손실}$$

효율이란, 입력된 에너지에 대한 출력에너지의 비율을 말한다.

$$\text{효율}(\mathfrak{I}) = \frac{\text{출력}}{\text{입력}}100\% \qquad \text{효율}(\mathfrak{I}) = \frac{\text{입력} - \text{손실}}{\text{입력}}100\%$$

제3장 동력차 성능

제1절 치차비와 열차속도

1. 치차비(Gr)

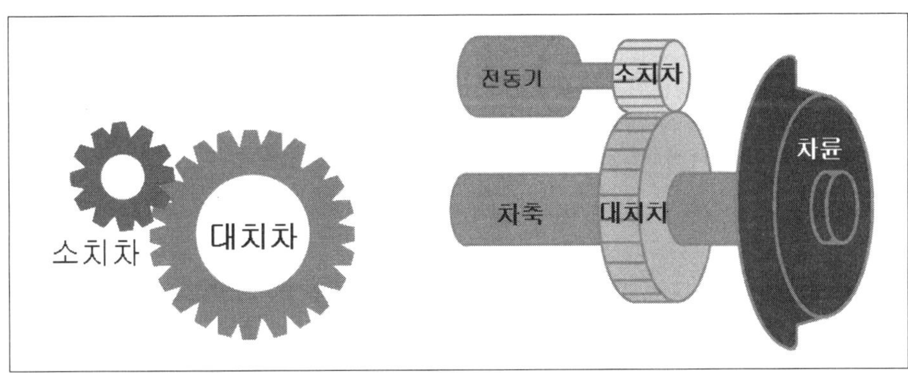

[그림 3-1 치차비]

치차(기어)는 회전축에 연결된 톱니바퀴 형태의 동력전달 장치로서 한 쌍의 톱니가 서로 맞물려 미끄럼 없이 회전속도와 회전력을 전달한다.

철도차량의 동력전달 장치는 견인전동기 회전축에 소치차(구동기어)와 연결되어, 동륜 차축에 압입되어 있는 대치차(차축기어)와 서로 맞물려 견인전동기에서 발생된 동력을 동륜에 전달한다.

동력 전달과정

견인전동기 회전축 ⇒ 소치차 ⇒ 대치차 ⇒ 동륜 차축 ⇒ 동륜

이때 맞물린 소치차 치수와 대치차 치수의 비, 또는 소치차 지름에 대한 대치차 지름의 비를 치차(기어)비라 한다.

$$Gr(\text{기어비}) = \frac{\text{대치차 치수}}{\text{소치차 치수}} = \frac{\text{대치차의 지름}}{\text{소치차의 지름}}$$

2. 치차비와 열차의 속도

2.1 치차비(Gr)와 동륜의 회전수

소치차(구동기어)는 전동기 회전축에 연결되어 있으므로 전동기의 회전수(N)와 소치차 회전수는 동일하고, 대치차는 동륜축에 연결되어 있으므로 대치차 회전수와 동륜의 회전수는 같다.

예를 들어, 치차비(Gr)를 '3'이라 하면, ('Gr=3'이라는 것은 소치차가 1일 때 대치차는 3이라는 의미) 전동기 1 회전시 동륜은 $\frac{1}{3}$회전하고, 전동기가 2회전시 동륜은 $\frac{2}{3}$, 전동기 3회전시 동륜은 1회전한다. 따라서 동륜의 회전수는 전동기의 회전수(N)에 비례하고, 치차비(Gr)에 반비례한다. 즉, 치차비가 커질수록 동륜의 회전수는 적어진다.

$$\text{동륜의 회전수} = \frac{\text{전동기 회전수}(N)}{\text{치차비}(Gr)}$$

2.2 치차비(Gr)와 속도(V)

철도에서의 속도(V) 단위는 [km/h]를 사용한다. 이것은 1시간 동안 이동한 거리 즉, 1시간동안 동륜이 회전한 횟수와 같다.

따라서 1시간동안 동륜이 회전한 횟수는 견인전동기의 회전수(N=1분 동안의 회전수)에 60분을 곱해 치차비로 나눈 것과 같으므로 다음과 같은 식이 성립된다.

동륜의 1시간 회전수 $= N \times 60 \ \frac{1}{Gr}$ [rph] ---------------------- (식 3-1)

동륜의 지름을 D라 하고, 동륜의 1시간 회전수(식 4-1)에 동륜 둘레의 길이(πD)를 곱해 주면 1시간 동안의 이동거리 즉, 열차의 속도를 구할 수 있다.

1시간동안 이동거리(속도)는 $= N \times 60 \times \frac{1}{Gr} \times \pi D$ [km/h] ------ (식 3-2)

여기서 동륜지름(D)의 단위는 [m] 또는 [mm]를 주로 사용하므로 이 경우 속도(V)의 단위는 [m/h] 또는 [mm/h]가 되므로 이를 철도의 상용단위인 [km/h]로 환산해야 한다.

가. 동륜지름(D)의 단위가 m인 경우

속도$(V) = N \times 60 \times \frac{1}{Gr} \times \pi D$ [m/h]

$= N \times 60 \times \frac{1}{Gr} \times \frac{\pi D}{1000} = \frac{60\pi}{1000} N \frac{D}{Gr}$ [km/h]

$$= 0.1885\ N\ \frac{D}{Gr}[\text{km/h}]$$ ------------------------ (식 3-3)

나. 동륜지름(D)의 단위가 mm인 경우

$$\text{속도}(V) = N \times 60 \times \frac{1}{Gr} \times \pi D\ \ [mm/h]$$

$$= N \times 60 \times \frac{1}{Gr} \times \frac{\pi D}{1000 \times 1000}\ \ [\text{km/h}]$$

$$= \frac{1}{5300}\ N\ \frac{D}{Gr}[\text{km/h}]$$ ------------------------ (식 3-4)

참 고

전동기의 회전수(N): 전동기의 회전수의 단위는 [rpm]을 사용하며 이는 전동기가 1분 동안 회전한 회전수를 나타낸다.

- 전동기 1시간 동안의 회전수: N × 60 = 60N[rps]
- 전동기 1초 동안 회전수: $N \times \frac{1}{60} = \frac{N}{60}$[rph]

2.3 치차비(Gr)를 변경할 경우의 속도(V)

견인전동기의 최대허용속도(N)가 정해진 상태에서 동력차의 최대속도는 치차비를 변경함으로써 차량의 최대속도를 조절 할 수 있다.

식 3-3에서와 같이 열차의 속도(V)는 치차비(Gr)에 반비례하므로 치차비가 크게 변경할 경우 동력차의 속도는 감소한다.

치차비가 Gr_1일 때 최대속도가 V_1인 동력차를 치차비가 Gr_2되도록 변경했을 때 최대속도 V_2는 아래와 같이 비례식으로 정리 할 수 있다.

식 3-3에서 치차비(Gr)는 속도(V)에 반비례($V \propto \frac{1}{Gr}$)하므로 아래의 식이 성립한다.

$$\frac{1}{Gr_1} : V_1 = \frac{1}{Gr_2} : V_2 \quad \Rightarrow \quad V_1\ \frac{1}{Gr_2} = V_2\ \frac{1}{Gr_1}$$

$$\therefore V_2 = V_1 \frac{Gr_1}{Gr_2}[\text{km/h}]$$ ---------------------------- (식4-4)

2.4 동륜지름(D)이 변한 경우의 속도(V)

치차비를 변경하여 동력차의 최고속도를 조절하기 힘든 경우 동륜지름을 변경해도 최고속도를 조절할 수 있다. 하지만, 실제 현장에서는 동륜변경을 거의 하지 않는다.

전동기의 최대허용속도(N)와 치차비(Gr)가 변하지 않은 상태에서 동륜지름(D)이 D_1일 때 최대속도가 V_1인 동력차의 동륜을 D_2가 되도록 변경했을 때 최대속도 V_2는 아래와 같이 정리할 수 있다.

식4-3에서 동륜지름(D)는 속도(V)에 비례($V \propto D$) 하므로 아래의 식이 성립한다.

$$D_1 : V_1 = D_2 : V_2 \quad \Rightarrow \quad V_2\ D_1 = V_1\ D_2$$

$$\therefore V_2 = V_1 \frac{D_2}{D_1} [\mathrm{km/h}]$$

------------------------- (식 3-4)

3. 치차비의 선정

동력차의 치차비는 대치차를 바꾸어 줌으로써 변경이 가능하고, 치차비의 변경에 따른 동력차의 특성(최대속도와 회전력)이 크게 변화됨으로 경제적, 합리적으로 운용하기 위해서는 차량의 사용목적에 맞는 동력차 특성을 가져야 한다.

가령, 고속운전이 필요한 열차에 치차비가 큰 동력차를 사용하면 동력차의 최대속도가 낮아져 열차의 고속운전에 부적합하고, 큰 힘이 필요한 산악지대를 운행하는 열차의 동력차 치차비를 너무 작게 하면, 동력차가 발휘하는 힘이 작아 상구배를 오를 수 없는 상황에 이른다.

따라서 치차비를 선정할 때는 반드시 고려해야 하는 몇 가지 사항이 있다.

3.1 치차비 선정시 제한되는 사항

가. 견인전동기의 최대허용 회전수(N)

동력차의 속도(V)는 견인전동기의 회전수(N)에 비례하고, 치차비(Gr)에 반비례하므로 치차비를 크게 할수록 동력차의 속도는 낮아진다. 따라서 동력차의 속도를 일정 값 이상으로 유지하기 위해서는 견인전동기의 회전수를 증가시켜야 하나, 견인전동기의 최대허용 회전수는 전동기의 특성에 의해 정해져 있음으로 더 이상 증가 시킬 수 없는 경우가 생긴다. 따라서 견인전동기의 최대허용 회전수를 고려하여 치차비를 선정해야 한다.

나. 차량한계의 제한

치차비를 크게 하기 위해 동륜축에 연결된 대치차의 지름을 너무 크게 할 경우 차량한계를 벗어날 수 있음으로 차량한계를 넘지 않도록 해야 한다.

다. 필요한 견인력

치차비(Gr)는 동륜의 회전력에 비례한다. 그런데 치차비를 너무 작게 하면 동륜의 회전력이 약해져 인출불능 등의 현상이 일어남으로 열차의 사용목적에 맞게 견인력을 조절해야 한다.

3.2 치차비 선정시 고려해야 할 기타사항

가. 열차의 운전속도별(사정속도)

열차의 등급에 따라 운행속도가 크게 차이 남으로 운행속도에 적합한 치차비가 선정되어야 한다.

나. 역간 평균 역행시간

견인력은 열차의 가속능력과 관계된다. 견인력이 작으면 가속도가 작아 일정속도까지 도달하는 시간이 길어져 역행시간이 늘어난다.

다. 역간거리

역간거리가 짧은 도시철도나 지하철의 경우 열차의 고가감속 능력이 필요하고, 역간거리가 긴 경우 열차의 고속운전이 필요하다.

라. 선로구배

선로의 구배가 매우 심한 산악지대의 경우 등판할 수 있는 힘이 필요하다.

치차비는 열차의 운행속도와 견인력을 크게 좌우한다. 따라서 위와 같은 조건에서 만족할 수 있도록 치차비를 적절히 선정해야 한다.

제2절 동력차의 견인력

1. 견인력(F)의 정의

견인력이란 동력차가 부수차를 끌어당기거나 밀어내는 힘으로서 열차가 추진하기 위해서 견인전동기나 디젤엔진의 동력이 동륜에 전달되어 회전력을 얻고, 이 동륜의 회전력에 의해 동륜답면과 레일면 사이에서 발휘하는 힘이 견인력이라 된다.

2. 치차비(Gr)와 동륜 견인력(F)

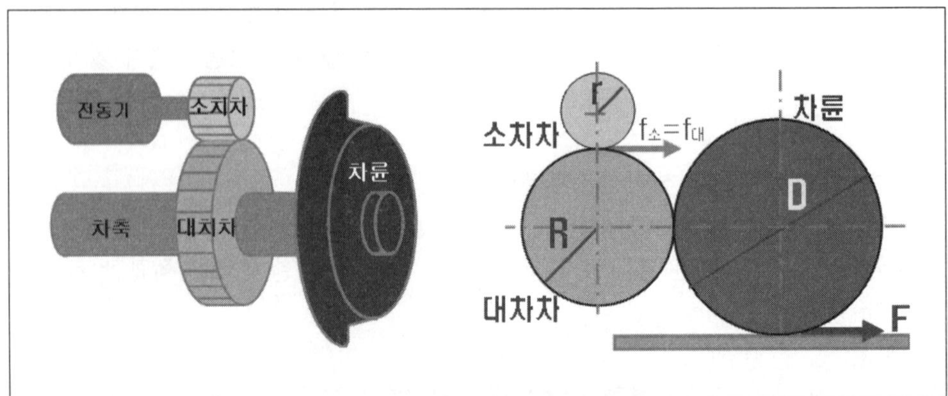

[그림 3-2]

전동기의 회전력이 동륜에 전달되는 과정에서 치차비에 의해 변화된다.

견인전동기에서 발생된 회전력은 전동기 회전축과 연결되어 있는 소치차에 전달된다. 따라서 전동기의 회전력과 소치차의 회전력은 같은 축에 연결되어 있으므로 같다.

또한 대치차의 회전력은 같은 차축에 연결되어 동륜에 전달됨으로 대치차와 동륜의 회전력이 같다. 이와 같은 개연성으로 각각의 회전력을 구해보면 다음과 같다.

그림 3-2에서 소치차의 회전력($T_{소}$)은 원의 접선에서의 힘($f_{소}$)과 그 원의 반지름의 곱으로 나타낼 수 있으므로 소치차의 반지름을 r이라 하면, 회전력($T_{소}$)은 다음과 같은 식이 성립한다.

$$T_{소} = f_{소}\ r \quad \Rightarrow \quad f_{소} = \frac{T_{소}}{r}\ [kgf\ m] \text{ ------------- (식 3-5)}$$

그림4-2에서 대치차의 반지름을 R, 동륜의 반지름을 $\frac{D}{2}$라 하고, 대치차와 동륜의 접선에서의 힘을 $f_{대}$, 동륜답면과 레일면간의 접선의 힘을 F라고 하면

$$T_{대} = f_{대} \cdot R = F \cdot \frac{D}{2}\ [kgf\ m] \text{ ------------------ (식 3-6)}$$

이 된다. 그런데, $f_{소} = f_{대}$ 이므로 $f_{소} = f_{대} = f$ 라 하고, 식 3-5를 식 3-6에 대입하면

$$T_{대} = \frac{T_{소}}{r} \cdot R = F \cdot \frac{D}{2}\ [kgf\ m] \text{ ------------------- (식 3-7)}$$

되고, 식 3-7을 동륜 답면의 힘 F로 정리하면,

$F = \frac{T_{소}}{r} \cdot R\ \frac{2}{D}$ [kgf]가 되고, 여기서 $\frac{R}{r} = \frac{대치차}{소치차}$이므로 치차비 '$Gr$'이 된

다.

$F = T_{소} \frac{2}{D} Gr$ 에 기계전달 효율(η')을 곱해주면 동륜의 견인력(F) 식 4-8과 같은 식으로 정리할 수 있다.

$$F = T_{소} \frac{2}{D} Gr\ \eta'\ [kgf]$$ ------------------------- (식 3-8)

동륜의 견인력 $F = T_{소} \frac{2}{D} Gr\ \eta'\ [kgf]$

동륜의 견인력은 식 3-8에서와 같이 견인전동기의 회전력과 치차비에 비례하고, 동륜직경에 반비례한다. 따라서 동력전달 과정에서 견인전동기의 회전력은 치차비에 의해 증대되어 더 큰 힘(견인력)이 동륜에 전달된다.

3. 견인전동기의 회전력(T)

3.1 견인전동기 1회전시 일량(W)

견인전동기 회전축에는 소치차(구동기어)가 연결되어 있음으로 소치차 1회전시 일량이 곧 선동기 1회전시 일량이 된다. 일(W)는 앞시 정의한 바와 같이 힘(F)과 거리(S)의 곱으로 나타낸다. 따라서 전동기 1회전시 일량(W)을 구해보면 다음과 같다.

$$W(일) = F(힘)\ S(거리)$$

소치차 지름을 'D'라고 하면, 거리(S)는 '$S = \pi D$'가 됨으로

$$W = F\ \pi D = F\ 2\pi r$$

이 된다. 그런데 $T(회전력) = F(힘)\ r(반지름)$이고, $F = \frac{T}{r}$ 이므로 이 식을 대입하면, 전동기 회전시 일량(W)을 구할 수 있다.

$$W = \frac{T}{r}\ 2\pi r = 2\pi T\ [kgf\ m]$$ ------------------------ (식 3-9)

3.2 견인전동기 1분간 회전시 일량(P_1)

견인전동기 1분간 회전수는 N[rpm]이고, 전동기 1분 동안의 일량을 P_1이라 하면, 전동기 1회전시 일량(W)에 1분 동안의 회전수(N)를 곱해주면 된다.

$$P_1 = 2\pi T\ N\ [kgf\ m/\min]$$ --------------------------- (식 3-10)

3.3 견인전동기 1초간 회전시 일량(P_2)

견인전동기 1초 동안 회전수를 P_2라 하면, 전동기 1분간의 일량(P_1)을 60초로 나눈 값이 된다.

$$P_2 = 2\pi T \frac{N}{60} \ [kgf\ m/s] \ \text{------------------------------}\ (식\ 3\text{-}11)$$

3.4 견인전동기의 출력(P)

견인전동기의 출력은 전동기의 특성에서 기술한 바와 같이 입력된 전기에너지(Et•I)에 전동기 내부의 손실을 감안한 전동기 효율(η)을 고려해 주면 견인전동기의 출력(P)을 구할 수 있다.

$$P = Et\ I\ \eta \ [Watt = kg\ m^2/s^3 = N\ m/s]$$

이 식을 중력 단위로 환산하면,

$$P = \frac{1}{9.8} Et\ I\ \eta \ [kgf\ m/s] \ \text{-------------------------}\ (식\ 3\text{-}12)$$

3.5 1개의 견인전동기 회전력(T)

견인전동기의 출력(P)은 1초 동안의 일량(P_2)과 같으므로, $P=P_2$가 된다. 이것으로부터 전동기의 회전력(T)을 구할 수 있다.

$$P = P_2 \quad \Rightarrow \quad \frac{1}{9.8} Et\ I\ \eta = 2\pi T \frac{N}{60} [kgf\ m/s]$$

위의 식을 견인전동기의 회전력(T)으로 식을 정리하면, 식 3-13과 같다.

$$T = \frac{60}{9.8\ 2\pi} \frac{Et\ \ I}{N} \eta = 0.975 \frac{Et\ \ I}{N} \eta \ [kgf] \ \text{-----}\ (식\ 3\text{-}13)$$

견인전동기의 1개의 회전력 $T = 0.975 \dfrac{Et\ \ I}{N} \eta \ [kgf]$

3.6 동력차 전체 견인전동기 회전력(T)

동력차(디젤전기기관차, 전동차의 M차)에 장착되어 있는 견인전동기의 개수는 동력차의 종류와 동력차 연결량수에 따라 달라진다. 따라서 동력차 전체전동기의 회전력은 동력차에 장착되어 있는 견인전동기의 개수(M)를 모두 곱해주면 된다.

$$T = 0.975 \frac{Et\ \ I}{N} M\ \eta \ [kgf] \ \text{-------------------}\ (식\ 3\text{-}14)$$

전체 견인전동기의 회전력 $T = 0.975 \frac{Et\ I}{N} M\ \eta\ [kgf]$

4. 견인전동기 출력(P)과 동륜 견인력(F)

4.1 1시간 동안에 동력차 동륜의 일량(P_1)

W(일)= F(힘) S(거리) 에서 거리(S)는 동륜이 1시간동안 이동한 거리이므로 이동거리의 단위를 km로 하면 [km/h]가 된다. 이 [km/h]는 속도의 단위가 되며 속도를 'V'이라 하면 다음과 같이 정리할 수 있다.

$$W = F\ S\ [kgf\ km] \Rightarrow P_1 = F \cdot \frac{S}{t}\ [kgf\ km/h]$$

$$\Rightarrow P_1 = F \cdot V\ [kgf\ km/h] \text{ ------------------------------ (식 3-15)}$$

4.2 1초 동안에 동륜의 일량(P_2)

식 3-15의 단위 중 $[km/h]$를 $[m/s]$의 단위로 환산하면 1초 동안의 동력차 일량을 구할 수 있다.

$$P_2 = \frac{1}{3.6}\ F \cdot V\ [kgf\ m/s] \text{ ------------------------ (식 3-16)}$$

4.3 동력차 전체 견인전동기의 출력(P)

동력차 전체 견인전동기의 출력은 1개의 견인전동출력($Et\ I\ \eta$)에 동력차 전체 전동기의 개수(M)와 동륜까지 전달되는 기계전달 효율(η')을 곱해주고, 중력 단위로 환산하면 구할 수 있다.

$$P = \frac{1}{9.8} \cdot Et \cdot I \cdot M \cdot \eta \cdot \eta'\ [kgf\ m/s] \text{ ---------------- (식 3-17)}$$

4.4 견인전동기 출력(P)과 동륜의 견인력(F)

동력차 동륜이 1초 동안 일한 량(P_2)은 전체 견인전동기의 출력(P)과 같으므로 $P_2 = P$가 되고, 이것을 동력차 동륜답면의 힘(견인력=F)으로 정리할 수 있다.

$$P_2 = P = \frac{1}{3.6}\ F \cdot V = \frac{1}{9.8}\ Et \cdot I \cdot M \cdot \eta \cdot \eta'\ [kgf\ m/s]$$

$$F = \frac{3.6}{9.8} \cdot \frac{Et\ I}{V} \cdot M \cdot \eta \cdot \eta' \ [kgf]$$

$$F = 0.3672 \cdot \frac{Et\ I}{V} \cdot M \cdot \eta \cdot \eta' \ [kgf] \quad \text{-------------------} \ (\text{식 } 3\text{-}18)$$

동륜의 견인력 $F = 0.3672 \cdot \frac{Et\ I}{V} \cdot M \cdot \eta \cdot \eta' \ [kgf]$

동륜의 견인력(F)은 견인전동기의 출력($Et \cdot I$)이 증가함에 따라 비례하여 증가하고, 동륜의 회전속도(V=열차속도)가 증가하면 작아지는 특성을 가진다.

5. 동륜의 견인력 특성

동륜의 견인력(F)과 치차비(Gr)에 관한 식4-8에 동력차 전체 견인전동기의 회전력(T) 식4-14를 대입하면 동륜의 견인력(F)을 식4-19와 같이 정리하여 그 특성을 알 수 있다.

$$F = \frac{2}{D}\left(0.975 \quad \frac{Et \quad I}{N} \quad M \quad \eta\right) \quad Gr \quad \eta' \quad [kgf] \quad \text{-------} \ (\text{식 } 3\text{-}19)$$

견인력 $F = 0.3672 \cdot \frac{Et\ I}{V} \cdot M \cdot \eta \cdot \eta' \quad [kgf]$
견인력 $F = \frac{2}{D} \cdot 0.975 \cdot \frac{Et\ I}{N} \cdot M \cdot Gr \cdot \eta \cdot \eta' \ [kgf]$

전기 동력차의 견인력(F)은 견인전동기 출력($Et \cdot I$)과 치차비(Gr)에 비례하고, 열차의 속도(V), 동륜직경(D), 전동기 회전수(N)에 반비례한다. 즉, 견인력을 높이기 위해서는 견인전동기의 출력과 치차비를 크게 하면 된다. 그러나 치차비를 너무 크게 할 경우 열차의 속도가 낮아져 열차의 고속운전에 제한을 받는다.

6. 견인력의 종류

6.1 지시견인력(F_i)

동력전달 과정의 기계전달 효율(η') 즉, 동력전달 과정의 기계적 마찰에 의한 손실을 고려하지 않고, 기관에서 발생되는 출력 또는 견인전동기의 출력만으로 나타낸 견인력으로서 여러 견인력 중 기계적 손실을 고려하지 않음으로 가장 큰 값을 가진다.

동력차 전체 견인전동기의 출력 = 지시 견인력

지시견인력 $F_i = 0.3672 \frac{Et\ I}{V} M \eta [kgf]$

6.2 동륜주 견인력(F_d)

동륜이 레일면 위에서 발휘하는 실제견인력을 '동륜주 견인력(F_d)'이라 하며, 지시견인력(F_i)에서 기계전달 효율(η')을 포함하여 계산한 값이 된다.

동륜주 견인력(F_d) = 지시 견인력(F_i) - 기계마찰, 기계전달 손실

동륜주 견인력 $F_d = 0.3672 \frac{Et\ I}{V} M \eta \eta' [kgf]$

$$F_d = \frac{2}{D} 0.975 \frac{Et\ I}{N} M\ Gr\ \eta \eta' [kgf]$$

6.3 인장봉 견인력(F_e)

동륜주 견인력에서 동력차의 자체 출발저항 값을 감한 부수차(객화차, T차)에 작용하는 순수 견인력을 '인장봉 견인력(F_e)' 또는 '유효견인력'이라 한다. 견인력 중 가장 작은 값을 가진다.

F_e = 동륜주 견인력(F_d) - 동력차 출발저항(Rs)
= F_d - ($W_{동} \cdot rs$)

Rs : 동력차 출발저항
$W_{동}$: 동력차 중량(ton)
rs : 톤당 출발저항(kgf/ton)

6.4 견인력 종류별 크기 비교

지시 견인력(F_i) 〉 동륜주 견인력(F_d) 〉 인장봉 견인력(F_e)

7. 견인력과 점착력

7.1 점착력(F_a)

동륜 또는 차륜의 답면과 레일간의 마찰력을 점착력이라 하고, 점착력은 동륜이 레일을 누르는 힘인 동륜상의 하중(W_d)과 동륜답면과 레일면 사이의 마찰계수(μ)의 곱으로 나타낸다.

$$점착력(F_a) = 동륜상하중(W_d) \times 동륜과\ 레일간\ 마찰계수(\mu)$$

여기서 점착력은 최대점착력이 되며, 동륜의 견인력이 점착력 보다 크게 되면 공전(Slip)현상이 일어나 점착력이 급격히 감소하게 된다. 따라서 견인력은 점착력에 제한을 받게 되며, 점착력에 제한을 받는 견인력이라 하여 '점착견인력'이라 한다. 즉, 동륜이 공전하지 않고 발휘할 수 있는 최대견인력을 의미하며, 최대점착력, 점착견인력과 의미가 같다.

동륜이 레일위에서 공전(Slip) 하지 않고 회전하여 열차가 진행하기 위해서는 동륜의 견인력이 점착력(최대점착력=점착견인력) 보다 크지 않도록 조절해야 한다.

7.2 점착계수(μ)

동륜 답면과 레일사이의 마찰력 또는 동륜상의 하중에 대한 점착력의 비를 '점착계수(μ)'라 하며, 점착계수는 선로상태(건조 〉 습기 〉 서리 〉 기름 〉 낙엽), 기후, 축중이동, 속도의 고저, 곡선통과 시 슬립 등의 여러 인자에 의해 계속 변화된다.

7.3 점착력의 향상

점착력을 높이기 위해서는 동륜상의 하중(W_d)을 증가 시키거나 점착계수를 증가 시키면 된다. 하지만 운행 중 동륜상의 하중을 증가시키는 것은 불가능하며, 축중이동에 의한 동륜상의 하중저하를 방지하는 장치를 장착하거나 급가속과 급제동에 의한 축중이동이 일어나지 않도록 열차를 조작하면 된다. 또, 점착계수를 증가시키기 위해서는 동륜답면과 선로에 이물질(녹이나 기름)이 없도록 선로 및 차량을 정비하며, 운행 중 레일과 동륜사이에 모래를 살포하여 일시적으로 점착계수를 높이는 방법이 있다.

점착력 향상 방안	
동륜상 하중(W_d) 변화요인	**점착계수(μ) 변화요인**
• 동륜상 하중의 일시적 변화 • 축 중량의 이동 방지 • 급가속 및 급감속 지양	• 레일두부 및 동륜답면의 정비 • 살사장치 장착 • 안티스키드 밸브 장착

제3절 견인정수

1. 견인정수

견인정수란 운전속도 종별에 따른 운전기준에 맞게 동력차에 연결된 객화차를 끌 수 있는 최대량수를 말하며 단위는 차중률로 표시한다. 다만, 전동차 및 동차는 M차와 T차의 편성비율로 표시한다.

동력차의 견인력은 최대출력에 의해 정해져 있고, 그 최대출력은 동력차의 종류에 따라 차이가 있다. 또한, 동일한 동력차라 하더라도 연결되는 객화차의 량수 또는 객화차의 중량이 증가하면, 그 만큼의 열차저항이 커져 일정속도 이상의 속도를 발휘하지 못하고, 반대로 연결되는 객화차의 량수 또는 중량이 감소하면 일정속도 이상의 속도로 운행이 가능하게 된다. 즉, 동력차에 연결하는 객화차의 수량 또는 중량에 따라 가속 능력 및 운행속도가 달라진다. 이렇게 견인력의 한계를 가진 동력차가 어떤 구간을 정해진 시간 내에 운전하기 위해서는 소정의 속도가 유지돼야만 가능하다.

견인정수는 동력차의 최대견인력을 바탕으로 열차의 사용목적(사명)에 맞추어 열차를 정시운전 시키기 위해 연결할 수 있는 객화차의 량수(중량)를 정한 값이다.

참 고

- **운전속도종별 = 사정속도(사정구배에서 균형속도)**
  열차의 운행목적에 맞추어 운전속도를 정하고 각각의 운행속도에 따라 열차등급을 정한 것을 사정속도 또는 운전속도종별이라 한다.

구분	고속열차	갑	을	병	정	단위
특	185	105	100	95	90	km/h
급		85	80	75	70	
보		65	60	55	50	
혼		45	40	35	30	
화		25	20	18	15	

- **차중률**
  열차운전상 차량중량의 단위로서 차중환산법에 의해 차량 1량의 총중량(자중+화물)을 기관차는 30톤, 동차 및 객차는 40톤, 화차는 43.5톤을 1량으로 하는 것.

2. 견인정수 산정방법의 종류

2.1 실제량수법

견인정수를 정하는데 있어 연결되는 객화차의 실제량수를 견인정수로 정하는 방법이다. 이 방법은 연결될 차량의 종류와 중량이 같으면 사용할 수 있으나 차량의 종류가

다양하고, 차량별 중량이 다르므로 현재는 사용하지 않는 법이다.

2.2 실제 Ton수법

동력차에 연결되는 객화차의 실제 중량(Ton)을 견인정수로 정하는 방법으로, 열차의 중량이 모두 열차저항에 비례하는 것도 아니고, 객화차의 실제중량을 구하기 어렵기 때문에 견인정수로 사용하는 것은 무리가 있다.

2.3 인장봉 하중법

인장봉 하중법은 객화차 종류별로 주행저항을 측정하여 동력차의 인장봉 견인력과 균형이 될 때의 객화차 량수를 견인정수로 정하는 방법이다. 하지만, 실제현장에서 상용하기에는 번거롭고 복잡하므로 사용하지 않는다.

2.4 수정 Ton수법

영차와 공차일 때의 주행저항이 다름으로 주행저항 값이 중량에 비례하는 부분과 중량과 무관한 부분으로 나누어, 중량과 무관한 부분의 주행저항 값을 객화차 중량 값에 보정하여 인장봉 견인력과 같아지는 객화차의 량수로 견인정수를 산정하는 방법이다.

객화차의 중량에 중량과 무관한 부분의 주행저항을 모두 중량에 비례하는 것으로 가정하여 더해진 중량(Ton)을 수정Ton수라 한다.

2.5 환산량수법

환산량수법은 객화차의 총중량을 차중률로 나누어 환산된 량수로 견인정수를 산정하는 방법으로 현재 사용되고 있는 견인정수 산정법이다.

화차의 총중량은 화차 자체의 중량인 자중과 화물의 중량인 적재중량을 합한 것이 되며, 객차의 총중량은 객차 자체중량과 객차에 승차한 승객의 무게를 모두 더한 값이 된다.

$$\text{견인정수} = \text{환산량수} = \frac{\text{객화차의 총중량}}{\text{차중률}}$$

[차중률: 기관차 = 30ton, 객차 = 40ton, 화차 = 43.5ton]

참 고

- 객차의 총중량 산출
  ① KTX, 좌석지정 열차의 총중량
  총중량 = 객차의 자중 +(정원 × 75kgf)
  ② 기타 열차의 총중량
  총중량 = 객차의 자중 +(정원×150%×75kgf)

3. 견인정수를 제한하는 요인

3.1 제한구배

열차의 견인정수에 영향을 주는 요소들을 살펴보면, 크게 동력차의 성능(견인력), 운전조건(열차사정속도), 열차저항이 있다.

이중 동력차의 성능과 운전조건이 이미 결정된 상태에서 견인정수(객화차의 최대연결 량수)를 좌우하는 것은 열차저항 일 것이다.

평탄 직선선로에서 운전조건을 만족하는 견인정수라 하더라도 선로의 구배나 곡선에 따라 발생되는 열차저항(구배저항, 곡선저항)에 의해 운전조건(열차사정속도)을 만족시킬 수 없을 수도 있다. 특히, 선로구배에 의해 발생되는 저항은 균형속도를 유지하는데 큰 영향을 줌으로, 열차가 운행될 구간의 상구배 중 최대견인력이 요구되는 선로구배를 반드시 고려하여 견인정수를 산정해야 한다.

이렇게 견인정수에 큰 영향을 주는 최대견인력이 요구되는 선로의 구배를 '제한구배'라 하고, 견인정수를 지배하는 구배라 하여 '지배구배', '사정구배'라고도 한다. 이때 구간의 최대구배가 제한구배가 되는 것은 아니다. 왜냐하면, 최대구배이지만 길이가 짧아 최대견인력을 발휘하지 않아도 운전조건을 만족시킬 수 있기 때문이다.

3.2 가상구배

가상구배는 실제구배(i)가 아닌 가상의 구배로서 운전계획상의 운행조건을 만족시킬 목적으로 실제구배를 오를 때 소모된 열차 운동에너지의 힘(F=가속력)을 구배값으로 환산하여 실제구배에서 감한 값을 가상구배(i_v)라 한다.

가상구배(i_v) = 실제구배(i) - 열차가진 가속력(F)

$$i_v = i - F = i - 30A = i - \frac{4.17(V_2^2 - V_1^2)}{S} \quad [‰]$$

$$i_v = i - F = i - 31A = i - \frac{4.29(V_2^2 - V_1^2)}{S} \quad [‰]$$

• 열차가속에 필요한 힘(F)

일반열차: $F = 30A = \dfrac{4.17(V_2^2 - V_1^2)}{S}$ [kgf/ton]

전동차 : $F = 31A = \dfrac{4.29(V_2^2 - V_1^2)}{S}$ [kgf/ton]

열차가 일정속도로 운행 중 상구배를 오르게 되면, 상구배에 의해 열차의 속도가 감소한다. 즉, 열차의 운동에너지가 구배에 의해 위치에너지로 바뀌는 과정에서 열차의 속도가 감소되는 만큼 구배를 오르게 된다. 감소된 속도가 운전계획상의 운행조건에 미달하면 견인정수를 조절하여 운전계획상의 운전조건을 만족시킬 수 있도록 해야 한다.

4. 견인정수 산정시 고려사항

4.1 열차의 사용목적

동력차의 견인력은 정해져 있음으로 동일한 동력차에서 견인정수의 대소는 열차의 운행속도를 크게 좌우한다. 따라서 동력차를 고속으로 사용할 것인지 대량수송에 사용 할 것인지 목적에 맞게 견인정수를 산정해야 한다.

4.2 동력차의 상태 및 성능

동력차의 종류와 정비 상태에 따라 동력차가 발휘할 수 있는 힘(견인력)의 차이가 있다. 따라서 동력차의 성능(최대 견인력)에 따라 견인정수의 값이 달라짐으로 견인정수 산정시 고려해야 한다.

4.3 열차저항

선로의 구배, 곡선, 터널 등 열차의 저항이 증가함에 따라 소비되는 견인력이 증가한다. 특히, 선로의 구배(제한구배)는 열차 견인정수 산정에 있어 반드시 고려해야 한다.

4.4 레일의 상태

선로의 정비 상태가 좋지 않을 경우에 열차진동이 증가하여 주행저항이 증가하고, 레일면에 이물질로 인해 점착력이 감소하여 충분한 견인력을 발휘하지 못할 수 있다.

4.5 하구배에서의 제동거리

견인정수가 증가하면, 그만큼 견인중량이 증가한다. 열차의 중량이 증가하면 제동거리가 길어져 열차의 안전한 정차를 불가능하게 할 수 있다. 특히 급하구배 상에서는 견인중량 증가에 따라 제동을 체결해도 감속되지 않는 경우가 발생 할 수 있다.

4.6 선로 유효장 및 승강장 유효장

동력차 성능이 매우 우수하여 견인정수를 증가시킬 경우 열차의 길이가 승강장 또는 선로의 유효장 보다 길어져 도중에 정차할 수 없는 경우가 발생한다.

제4절 경제적 운전

1. 개요

역간 운전 시 가급적 가속취급 시간을 짧게 하거나 가속취급 횟수를 줄이며, 정차할 때는 제동취급을 안전한 범위내에서 큰 감속도로 정지하여 동력소비를 최소로 하여 운전하는 방법을 경제적 운전이라고 한다. 경제운전의 방법은 운전취급 방법에 의한 경제운전과 차량성능을 활용한 경제운전의 크게 두 가지로 구분할 수 있다.

2. 운전취급 방법에 의한 경제적 운전

도시철도운행 구간은 대부분 고밀도 운전으로 역간 거리가 짧게 건설되어 운영되고 있다. 따라서 역간 운행시 기본적인 운전취급은 가속운전 → 무동력운전(타행) → 제동 순으로 취급하고 있다. 이러한 기본적인 운전취급에서 얼마나 고가속도운전으로 무동력운전시간을 늘이고 고감속의 제동을 취급하여 전력소비량 등의 에너지를 절감하여 운전하느냐가 운전취급 방법에 의한 경제적 운전의 핵심이라 할 수 있다. 따라서 경제적 운전을 위한 운전취급방법을 꾸준히 연마하여야 하며, 기본적인 경제적 운전취급 방법은 다음과 같다.

가. 출발할 때는 powering switch를 1~2단으로 가속하여 연결기가 인장된 후 powering switch를 상승시킴으로서 충격 및 급가속을 방지한다.
나. powering switch는 인장력이 급격히 변하지 않도록 취급한다.
다. powering switch를 상승시킬 때에는 출발할 때 보다는 직렬단에서 직렬단보다는 병렬단에서 순차적으로 취급하여야 하며, 최소한 1초 이상의 시간차를 두어야 한다.
라. powering switch를 내릴 때에는 열차저항의 변화가 적은 지점을 선택하여 1초 이상의 간격으로 취급한다.
마. 공전 등이 나타날 우려가 있을 때는 살사(撒砂)하여 동력손실을 방지한다.

3. 차량성능을 활용한 경제적 운전

차량성능을 활용하여 경제적인 운전을 하는 방법으로서 직접적인 요인과 간접적인 요인으로 구분할 수 있다.

직접적인 요인으로는 가속도를 크게 하여 powering하는 시간을 줄이고 무동력운전(타행)하는 시간을 늘려서 에너지 손실을 줄이는 고가속도운전과, 고감속의 제동취급을 하게 되면 제동거리도 짧아지고 운전시간도 단축되므로 에너지 손실을 줄일 수 있으므로 이러한 고감속의 제동취급을 하는 고감속도 운전, 그리고 마지막으로 전동차제어 방식인 약계자 제어 방식으로 제어를 하여 에너지소비를 줄이는 약계자 제어방식 운전이 있다.

간접적인 요인으로는 육상교통의 자동차와 마찬가지로 철도차량의 중량을 가볍게 함으로서 에너지소비를 줄이는 차량중량 경감 방법이 여기에 해당된다.

4. 차량의 공전을 방지하기 위한 운전취급

4.1 공전발생의 원인

공전 발생의 원인은 철도차량, 선로, 환경 등 다양한 원인에 의해 발생한다.

환경에 의한 영향으로는 습기가 많은 터널을 통과할 때, 비나 눈이 내리는 날 지상구간을 운행할 때 선로가 미끄러운 상태에 따라 공전이 발생한다.

선로에 의한 영향으로는 신규 건설된 노선의 선로나 레일교환 작업을 한 선로를 운행할 때 발생할 수 있다.

차량에 의한 영향으로는 동륜주견인력이 점착견인력보다 크면 공전이 발생하며, 차량과 선로의 복합적인 영향으로는 열차가 운행하면서 사행동 등에 의해 생기는 진동과 급격한 가·감속에 의한 속도의 변화가 있을 때 발생할 개연성이 높다.

따라서 이러한 공전을 방지하기 위해서는 위에 서술한 바와 같이 점착견인력을 크게 하는 방법이나 동륜주견인력을 작게 하는 방법으로 운전을 하여야 한다.

5. 수동운전취급

5.1 상구배 선로에서 정차 시 운전취급[1)]

상구배 선로에서는 가급적 정차를 하지 말아야 한다. 그러나 부득이한 사유로 정차하였을 때의 수동운전취급 방법은 크게 3가지로 구분하면 다음과 같다.

가. 자연인출법

일반적인 운전방법과 동일하다. 평탄선에서 운전할 때처럼 제동을 완해한 후 powering switch를 상승하여 운전하는 방법이다.

나. 압축인출법

일반적으로 가장 많이 사용하는 인출방법이며, 출발저항을 이용하여 인출하는 방법이다. 제동이 완전히 완해되기 전에 powering switch를 상승시켜 열차가 뒤로 밀리는 것을 방지하면서 출발하는 방법이다.

다. 후퇴인출법

구배가 완만하고 열차장이 비교적 짧은 경우에 사용하며, 열차를 퇴행시켜서 타력을 붙인 상태에서 상구배를 통과하는 인출방법이다.

1) 철도공사인재개발원, 운전이론, 2015, 제이에쓰, pp.136~137

제4장 열차 저항

제1절 개 요

열차가 견인력을 발휘하여 주행할 때 항상 그 진행방향과 반대방향으로 진행을 방해하는 힘이 작용한다. 이 힘을 일반적으로 열차저항(Train Resistance)이라고 한다. 열차저항은 대부분이 손실로 작용하는 손실저항이지만 구배저항과 가속도저항은 모두 손실로 작용되는 것은 아니다. 구배저항의 경우 하구배시에는 열차의 가속에 이용되고, 가속도 저항은 타행으로 운전할 때는 가속 중에 소비된 견인력이 회수되므로 손실저항으로 작용한다고 볼 수 없게 된다.

1. 열차 저항의 종류

가. 출발저항(Rs: Starting Resistance)

평탄한 직선선로 위에 정차중인 차량이 출발하려 할 때 발생하는 열차저항

나. 주행저항(Rr: Running Resistance)

평탄한 직선선로 위를 주행할 때 발생하는 열차저항

다. 구배저항(Rg: Grade Resistance)

구배가 있는 선로 위를 운전할 때 지구중력에 의하여 발생하는 열차저항

라. 곡선저항(Rc: Curve Resistance)

곡선을 통과할 때 곡선에 의하여 발생하는 열차저항

마. 터널저항(Rt: Tunnel Resistance)

열차가 터널을 통과할 때 발생하는 열차저항

바. 가속도저항(Ra: Acceleration Resistance)

열차를 가속시킬 때 발생하는 열차저항(열차의 추가적인 견인력)

2. 열차 저항에 관계되는 인자들

열차저항에 관계되는 인자들은 매우 복잡하고 복합적으로 작용하나 일반적으로 선로상태

에 의한 열차저항과 차량상태에 의한 열차 저항으로 구분한다.

가. 선로상태에 의한 인자들

구배 , 곡선반경, 레일의 형상, 침목의 정수, 도상의 두께, 보수상태 등의 영향을 받는다.

나. 차량상태에 의한 인자들

차량의 구조, 보수상태, 윤활유의 종류, 기온에 따른 윤활유의 점도변화 등의 영향을 받는다.

제2절 열차저항

1. 출발저항(Rs: Starting Resistance)

열차가 구배없는 직선구간에서 출발할 때 받는 저항을 출발저항이라 한다. 출발저항은 동력차 정비중량에 비례하며, 이것을 식으로 나타내면 다음과 같다.

$$Rs = rs \times W[kgf]$$

Rs: 출발저항(Kgf), rs: 단위톤당 작용하는 출발저항(Kgf/ton), W: 동력차 정비중량($ton_{중}$)

1.1 출발저항의 발생원인

(1) 차량의 차축과 축수(평축, 로울러축), 치차류 등의 사이에 형성되어 있던 유막이 정차중에 흘러내려 유막결핍 현상이 발생함에 따른 금속과 금속의 직접 접촉으로 인한 마찰력의 증가로 발생한다.

(2) 기온의 상승 및 정차시간의 증가에 따라 출발저항은 커진다.
(온도 상승에 따라 윤활유의 점도가 떨어져 유막파괴 현상이 쉽게 일어난다.)

(3) 연결기의 유간이 클수록 출발저항은 작아진다.
(화차가 객차보다 연결기의 유간이 커서 출발저항이 작다.)

(4) 차축에 사용하고 있는 축상 및 축수의 종류에 따라 달라진다.

1.2 출발저항의 범위

열차가 출발하여 차축이 회전하게 되면 윤활유가 공급되어 유막이 형성된다. 유막의 형성으로 출발저항은 급격히 감소하게 된다. 열차속도 2~4km/h 전후에서 최소치를 가지며 출발저항과 주행저항을 구분하기 위해 3km/h 이후의 저항은 주행저항으로 본다.

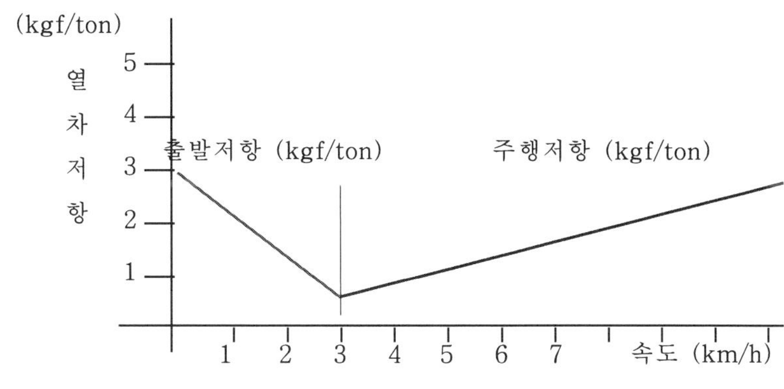

[그림 4-1] 출발저항과 주행저항

1.3 단위톤당 작용하는 출발저항(rs)

열차가 출발할 때의 출발저항은 연결기의 유간 과 완충스프링의 압축상태 등에 의하여 변화하므로 실험에 의한 단위톤당 출발저항 값을 적용하여 사용하고 있다. 아래 표상의 출발시란 보통 정거장에서 발차하는 경우이며 도중구배에서 출발시란 역간도중 구배상에 정차한 때 출발저항을 가능한 적게 하기 위하여 압축인출법 등에 의하여 인출할 경우의 값이다.

<참고>

압축인출법

구배도중에서 출발할 때 후부차량의 제동체결 상태에서 기관차의 제동을 해방하고 기관차를 약간 후퇴시켜 각 차량의 연결기 유간을 크게 하고 완충스프링을 최대한 압축시켜 출발저항을 적게 하여 출발하는 방법이다.

단위: kgf/ton

구 분	출 발 시		도중구배에서 출발시	
	평 축	롤러축	평 축	롤러축
여객열차	8	3	6	3
화물열차	10	8	8	5
전동차	-	3	-	3
단행기관차	8	5	8	5

[표 4-1] 운전계획상의 단위톤당 출발저항(rs)

2. 주행저항(Rr: Running Resistance)

열차가 평탄한 직선선로 상을 주행 할때 열차의 진행방향과 반대로 작용하는 모든 저항을 총칭하여 주행저항이라 한다. 이때 전동기의 효율 및 치차의 전달손실 등은 포함하지 않는다.

2.1 주행저항의 일반식

주행저항은 속도와 관계없는 요소, 속도에 비례하는 요소, 속도의 제곱에 비례하는 요소로 분류하여 이를 식으로 나타내면 다음과 같다.

$$R = a + bV + cV^2 \text{ (kg/ton)} = (a + bV)W + cV^2 \text{ (kgf)}$$

a: 속도와 관계없는 요소, b: 속도에 비례하는 요소, c: 속도의 제곱에 비례하는 요소

(1) 속도와는 관계없는 요소(a)
① 기계부분의 마찰저항
② 차축과 축수간의 마찰에 의한 저항
③ 차륜 답면과 레일면 과의 마찰에 의한 저항

(2) 속도에 비례하는 요소(b)
① 차륜의 플랜지와 레일 옆면과의 마찰저항
② 기계부의 충격에 의한 저항

(3) 속도의 제곱에 비례하는 요소(c)
① 공기 저항
② 동요에 의한 저항

2.2 주행저항의 원인별 분류

(1) 기계 저항(열차의 질량에 비례)
① 차축과 축수 사이의 마찰에 의한 저항

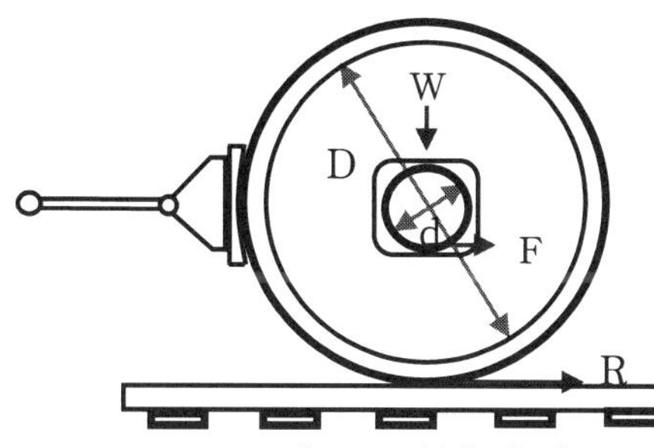

[그림 4-2] 차축과 축수 사이의 마찰저항

차축과 축수 간에 발생하는 마찰력(F)을 구하면 다음과 같다.

$$F = \mu \times W[kgf]$$

μ: 차축과 축수간의 마찰계수

차축과 축수 간에 마찰력(F)이 작용할 때 차축의 회전력(Td)은 다음과 같다.

$$Td = F \times \frac{d}{2}[kgf - m]$$

차축과 축수간에 마찰력에 의한 회전력(Td)은 차륜에 그대로 전달이 되므로 차륜의 회전력(TD)은 차축의 회전력(Td)과 같은 값이 된다.

$$Td = F \times \frac{d}{2} = TD[kgf]$$

차륜의 회전력은 차륜의 마찰력과 차륜의 반지름의 곱으로 구하므로 차륜의 회전력 공식에서 차륜의 마찰력을 구하면 다음과 같다.

$$Td = TD \Rightarrow F \times \frac{d}{2} = R \times \frac{D}{2} \Rightarrow R = F \times \frac{d}{D} = \mu \times W \times \frac{d}{D}[kgf - m]$$

차륜의 마찰력은 열차가 움직일 때 차륜의 회전을 방해하는 힘으로 작용하게 되므로 차축과 축수 사이의 마찰력에 의한 주행저항 식은 다음과 같다

$$R = F \times \frac{d}{D} = \mu \times W \times \frac{d}{D} [kgf]$$

② 차륜답면과 레일간의 마찰저항

가. 차륜이 레일면 위에서 구를 때 발생되는 구름마찰저항

차륜이 레일면 위를 구를 때 발생되는 저항은 구름마찰저항으로 차축과 축수 사이에서 발생하는 저항(미끄럼 마찰저항)보다는 값이 극소하다.

나. 사행동으로 인한 마찰저항

차륜이 가지고 있는 답면의 경사에 의하여 아래의 그림과 같은 싸인 운동을 하게 된다. 이때 좌우로 작용하는 힘에 의해서 미끄럼 마찰저항이 발생한다.

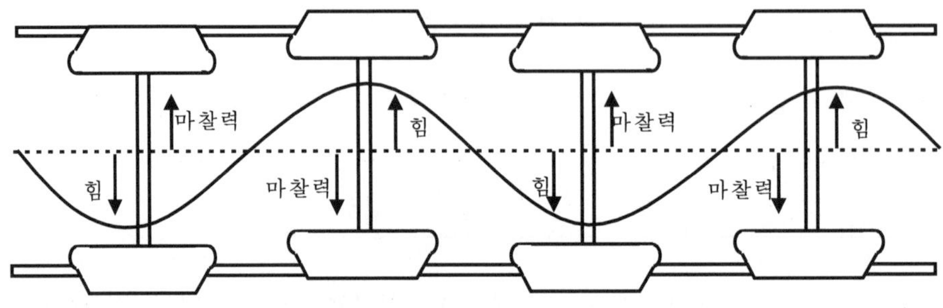

[그림 4-3] 사행동으로 인한 마찰저항

③ 기계부의 마찰 및 충격에 의한 저항

가. 견인전동기의 피니언기어와 차축 기어의 접촉시 발생되는 저항

나. 회전 부분에서의 마찰 및 충격에 의한 저항

(2) 속도 저항

① 공기에 의한 저항

열차가 주행할 때 전면에는 공기와 마찰하는 저항이, 후면에는 진공으로 인한 저항이 발생하는데 이와같이 공기로 인해 발생하는 저항을 공기저항이라고 한다. 공기저항은 차량중량과 무관하며 차량형상, 단면적, 연결량 수 등에 따라 다르다.

가. 공기저항의 분류

- 전면부 저항: 주행중 열차 전면부에 발생되는 저항으로 공기의 압축현상에 의해 발생되는 저항이다.

- 차량간 저항: 차량과 차량사이의 공간에서 공기의 와류현상에 의해 발생되는 저항이다.
- 측 면 저 항 : 차체와 공기의 마찰로 인한 저항
- 후 부 저 항 : 열차가 주행하게 되면 후부에는 공기가 희박해져 주변의 공기가 후부쪽으로 빠르게 유입되게 된다. 이로 인해 열차를 잡아당기는 힘이 작용하게 되어 저항이 발생하게 된다.

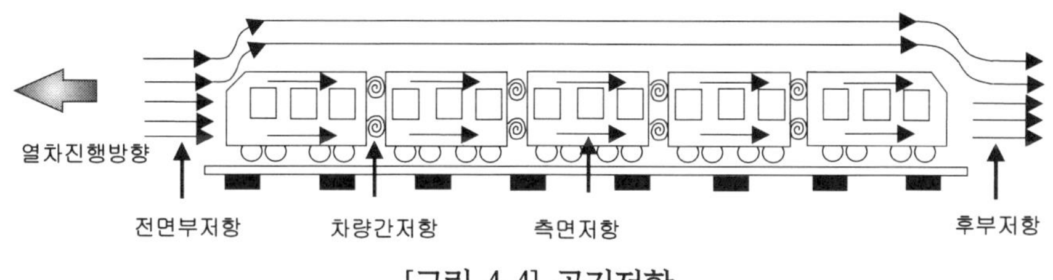

[그림 4-4] 공기저항

나. 열차 위치에 따른 공기저항의 크기(실험에 의한 값)

- 맨 앞쪽 차량: $10 \times 10^{-4} V^2$
- 중간 위치 차량: $1 \times 10^{-4} V^2$
- 두 번째 차량: $0.8 \times 10^{-4} V^2$
- 마지막 차량: $2.6 \times 10^{-4} V^2$

맨 앞쪽 차량 > 마지막 차량 > 중간위치 차량 > 두 번째 차량

② 차량동요에 의한 저항

운전 속도가 높게 되면 전·후, 좌·우, 상·하 등의 진동으로 인하여 생기는 저항이다. 이 저항은 속도의 제곱에 비례하지만 그 값은 극히 작다.

가. 차량 진동의 종류

- 전후진동: X축을 기준으로 앞뒤방향의 진동
- 좌우진동: Y축을 기준으로 좌우방향의 진동
- 상하진동: Z축을 기준으로 상하방향의 진동
- 롤링(Rolling): X축 방향의 회전
- 피칭(Pitching): Y축 방향의 회전
- 요잉(Yawing): Z축 방향의 회전

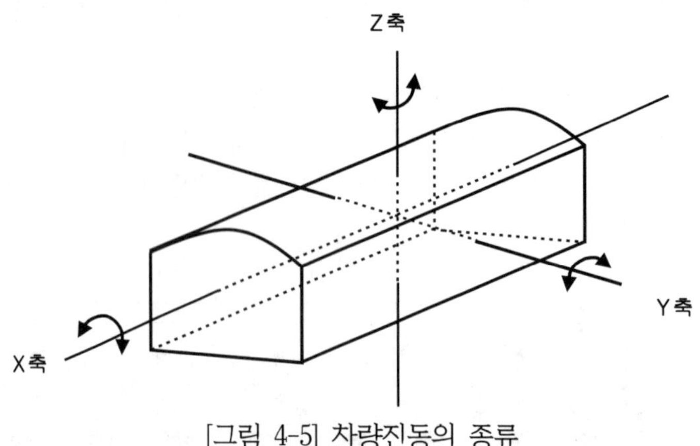

[그림 4-5] 차량진동의 종류

나. 차량 진동의 원인

- 일과 레일 이음의 불일치로 인한 저항
- 곡선 선로 주행 시 열차에 작용하는 원심력에 의한 저항
- 차륜답면 구배(기울기)로 인해 발생하는 저항
- 열차 옆면에 작용하는 풍압력에 의해 발생하는 열차 동요에 의한 저항

2.3 평균주행저항(Rrm)

속도가 V_1에서 V_2까지 변화할 때의 주행저항의 평균치를 평균주행저항이라고 한다. 주행저항은 속도에 따라 변화하기 때문에 제동거리 산출 시에 각 속도에 따른 주행저항을 계산하는 것이 복잡하기 때문에 제동 체결시 부터 정지시 까지의 평균주행저항을 대입하게 계산하게 된다.

3. 곡선저항(Rc: Curve Resistance)

열차가 곡선선로를 주행할 때 원심력에 의하여 레일과 차륜간에 마찰저항이 생기고, 내측레일과 외측레일의 길이차이 때문에 한 쪽 차륜이 활주(미끄러짐)하면서 마찰저항이 생긴다. 또 외측레일에는 횡압이 작용하여 차륜 프랜지와 레일간에 마찰저항이 생긴다. 이와 같이 곡선 통과시 마찰에 의해 발생하는 저항을 곡선저항이라 한다.

3.1 곡선저항의 발생원인

(1) 내외측 레일의 길이 차이에 의한 저항

곡선부에서 안쪽차륜과 바깥쪽 차륜은 서로 고정되어 있어 움직이는 각도는 같다. 이때 안쪽레일의 이동거리가 바깥쪽 레일의 이동거리보다 작아 안쪽차륜에서는 바깥쪽레

일과 안쪽레일의 길이 차만큼 미끄러짐 현상(활주)이 발생하면서 마찰저항이 발생하게 된다.

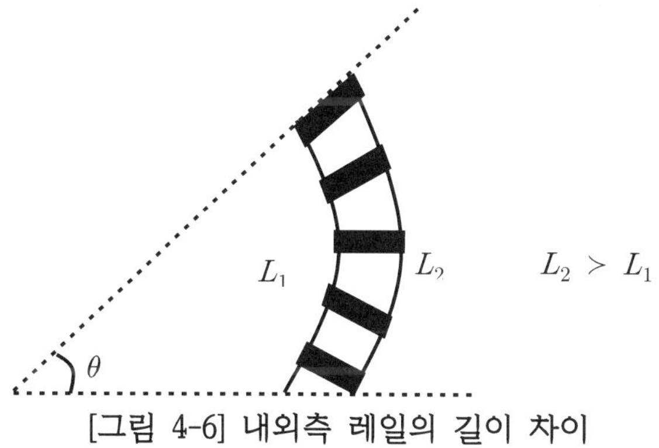

[그림 4-6] 내외측 레일의 길이 차이

(2) 관성력과 원심력에 의한 레일과 차륜간의 마찰저항

열차가 곡선선로를 운전할 때 차륜은 관성력에 의해 접선 방향으로 직진운동을 계속하려하고 원심력에 의한 횡압이 발생하여 외측레일의 프랜지와 레일간의 마찰에 의한 미끄럼 마찰력이 발생하게 된다.

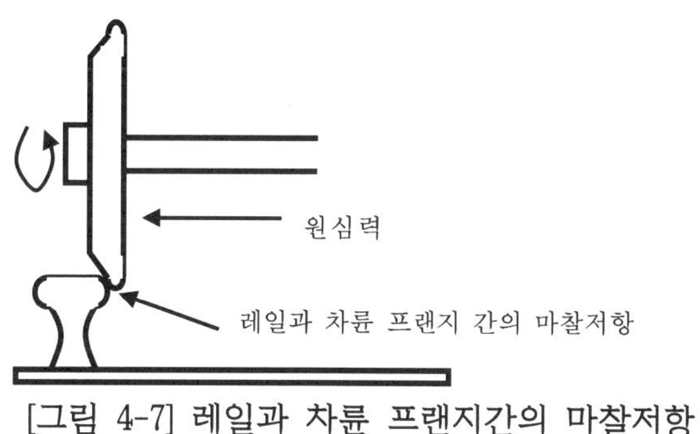

[그림 4-7] 레일과 차륜 프랜지간의 마찰저항

3.2 곡선저항의 일반식

곡선저항을 산출하는 방법은 모리손씨의 공식과 곡율에 의한 공식이 있으나 계산상 복잡하므로 다음과 같은 실용 식을 쓰고 있다.

$$Rc = \frac{700}{R} W[kgf]$$

R: 곡선반경(m), W: 열차중량(ton$_{중}$)

4. 구배저항(Rg: Grade Resistance)

열차가 경사진 선로 위를 주행할 때 지구의 중력에 반하여 진행하므로 여기에는 주행저항 이외의 여분의 견인력이 필요하게 된다. 이 저항을 구배저항이라고 한다.

구배저항은 지구중력에 의해 생기는 것이므로 그 크기는 열차의 중량과 구배에 정비례한다. 열차의 진행방향에 따라 상구배(오르막길), 하구배(내리막길)라고 칭하며 역간의 구배 중 가장 큰 상구배를 그 역간의 표준상구배, 가장 큰 하구배를 표준하구배라 부른다. 이 두 가지를 표준구배라 한다. 구배의 표시는 천분율(‰)로 한다.

4.1 구배저항의 일반식

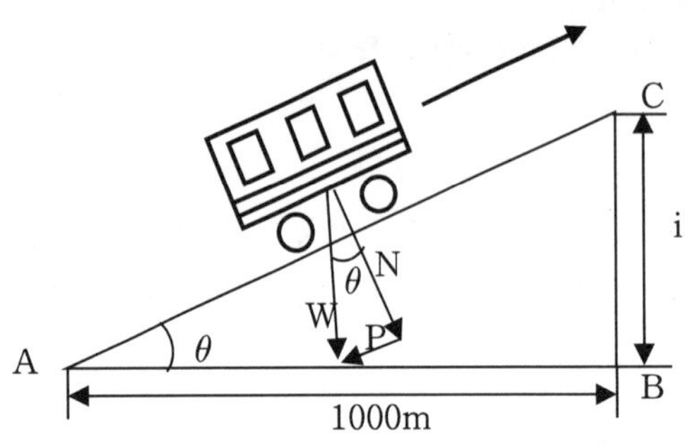

θ: 선로의 기울기
P: 단위톤당 작용하는 구배저항(kgf/ton)
N: 수직항력(kgf)
W: 동력차의 정비중량($ton_{중}$)
i: 구배(‰)

[그림 4-8] 구배 저항

열차가 경사진 선로 위를 주행할 때 열차의 진행을 방해하는 구배저항은 N 과 P의 힘이다. 수직항력인 N은 선로의 반작용력과 평행을 이루므로 열차의 진행을 방해하는 힘(구배저항)은 P의 값이 된다. P의 값을 구하면 P= $W \times \sin\theta$ 이다.

선로의 기울기는 큰 값이 아니므로 $\sin\theta \fallingdotseq \tan\theta$로 본다.

$$Rg(\text{구배저항} = P) = W \times \sin\theta \fallingdotseq W \times \tan\theta = W \times \frac{i}{1000}$$

구배저항(Rg)의 단위는 kgf 이므로 동력차의 정비중량(W)의 단위 $ton_{중}$ 을 $kg_{중}$ 단위로 환산하면 다음과 같다.

$$Rg = 1000\,W \times \frac{i}{1000} = Wi\,[kgf]$$

이것을 ton당 구배저항으로 나타내면 다음과 같다.

$$rg = \frac{Rg}{W} \qquad rg = \frac{Wi}{W} = i\,[\text{kgf/ton}]$$

결국 ton당 구배저항의 값은 천분율의 구배의 값과 같은 값이 된다.

4.2 환산구배 저항(Reg: Equivalent Grade Resistance)

열차가 곡선이 있는 구배구간을 주행할 때 발생하는 열차저항을 환산구배저항이라고 한다. 환산구배저항은 곡선저항 값에 구배저항 값을 합하여 산출한다. 환산구배저항을 구하는 식은 다음과 같다.

$$Reg = Rc \pm Rg = \frac{700 \times W}{R} \pm W \times i\,[kgf]$$

단위톤당 작용하는 환산구배 저항은 다음과 같다.

$$reg = \frac{Reg}{W} = rc \pm rg = \frac{700}{R} \pm i\,[kgf/\text{ton}]$$

구배저항에서 단위톤당 작용하는 구배저항은 구배와 같은 값으로 산출되므로 단위톤당 작용하는 환산구배 저항은 구배의 값으로 보아 환산구배라고 하여 표시한다. 이처럼 환산구배는 실제 구배와 곡선저항을 구배로 환산한 값을 더하여 표시한 구배이다.

5. 터널저항(Rt: Tunnel Resistance)

열차가 터널에 진입하게 되면 터널내의 공기를 압축시키는 효과가 발생하여 열차 전면부에 공기압축으로 인한 열차진행을 방해하는 힘이 작용하게 된다. 또한 압축된 공기는 터널벽에 부딪히고 열차측면에 열차진행을 방해하는 힘으로 작용하게 된다. 이와 같은 현상은 터널내부에서 계속적으로 발생되어 열차저항으로 작용하게 되는데 이때의 저항을 터널저항이라고 한다.

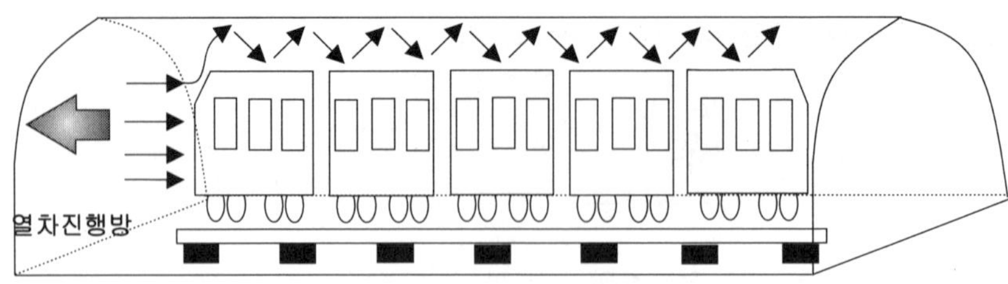

[그림 4-9] 터널저항

터널저항에 영향을 미치는 요소는 열차 전면부의 형상, 터널길이, 열차의 주행속도, 열차중량 등이 있다. 터널저항은 주행저항이나 구배저항보다 작은 값을 가지므로 운전계획상 500m 이상의 터널에서의 환산 저항 값을 일괄 적용하고 있다. 이때의 저항 값은 다음과 같다.

구 분	단위톤당 작용하는 터널 저항값(kgf/ton)
단선 터널	2
복선 터널	1

[표 4-2] 단위톤당 작용하는 터널 저항값

6. 가속도 저항(Ra: Acceleration Resistance)

열차가 등속도로 주행한다는 것은 열차의 견인력과 열차저항의 크기가 같다는 것이다. 등속도로 주행하던 열차의 속도를 올리기 위해서는 추가 견인력이 필요하게 되는데 이때 발생하는 추가 견인력을 가속도 저항이라고 한다.

6.1 차륜의 직진부분을 가속함에 필요한 힘

가속에 필요한 힘은 운동의 법칙으로부터 구할수 있고 공식은 다음과 같다.

$$F = m \times a[kgf]$$

m: 열차의 질량, a: 가속도(m/s²)

열차의 중량을 질량으로 환산하고, 열차의 중량단위($ton_{중}$)를 $kg_{중}$으로 환산해 주면 다음과 같다.

$$F = \frac{1000\,W}{g} \times a = \frac{1000\,W}{9.8} \times a = 102\,Wa[kgf]$$

g: 중력가속도

단위 톤당 필요한 힘은 다음과 같다.

$$f = \frac{102\,Wa}{W} = 102a\ [\text{kgf/ton}]$$

열차 가속도(A)의 단위(km/h/sec)를 위 공식의 가속도(a) 단위(m/s²)으로 환산해 주면 다음과 같다.

$$f = 102a = 102A\left(\frac{km}{h \times \sec}\right) \times \frac{1000m}{1km} \times \frac{1h}{3600\sec} = 102A \times \frac{1000}{3600} = 28.35A$$
$$\therefore f = 28.35A\ [\text{kgf/ton}]$$

6.2 회전부분의 회전속도를 가속함에 필요한 힘

철도차량은 차륜·차축·치차 등 회전부분이 많다. 회전부분이 있는 물체를 가속시키기 위해서는 회전 부분이 없는 물체를 가속시킬 때보다 여분의 힘이 필요하게 된다. 이때 발생하는 여분의 힘을 중량으로 환산한 값을 관성중량(Wg)이라고 한다.

열차의 실제 중량(W)과 관성중량(Wg)의 비를 관성계수(X)라고 한다.

$$\frac{Wg}{W} = X \qquad Wg = XW$$

열차의 실제중량과 관성중량을 합한 값을 실효중량이라고 하고 다음과 같다.

$$Wg + W = (1 + X)W$$

실효중량을 고려하여 가속에 필요한 힘을 구하면 다음과 같다.

$$F = 28.35\,WA \Rightarrow F = 28.35(1 + X)\,WA\,[kgf]$$

단위중량(ton)당 필요한 힘(f)을 구하면 다음과 같다.

$$f = \frac{F}{W} = 28.35\frac{WA}{W} = 28.35A\ [\text{kgf/ton}]$$

여기에 관성중량을 고려하여 단위톤당 작용하는 가속도 저항을 구하면 다음과 같다.

일반열차($X=0.06$) $\Rightarrow$ $f=28.35A(1+X) \fallingdotseq 30A$ [kgf/ton]

전동차, 전기차($X=0.09$) $\Rightarrow$ $f=28.35A(1+X) \fallingdotseq 31A$ [kgf/ton]

열 차 종 류	관성계수(X)
전 동 차	0.09
디젤전기기관차	0.06
일반열차	0.06
객 화 차	0.05

[표 4-3 관성계수표]

제5장 열차제동

제1절 열차제동의 종류

열차를 안전하게 운전하여 소정의 위치에 정차시키려면 열차가 가진 운동에너지를 어떤 방식에 의하여 소비하는 제동 작용이 필요하다. 이와 같은 제동 작용에 필요한 장치를 제동장치라 하며, 철도차량의 제동방식에는 차륜과 레일간의 점착에 의존하는 점착제동과 점착에만 의존하지 않는 비점착 제동으로 구분할 수 있다. 이것은 다시 마찰을 이용한 마찰제동 또는 기계식제동과 구동장치의 역회전력 등을 이용하는 전기식제동으로 나뉜다.

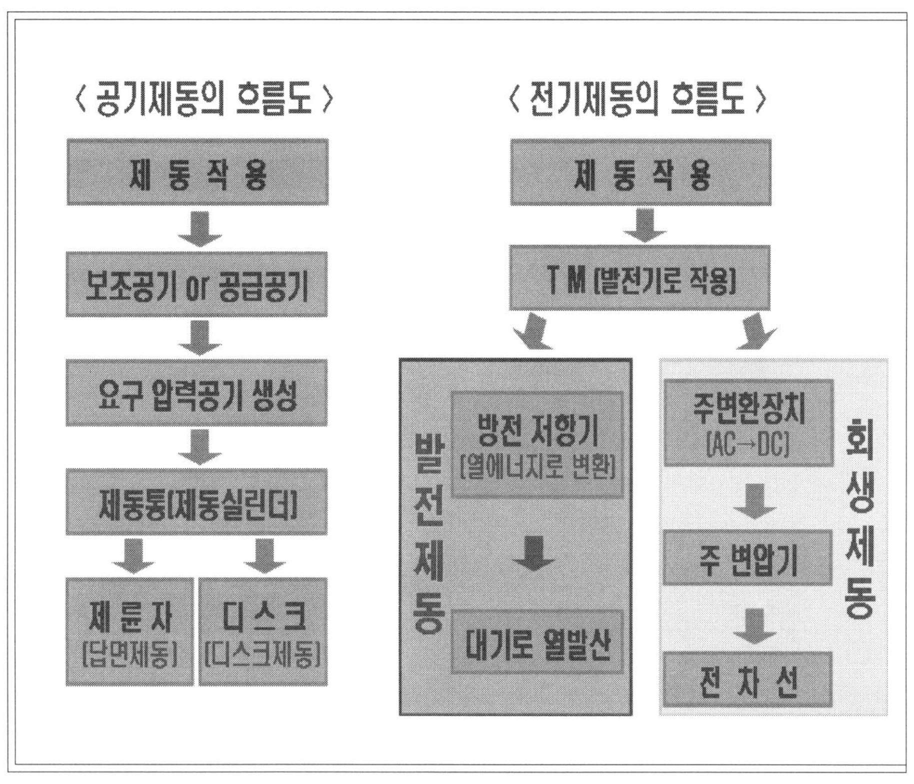

[그림 5-1] 제동 시스템 흐름도

1. 기계식 제동장치
가. 제륜자와 차륜 답면의 마찰에 의한 답면제동
나. 제륜자와 차축의 디스크의 마찰에 의한 디스크제동
다. 제륜자와 레일의 마찰에 의한 궤조제동

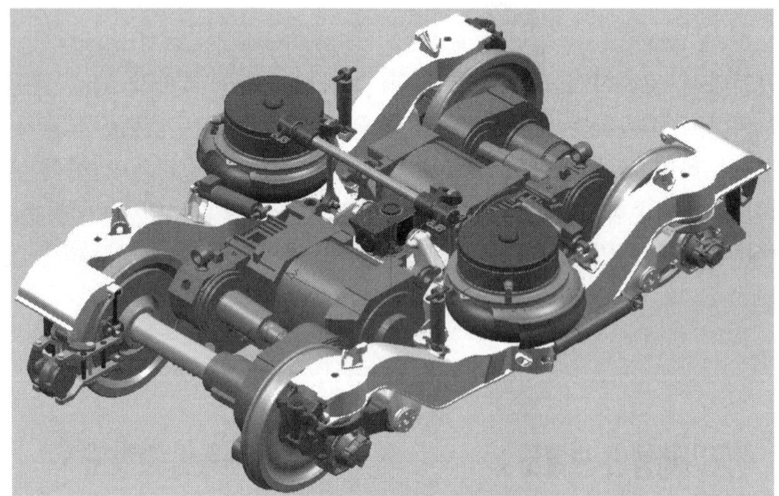

[그림 5-2] 답면 제동

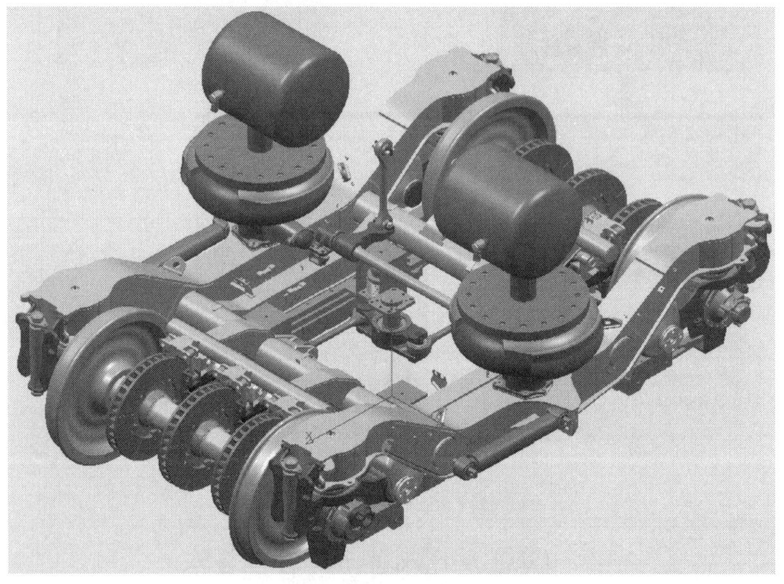

[그림 5-3] 디스크 제동

2. 전기식 제동장치

2.1 발전제동

철도차량의 견인전동기를 발전기로 전환시키면 주행 중 발생하는 운동에너지를 전기적 에너지로 변환 시킬 수 있다. 여기서 발생되는 전기에너지를 저항기에서 열에너지로 소비하는 제동방식을 발전제동이라고 한다.

2.2 회생제동

기본원리는 발전제동과 같으나 제동 작용으로 발생된 전기적 에너지를 열로써 소비하지 않고 전차선을 통해 다른 동력차가 사용하도록 하는 제동방식이다.

2.3 레일제동

레일과 차량에 서로 반대되는 극성을 가진 자기력을 발생시키도록 함으로서 레일과 차량이 서로 끌어당기도록 하여 제동효과를 발생시키는 제동방식이다.

2.4 혼합제동

공기제동장치와 전기제동장치를 혼합하여 사용함으로써 제동효과를 발생시키는 제동방식이다. 현재 대부분의 전동차에서 사용되는 제동방식이다.

제2절 제동이론 일반

열차의 제동력은 제동통압력의 대소, 제동통의 직경, 제동배율, 마찰계수 등 여러 가지 원인에 영향을 받는다. 제동장치는 제동력에 영향을 미치는 여러 요인들을 분석하여 열차를 목표지점에 정확하고 신속하게 정차시키고 정해진 운전속도를 조절할 수 있는 제동력을 갖추어야 한다. 제동력은 차륜과 레일간의 점착력보다 크게 되면 열차가 미끄러지는 현상(활주)이 발생이 되므로 제동력의 한도는 열차와 레일의 점착력보다 크지 말아야 한다.

1. 제동장치의 구비조건

가. 안전성

적절한 제동력 확보 및 활주(skid)방지 장치를 구비하여야 한다.

나. 신속성

제동 작용은 신속하고 정확하게 이루어져야 한다.

다. 신뢰성

고장이나 이례상황 시에도 제동 작용은 이루어져야 한다.

라. 제어성

제동 취급시 전열차가 동시에 제동이 체결되어야 한다.

마. 에너지 고흡수성

마찰에 의해 발생되는 열을 쉽게 발산시켜야 한다.

2. 제동압력에 대한 기초이론

2.1 보일의 법칙

로버트 보일의 이름을 따 지어낸 법칙으로 부피와 압력사이의 관계를 나타낸다. 보일의 법칙은 다음과 같이 표현된다. 기체의 양과 온도가 일정하면, 압력(P)과 부피(V)는 서로 반비례한다.

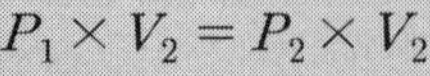

$$P_1 \times V_2 = P_2 \times V_2$$

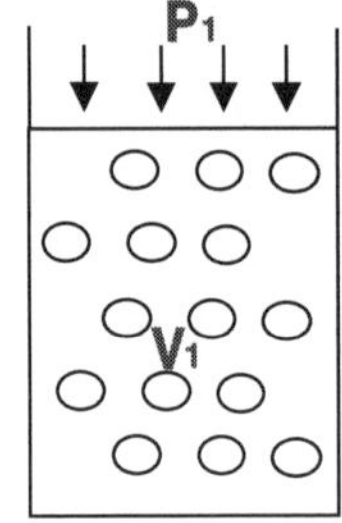

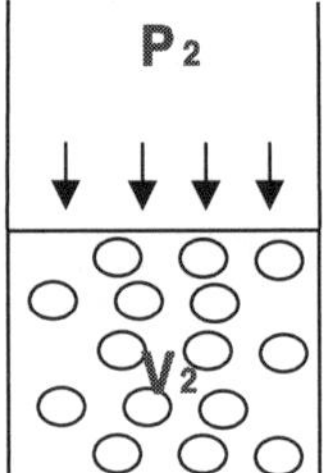

[그림 5-4] 보일의 법칙

보일의 법칙을 적용하기 위해서는 공기의 양과 온도가 일정해야 한다. 공기 제동시 압축공기를 사용하므로 공기의 압축과 팽창으로 공기의 온도변화를 수반하게 되지만 곧 대기온도와 같아지게 되므로 온도변화는 없는 것으로 보고 보일의 법칙을 적용한다.

2.2 계기압력과 절대압력

계기압력은 대기압을 기준(0)으로 대기압과의 차이를 표시한 압력을 말하고, 절대압력은 완전진공을 기준으로 측정한 압력을 말한다. 보통 대기의 절대압력이 1[kgf/cm^2]이므로 계기압력을 절대압력으로 산출하려면 계기압력에 대기의 절대압력 1[kgf/cm^2]를 더해주어야 한다.

$$\text{절대압력} = \text{계기압력} + 1[\text{kgf/cm}^2]$$

제3절 공기제동

1. 제동통압력

1.1 기관차

기관차에서 자동제어변으로 제동을 취급하게 되면 제동관 압력 5[kgf/cm^2]을 자동제어변의 위치에 따라 일정한 압력 r[kgf/cm^2]만큼 감압시키게 된다. 제동관 압력이 감압되면 분배변 균형부의 균형 피스톤이 이동하여 압력공기실의 압력공기 5[kgf/cm^2]가 제동관의 감압된 압력 r[kgf/cm^2]만큼 작용공기실 및 작용통으로 유입되게 된다.

압력공기실의 용적은 작용공기실 및 작용통용적의 2.5배이므로 보일의 법칙에 의해 작용공기실 및 작용통의 압력은 2.5r[kgf/cm^2]로 된다.

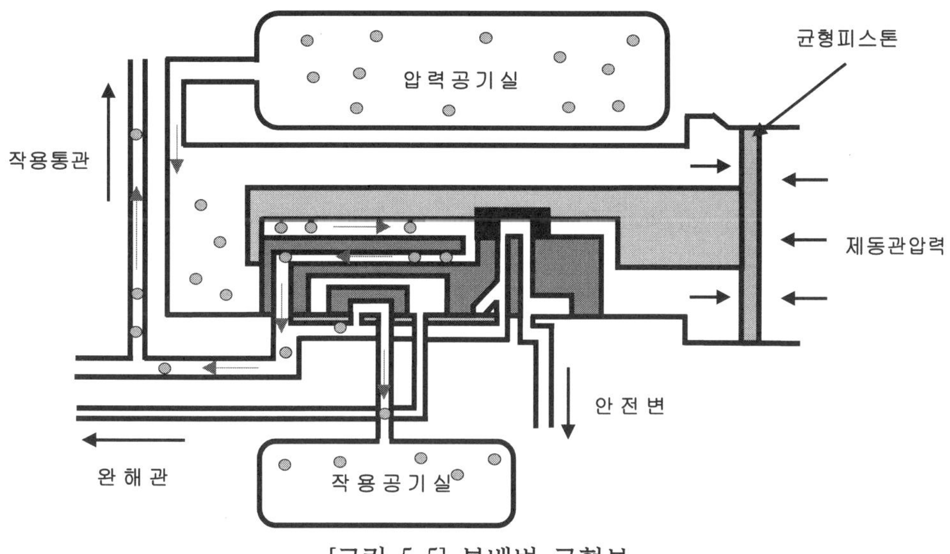

[그림 5-5] 분배변 균형부

작용공기실 및 작용통에 2.5r[kgf/cm^2]의 압력공기가 유입이 되면 분배변 작용부의 작용 피스톤이 작용하여 주공기관 압력이 작용공기실 및 작용통 압력 2.5r[kgf/cm^2]와 균형을 이룰 때까지 제동통으로 유입되게 되고 이때의 제동통의 압력 Pb[kgf/cm^2]는 작용공기실 및 작용통의 압력과 같은 값 2.5r[kgf/cm^2]를 가지게 된다.

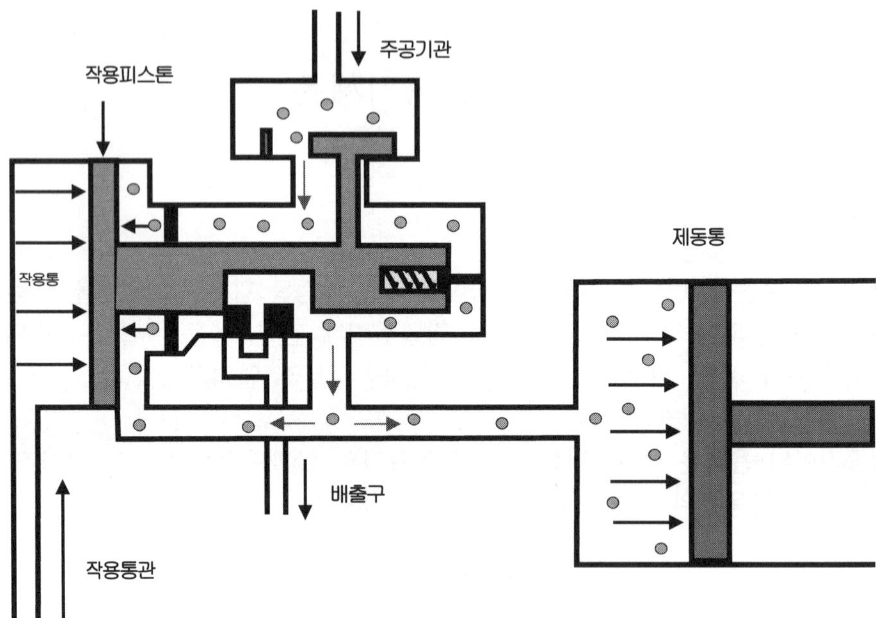

[그림 5-6] 분배변 작용부

압력공기실의 압력 5-r[kgf/cm²]가 작용공기실 및 작용통으로 공급되므로 작용공기실 및 작용통의 압력 2.5r[kgf/cm²]은 압력공기실의 압력을 넘지 못한다. 작용통의 압력 2.5r[kgf/cm²]과 제동통의 압력 Pb[kgf/cm²]는 같은 값을 가지므로 제동통의 압력은 압력공기실의 압력을 넘지 못한다. 감압된 압력공기실의 압력과 제동통의 압력이 같을 때가 최대 감압량이 된다. 이것을 기준으로 최대 감압량을 산출하면 다음과 같다.

$$5 - r = 2.5 \times r$$

$$\therefore r = \frac{5}{3.5} = 1.43[kgf/cm^2]$$

최대감압량을 기준으로 최대 제동통압력을 산출하면 다음과 같다.

$$Pb = 2.5 \times r = 2.5 \times 1.43 = 3.5[kgf/cm^2]$$

1.2 객화차

기관차에서 자동제어변으로 제동을 취급하게 되면 제동관 압력 5[kgf/cm²]을 자동제어

변의 위치에 따라 일정한 압력 r[kgf/cm^2]만큼 감압시키게 된다.

객화차의 경우 제동관의 감압으로 동작변의 균형 피스톤이 균형을 잃고 보조공기통의 압력이 감압된 제동관의 압력 5-r[kgf/cm^2]와 균형을 이룰 때까지 제동통으로 유입된다. 보조공기통의 용적은 제동통용적의 3.25배이므로 보일의 법칙에 의해 제동통압력은 3.25r[kgf/cm^2]로 된다. 여기서 제동통은 대기압 1[kgf/cm^2]이 작용하고 있으므로 계기압력으로 환산하게 되면 3.25r-1[kgf/cm^2]이 된다.

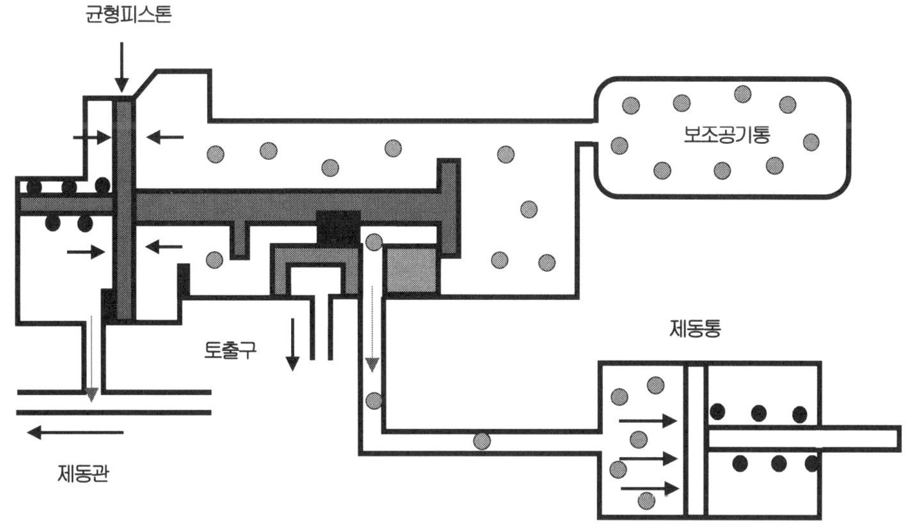

[그림 5-7] 삼동변의 제동 작용

제동통의 압력은 보조공기통에서 감압된 압력이 유입되므로 감압된 보조공기통의 압력을 넘지 못한다.

이것을 기준으로 최대 감압량을 산출하면 다음과 같다.

$$5 - r = 3.25 \times r - 1$$
$$\therefore r = \frac{6}{4.25} = 1.41\,[kgf/cm^2]$$

최대감압량을 기준으로 최대 제동통압력을 산출하면 다음과 같다.

$$Pb = 3.25 \times r - 1 = 3.25 \times 1.41 - 1 \fallingdotseq 3.6\,[kgf/cm^2]$$

2. 제륜자의 압력

2.1 제동통 정미(유효) 압력(Pe)

실제 유효한 제동통압력으로 제동통압력에서 제동통 피스톤 리턴스프링에서 발생되는 스프링압력(0.35kgf/cm^2)과 제동통과 제동통 피스톤 로드와의 마찰압력(0.05kgf/cm^2)을 감한 압력을 정미압력이라 한다.

열 차 종 류	정미압력(Pe)
기 관 차	2.5r-0.4
객 화 차	3.25r-1.4

[표 5-1] 제동통 정미압력

2.2 제동원력(F)

제동통 피스톤 1개의 단면적에 작용하는 힘으로서 피스톤 단면적(A)과 제동통에 공급되는 제동통정미압력(Pe)의 곱으로 나타낸다.

$$F = Pe \times A = \frac{\pi}{4} \times D^2 \times Pe\,[kgf]$$

Pe: 제동통정미압력 (kgf/㎠) D: 제동통의 내경

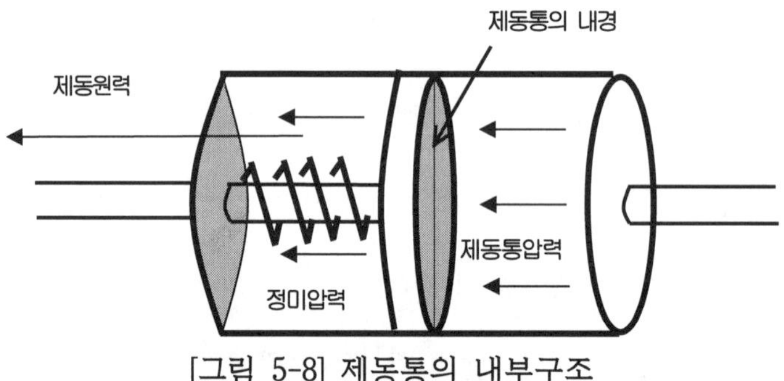

[그림 5-8] 제동통의 내부구조

2.3 제동배율(Be)

제륜자압력을 높이기 위해서는 제동통의 압력을 증가시키면 되지만 제동통 압력의 증가에는 한계가 있다. 이에 제륜자압력을 증가시키기 위해 지렛대의 원리를 이용하여 제륜자에 작용하는 힘을 증가시키게 되는데, 제동원력과 차륜 답면에 작용하는 힘과의 비를 제동배율이라고 한다. 제동배율은 제동통의 피스톤로드와 링크의 중심축과의 거리(a)와 제륜자와 링크의 중심축과의 거리(b)의 비로 구할 수 있다. 또한 피스통의 행정

거리와 제륜자의 이동거리의 비로도 구할 수 있다. 이를 식으로 나타내면 다음과 같다.

$$\text{제동배율}(Be) = \frac{\text{제륜자가 차륜답면에 작용하는 힘}(F_2)}{\text{제동원력}(F_1)}$$

$$= \frac{\text{피스톤로드와 중심축과의 거리}(a)}{\text{제륜자와 중심축과의 거리}(b)} = \frac{\text{피스톤행정거리}(S_1)}{\text{제륜자가 움직인거리}(S_2)}$$

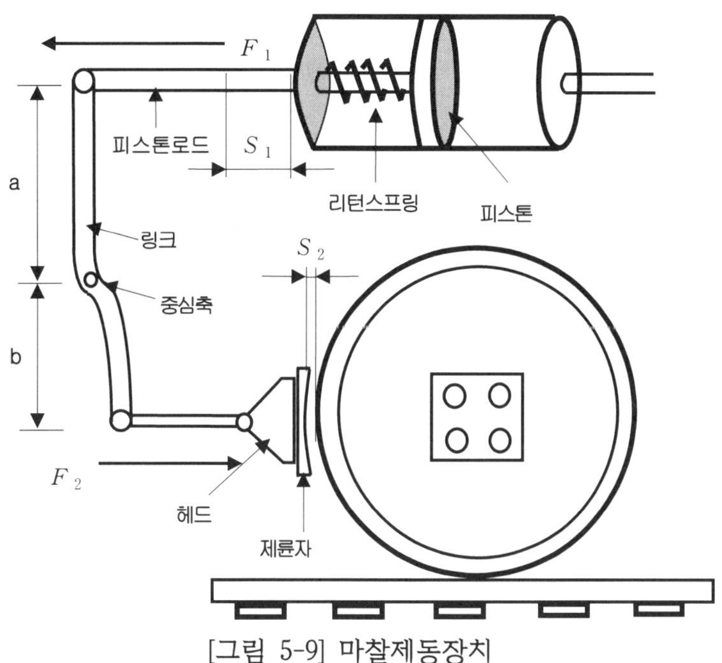

[그림 5-9] 마찰제동장치

VVVF 전동차의 제동배율은 다음의 표와 같다.

구 분	제동배율
M, M′	4.47
T, Tc	3.20

[표 2-2] VVVF 전동차의 제동배율

2.4 기초제동장치의 효율(η)

기초제동장치는 제동통 압력공기에 의해 생성된 제동원력을 지렛대의 원리에 의해 크기를 증대시켜 제륜자로 전달시켜주는 장치이다. 기초제동장치는 제동통 압력공기를 전달하는 과정에서 손실이 발생하게 되는데 이러한 손실을 감안하여 효율을 산출하게 된다. 이러한 효율을 기초제동장치의 효율이라고 한다. 보통의 경우 공기제동의 효율은 80~90%이다.

2.5 제륜자압력

제륜자압력은 제동원력, 제동배율, 제동효율 및 제동통수의 곱으로 구할 수 있다.

$$P = \frac{\pi}{4} \times D^2 \times Pe \times n \times Be \times \eta [kgf]$$

P: 제륜자압력[kgf], D: 제동통의 직경[cm], Pe: 제동통의 정미압력[kgf/cm²]
Be: 제동배율, n: 제동통의 수, η: 기초제동장치의 효율≒90%

3. 제동율(Br)

제동력이 차륜과 레일간의 점착력보다 크면 차륜이 레일 위를 미끄러지는 현상(활주)이 발생하게 되어 제동력이 제대로 전달되지 못한다. 제동력을 효율적으로 전달하기 위해서 제륜자압력을 활주가 발생되지 않는 범위내로 제한할 필요가 있다. 이에 열차중량에 대한 제륜자압력의 비(제동율)로 제륜자압력을 제한하게 되는데 제동율의 최대치는 마찰계수와 점착계수의 비(μ/f)에 의하여 결정된다. 제동율 산출과정을 살펴보면 다음과 같다.

$$\text{제동력} \leq \text{점착력} \Rightarrow P \times f \leq W \times \mu \Rightarrow \frac{P}{W} \leq \frac{\mu}{f}$$

$$\text{제동율} = \frac{\text{제륜자압력}(P)}{\text{축중량}(W)} \times 100(\%)$$

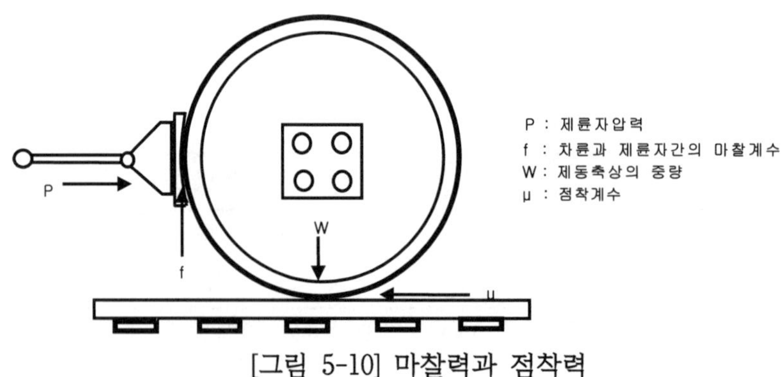

[그림 5-10] 마찰력과 점착력

3.1 제동율의 영향인자

제동율은 제륜자압력과 축중량 과의 비이므로 제륜자압력을 형성하는 요소에 의해서 제동율이 영향을 받는다. 제륜자압력에 관계되는 요소를 살펴보면 다음과 같다.

(1) 제동통의 직경

(2) 기초제동장치 제동배율

(3) 제동통압력

(4) 기초제동장치 효율 등

3.2 제동율의 크기

(1) 축제동율

제동이 이루어지는 축의 제륜자압력과 축당 열차중량의 비를 축제동율 이라고 한다.

$$\text{축제동율} = \frac{\text{축의제륜자압력}}{\text{축당열차중량}} \times 100(\%)$$

(2) 전차제동율

열차전체중량과 전체 제륜자압력의 비를 전차제동율 이라고 한다.

$$\text{전차제동율} = \frac{\text{전체제륜자압력}}{\text{열차전체중량}} \times 100(\%)$$

(3) 표준제동율

일반적으로 주철제륜자의 경우 전동차의 제동율 값은 다음과 같다.

구 분	상용제동(%)	비상제동(%)
M, M′	95	122
T, Tc	90	115

[표 5-3] 전동차의 표준제동율

4. 차륜과 제륜자간의 마찰계수

제륜자가 차륜을 누르는 힘(제륜자의 압력)은 차륜의 회전을 저지하는 힘(제동력)보다 크다. 이것은 제륜자와 차륜의 마찰계수가 항상 1보다 작기 때문이다. 마찰계수는 대체적으로 0.1~0.4의 값을 가진다. 마찰계수를 식으로 나타내면 다음과 같다.

$$f = \frac{B}{P}$$

f: 차륜과 제륜자간의 마찰계수, B: 제동력, P: 제륜자압력

4.1 마찰계수에 영향을 미치는 요소

(1) 제륜자 및 차륜의 재질
(2) 제동 작용에 따른 제륜자의 온도변화
(3) 제륜자의 크기 및 모양에 따른 열 발산 효과
(4) 마찰면의 상태
(5) 제륜자압력의 크기
(6) 운전속도의 크기

4.2 마찰계수 계산식

(1) 등속운전을 할 때의 마찰계수

등속운전을 할 때의 마찰계수는 실험식에 의해 다음과 같이 구한다.

$$f = C\frac{1+0.01V}{1+0.05V}$$

f: 차륜과 제륜자간의 마찰계수, V: 운전속도[km/h],
C: 기후상수(맑은 날: 0.42, 우천 시: 0.30, 통상적으로 사용하는 값: 0.32)

등속운전을 할 때의 마찰계수는 하구배에서 제동을 취급하여 등속도로 운전할 때 제동력 산출에 이용된다.

(2) 평균마찰계수

마찰계수는 위의 공식에서 보듯이 속도에 따라 변화하기 때문에 제동을 체결하여 열차를 정차시킬 때 속도변화에 따라 마찰계수를 구하여 제동거리를 산출하는 것은 상당히 어려우므로 평균마찰계수를 이용하여 제동거리를 산출한다. 평균마찰계수 공식은 다음과 같다.

$$f = \frac{0.5C \times V^2}{2.5V^2 - 400V + 4000 \times \log_n(1+0.01V)}$$

5. 제동력

5.1 제동력과 감속력

제동장치에 의하여 진행하고 있는 열차의 속도를 낮추는 힘을 제동력이라 한다.

제동력을 수식으로 나타내면 다음과 같다.

$$B(\text{제동력}) = P \times f[kgf]$$
$$Bm(\text{평균제동력}) = P \times fm[kgf]$$

P: 제륜자압력, f: 차륜과 제륜자간의 마찰계수, fm: 평균마찰계수

제동장치에 의하여 열차의 속도를 낮출 수 있지만 구배저항이나 주행저항 등 열차저항도 열차의 속도를 낮추는 힘으로 작용하므로 제동력과 열차의 속도를 낮추는 열차저항요소를 합하여 감속력이라 하고 감속력은 다음 식과 같다.

$$Fd(\text{감속력}) = P \times f + (Rr + Rc + Rt \pm Rg)[kgf]$$
$$Fdm(\text{평균감속력}) = P \times fm + (Rrm + Rc + Rt \pm Rg)[kgf]$$

Rr: 주행저항, Rc: 곡선저항, Rt: 터널저항, Rg: 구배저항, Rrm: 평균주행저항

5.2 점착력

차륜이 레일을 누르는 힘(동륜상 중량)과 레일과 차륜의 마찰계수의 곱을 점착력이라고 한다. 점착력은 다음식과 같다.

$$T = \mu \times Wd[kgf]$$

T: 점착력, μ:점착계수, Wd: 동륜상중량

점착계수는 차륜이 접촉하는 레일의 상태 및 열차의 속도에 영향을 받는다.
열차속도에 의한 점착계수 계산식과 저속도(10km/h 이하)의 점착계수로 나누어 살펴보면 다음과 같다.

열차종류	점착계수 계산식
디젤기관차	$0.265\dfrac{1+0.114V}{1+0.150V}$
전기기관차	$0.326\dfrac{1+0.279V}{1+0.367V}$
전동차	$0.245\dfrac{1+0.050V}{1+0.100V}$

[표 5-4] 점착계수 계산식

레일의 상태	보통의 경우	살사한 경우
건조하고 맑은 때	0.25 ~ 0.3	0.35 ~ 0.40
습할 때	0.18 ~ 0.20	0.22 ~ 0.25
서리가 내렸을 때	0.15 ~ 0.18	0.20 ~ 0.22
눈이 내렸을 때	0.15	0.20
기름기가 있을 때	0.10	0.15
낙엽이 있을 때	0.08	

[표 5-5] 저속도의 점착계수

5.3 최대제동력

제동력이 점착력보다 크게 되면 차륜이 레일 위를 미끄러지는 현상(활주)이 발생하여 차륜이 평면으로 깎이게 되는데 이를 찰상이라고 한다. 찰상이 발생하게 되면 승차감 저하 및 차륜의 회전시마다 충격이 발생하여 차축의 피로도를 높이게 된다.

이와 같이 찰상이 발생하기 전의 제동력을 최대제동력이라고 한다. 즉 점착력과 동일한 제동력을 최대제동력이라고 한다. 최대제동력을 넘지 않는 범위 내에서 높은 제동력을 얻기 위해서는 축중 열차중량과 점착계수의 곱으로 구하는 점착력을 고려해야 한다. 현재 감속도를 높이기 위하여 열차중량 및 마찰계수의 변화에 맞추어 제동력을 가감하는 장치가 연구되어 사용되고 있는데 이 장치는 다음과 같다.

(1) 응하중제어

열차의 경우 승객의 승하차에 의하여 열차의 하중변화가 발생하게 되고, 화물열차의 경우 화물을 실었을 때(영차)와 화물이 없을 때(공차)의 하중차이가 발생한다. 이러한 하중변화에 따라 제륜자압력을 변화시켜 동일한 제동력을 얻기 위해 제동통의 압력을 변화시킬 필요가 있다. 위와 같이 하중에 따라 제동통의 압력을 변화시키면 기관사의 제동변 동작시 각 대차에 작용하는 하중에 따라 제동통에 공급되는 압력을 변화시켜 동일한 제동력을 얻을 수 있게 된다. 이러한 제동제어 방식을 응하중 제어방식 이라고 한다.

(2) 제동율의 속도제어

점착계수는 열차의 주행속도에 영향을 받으므로 주행속도에 의해 점착력도 영향을 받게 된다. 이에 주행속도에 따라 최대제동력 또한 변화하게 되는데 이에 따라 제동력을 조절할 필요가 있다. 주행속도에 따라 제동력을 조절하는 즉 제동율을 변화시키는 방식이 제동율 속도제어방식이다.

6. 축중이동

일반적으로 차량이 정지 상태에 있으면 1축이 부담하는 차량중량은 차량중량의 1/4을 부담하게 되며 가속이나 감속 시에 차량중심의 이동현상이 발생하게 된다. 이때 차량의 중심은 가속력 또는 제동력이 작용하는 점보다 위쪽에 위치하기 때문에 차량의 관성에 따라 발차 시에는 차량의 뒤쪽에 제동 시에는 차량의 앞쪽에 차량중량이 더 가해지게 되고 반대로 발차 시에는 차량의 앞쪽에 제동 시에는 차량의 뒤쪽에 차량중량이 감소하게 된다.

전동차의 경우 최대 15% 정도의 축중이동이 있으므로 최대견인력, 최대제동력을 계산할 때에는 축중이동을 고려하여 차량중량의 약 85%를 점착중량으로 산정하는 것이 좋다.

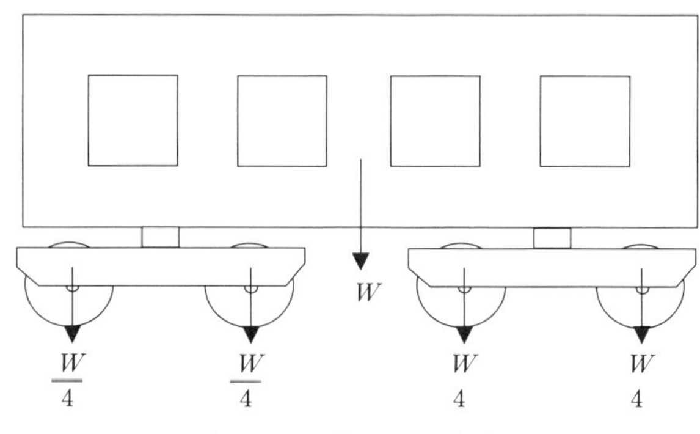

[그림 5-11] 축중의 차량중량

제3절 제동거리 및 제동시간

제동이란 열차의 운동에너지를 제륜자와 차륜의 마찰력에 의하여 열에너지로 변환시켜 열차를 정지시키는 것을 말한다. 열차의 운동에너지를 열에너지로 변환시켜 정지하기까지 주행한 거리를 제동거리라고 하고, 여기에 소요된 시간을 제동시간이라고 한다. 제동거리는 공주거리(제동변을 취급한 때로부터 제륜자가 차륜에 밀착하여 유효한 제동이 작용하기 까지 열차가 움직인 거리)와 실제동거리(유효한 제동이 이루어지고 정지하기까지 이동한 거리)의 합으로 계산한다.

제동거리 = 공주거리 + 실제동거리
제동시간 = 공주시간 + 실제동시간

1. 공주거리

제동변으로 제동을 취급하게 되면 제동변의 위치에 따라 제동관의 압력이 감압되게 되고 감압된 압력에 의해 제동통 압력이 형성되고 기초제동장치를 거쳐 제륜자를 차륜에 밀착시키게 된다. 제륜자가 차륜에 밀착되는 순간부터 유효한 제동 작용이 이루어지게 된다. 이렇게 유효한 제동 작용이 이루어지기까지 열차가 주행한 거리를 공주거리라고 하고, 여기에 소요된 시간을 공주시간이라고 한다. 철도차량의 공주거리는 제동 취급 시부터 예정제동율이 75%에 도달하기까지 진행한 거리를 말하고, 여기에 소요된 시간을 공주시간이라 한다.

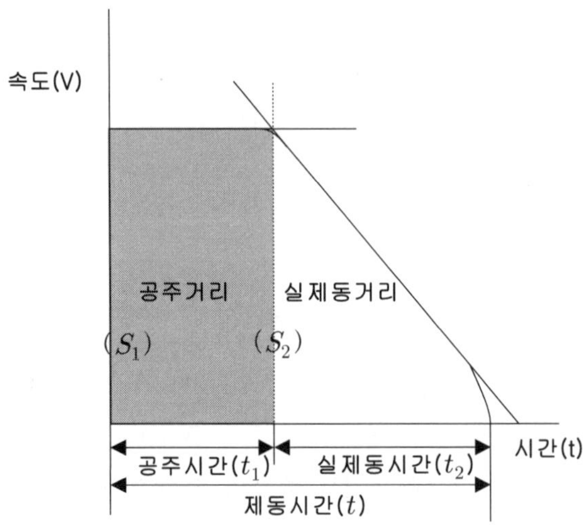

[그림 5-12] 공주시간 및 공주거리

공주거리(S_1)에 대한 계산식은 공주시간(t_1)과 제동취급시의 열차의 속도(제동초속도) V(km/h)의 곱으로 구할 수 있다. 이를 식으로 나타내면 다음과 같다.

$$S_1 = V \times t_1 [km \cdot \sec/h]$$

속도의 단위는 [km/h] 이므로 위의 공식으로 계산시 공주거리의 단위는 [km·sec/h]가 된다. 이를 [m] 단위로 환산해 주면 다음과 같다.

$$S_1 = V \times t_1 [\frac{km \cdot \sec}{h} \times \frac{1000m}{1km} \times \frac{1h}{3600\sec}] = \frac{V}{3.6} \times t_1 [m]$$

2. 실제동거리

제륜자가 차륜에 밀착하여 유효한 제동력을 발휘할 때부터 정지시까지의 거리를 실제동거리라고 한다. 실제동거리를 산출하는 방법은 평균감속력에 의한 방법과 감속도에 의한 방법으로 나누어 살펴보자.

2.1 평균감속력(Fdm)에 의한 실제동거리 산출

열차가 제동을 취급할 때 주행 중인 열차가 가지고 있는 운동에너지는 다음과 같다.

$$Ek = \frac{1}{2}mv^2 \times (1+X)\,[kgf-m]$$
$$Ek = \frac{1}{2}\frac{W}{g}v^2 \times (1+X)\,[kgf-m]$$

v: 열차의 속도[m/s], X : 회전부분의 관성계수 (일반열차 : 0.06 전기차 : 0.09)
Ek: 운동에너지[kg-m], m: 열차의 질량[kg], W: 열차의 중량[$kg_{중}$], g: 중력 가속도(m/s²)

주행 중인 열차에 제동을 체결하면 평균감속력(제동력과 열차저항의 합)이 발생하고, 여기에 감속되며 진행된 거리(S_2)를 곱하면 제동체결에 따른 일의 양(Wb)을 구할 수 있다.

$$Wb = Fdm \times S_2\,[kgf-m]$$

주행 중인 열차가 가진 운동에너지를 제동체결에 따른 일로 모두 소비하였을 때 열차가 정지하게 되므로 실제동거리의 공식은 다음과 같다.

$$Ek = Wb$$
$$\frac{1}{2}mv^2 \times (1+X) = Fdm \times S_2$$
$$\therefore S_2 = \frac{mv^2}{2Fdm}(1+X)[m]$$

열차 속도의 단위는 [km/h]이고, 열차의 중량의 단위는 [ton]이므로, 위 공식의 속도 단위 [m/s] 및 중량의 단위 [kg]로 환산하면 다음과 같다.

$$V[\frac{km}{h} \times \frac{1000m}{1km} \times \frac{1h}{3600s}] = \frac{V}{3.6}[m]$$
$$m = \frac{w}{g} = \frac{1000}{9.8}W[kg]$$

w: 열차의 중량[$kg_{중}$], W: 열차의 중량[$ton_{중}$]

환산한 값을 공식에 대입하면 다음과 같다.

$$S_2 = \frac{\frac{1000}{9.8} W \times (\frac{V}{3.6})^2}{2Fdm} \times (1+X) = \frac{3.9368(1+X)WV^2}{Fdm}[m]$$

관성계수값을 대입하여 계산하면 다음과 같다.

$$\text{일반열차}(X=0.06) \Rightarrow S_2 = \frac{4.17WV^2}{Fdm}[m]$$

$$\text{전동차, 전기차}(X=0.09) \Rightarrow S_2 = \frac{4.29WV^2}{Fdm}[m]$$

위식을 통해 실제동거리는 열차의 중량에 비례하고, 감속력에 반비례하며 제동초속도의 제곱에 비례함을 알 수 있다. 위의 식에서 평균감속력(Fdm) 대신 톤당 평균감속력(fdm)을 대입하면 다음과 같다.

$$fdm = \frac{Fdm}{W} \Rightarrow Fdm = fdm \times W$$

$$\text{일반열차}(X=0.06) \Rightarrow S_2 = \frac{4.17WV^2}{fdm \times W} = \frac{4.17V^2}{fdm}[m]$$

$$\text{전동차, 전기차}(X=0.09) \Rightarrow S_2 = \frac{4.29WV^2}{fdm \times W} = \frac{4.29V^2}{fdm}[m]$$

톤당 평균감속력(fdm)은 톤당 제동력과 톤당 열차저항의 합이다. 위의 식에 대입하면 다음과 같다.

$$fdm = \frac{P}{W} \times fm + \pm \mathrm{rg} + \mathrm{rc} + \mathrm{rt}$$

$$\text{일반열차}(X=0.06) \Rightarrow S_2 = \frac{4.17V^2}{\frac{P}{W}fm + rrm \pm \mathrm{rg} + \mathrm{rc} + \mathrm{rt}}[m]$$

$$\text{전동차, 전기차}(X=0.09) \Rightarrow S_2 = \frac{4.29V^2}{\frac{P}{W}fm + rrm \pm \mathrm{rg} + \mathrm{rc} + \mathrm{rt}}[m]$$

P: 전제륜자압력[kgf], W: 전열차중량[ton$_{중}$], fm: 평균마찰계수, rt: 톤당 터널저항[kgf/ton]
rrm: 톤당 평균주행저항[kgf/ton], rg: 톤당 구배저항[kgf/ton], rc: 톤당 곡선저항[kgf/ton]

2. 감속도(A)에 의한 실제동거리 산출

감속도가 일정할 때 제동거리 공식은 다음과 같다.

$$S_2 = \frac{1}{2}v \times t_2$$
$$a = \frac{v}{t_2} \quad \Rightarrow \quad t_2 = \frac{v}{a}$$
$$S_2 = \frac{1}{2}v \times \frac{v}{a} = \frac{v^2}{2a}$$

S_2: 실제동거리, v: 제동초속도[m/s], a: 감속도[m/s^2], t_2: 실제동시간

위의 공식에서 속도(v)의 단위는 [m/s]이고, 감속도(a)의 [m/s^2]이다. 철도에서 사용하는 속도(V)의 단위 [km/h] 및 감속도(A)의 단위 [km/h/s]를 환산하여 대입하면 다음과 같다.

$$v[m/s] = V[\frac{km}{h} \times \frac{1000m}{1km} \times \frac{1h}{3600\sec}] = \frac{V}{3.6}[m/s]$$
$$a[m/s^2] = A[\frac{km}{h \cdot \sec} \times \frac{1000m}{1km} \times \frac{1h}{3600\sec}] = \frac{A}{3.6}[m/s^2]$$
$$\therefore S_2 = \frac{(\frac{V}{3.6})^2}{2 \times \frac{A}{3.6}} = \frac{V^2}{7.2A}$$

3. 전제동거리 산출

전제동거리(S)는 공주거리(S_1)와 실제동거리(S_2)의 합으로 구한다.

$$S = S_1 + S_2$$

3.1 평균감속력을 통한 전제동거리 산출

$$\text{일반열차} \quad \Rightarrow \quad S = \frac{V}{3.6}t_1 + \frac{4.17V^2}{fdm}[m]$$
$$= \frac{V}{3.6}t_1 + \frac{4.17V^2}{\frac{P}{W}fm + \pm rg + rc + rt}[m]$$
$$\text{전동차, 전기차} \Rightarrow \quad S_2 = \frac{V}{3.6}t_1 + \frac{4.29V^2}{fdm}[m]$$
$$= \frac{V}{3.6}t_1 + \frac{4.29V^2}{\frac{P}{W}fm + \pm rg + rc + rt}[m]$$

3.2 감속도를 통한 전제동거리 산출

$$S = \frac{V}{3.6}t_1 + \frac{V^2}{7.2A}\,[m]$$

4. 제동시간(t) 산출

제동시간(t)은 공주시간(t_1)과 실제동시간(t_2)의 합으로 구한다.

공주시간(t_1)은 제동의 방법, 열차의 종류, 편성량수에 따라 영향을 받으므로 일정한 공식을 산출할 수 없어 실험결과에 의한 값을 사용한다.

(단위: 초)

열차종류	연결량수	비상제동	상용제동
여객열차	약 11량~36량	2 ~ 3	6 ~ 7
화물열차		6 ~ 8	12 ~ 14
전동차	10량 편성	1.5 ~ 2	3 ~ 3.5

[표 5-6] 공기제동의 공주시간

실제동시간(t_2)은 평균감속력(Fdm)을 통해 산출할 수 있다. 실제동시간 산출 공식은 다음과 같다.

$$A = \frac{\frac{V}{3.6}}{t_2}, \quad m = \frac{1000}{9.8}W$$

$$Fdm = m \times A[kgf] \Rightarrow Fdm = \frac{1000}{9.8}W \times \frac{\frac{V}{3.6}}{t_2} = \frac{28.35\,WV}{t_2}[kgf]$$

$$\therefore Fdm = \frac{28.35\,WV}{t_2}[kgf], \; fdm = \frac{28.35\,V}{t_2}$$

여기에 회전부분의 관성계수(일반열차: 0.06, 전기차 및 전동차: 0.09)를 고려하면

$$\text{일반열차} \quad \Rightarrow fdm = \frac{28.35\,V}{t_2}(1+0.06) = \frac{30\,V}{t_2}$$

$$\text{전기차, 전동차} \quad \Rightarrow fdm = \frac{28.35\,V}{t_2}(1+0.09) = \frac{31\,V}{t_2}$$

위 식에서 실제동시간(t_2)를 구하면 다음과 같다.

$$\text{일반열차} \Rightarrow t_2 = \frac{30V}{fdm}$$

$$\text{전기차, 전동차} \Rightarrow t_2 = \frac{31V}{fdm}$$

공주시간과 실제동시간의 합인 제동시간의 공식은 다음과 같다.

$$\text{일반열차} \Rightarrow t = t_1 + \frac{30V}{fdm} = t_1 + \frac{30V}{\frac{P}{W}fm + \pm rg + rc + rt}$$

$$\text{전기차, 전동차} \Rightarrow t = t_1 + \frac{31V}{fdm} = t_1 + \frac{31V}{\frac{P}{W}fm + \pm rg + rc + rt}$$

제4절 전기제동

1. 발전제동

1.1 개요

철도차량의 견인전동기를 발전기로 전환시키면 주행 중 발생하는 운동에너지를 전기적 에너지로 변환 시킬 수 있다. 여기서 발생되는 전기에너지를 저항기에서 열에너지로 소비하는 것을 발전제동이라고 한다. 견인전동기를 차량의 운동에너지에 의해 발전기로 동작시키면 전기자에 흐르는 전류의 방향이 전동기일 때와 반대로 흐르게 되어 전기자에서 차축의 회전방향과 반대방향의 역회전력을 발생시켜 차축에 브레이크 작용을 수행한다.

1.2 발전제동의 회로구성

주행 중 철도차량의 견인전동기를 발전기로 구동하는 경우에 잔류자기에 의해서 전압을 발생하지만 브레이크 전류는 역행전류와 역방향으로 흐르므로 잔류자기는 소멸되어 발전제동이 이루어지지 않는다. 발전제동을 수행하기 위해서는 계자의 접속을 바꾸어 전류의 자속을 잔류자계와 동일방향으로 할 필요가 있다. 또한 2대의 견인전동기를 병렬로 하여 발전기로 구동하는 경우에는 한쪽의 전압이 높으면 전압이 낮은 발전기로 횡류가 흘러서 자계를 약화시키고 결국은 계자의 극성이 역으로 되어 단락 상태로 된다. 따라서 병렬운전시의 부하를 평형 시키기 위하여 계자교환식 또는 균압선식을 사용하고 있다.

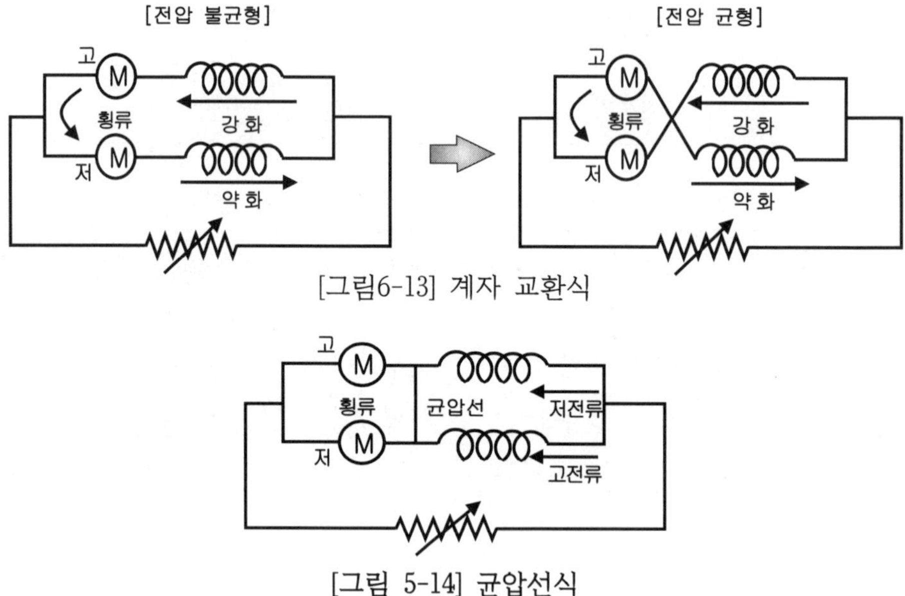

[그림6-13] 계자 교환식

[그림 5-14] 균압선식

1.3 발전제동의 특성

발전제동도 기동제어와 동일하게 저항을 가감하여 제동전류를 제어하여 제동력과 속도를 제어한다. 이 경우 속도와 전류의 관계는 아래의 제동 노치곡선과 같다.

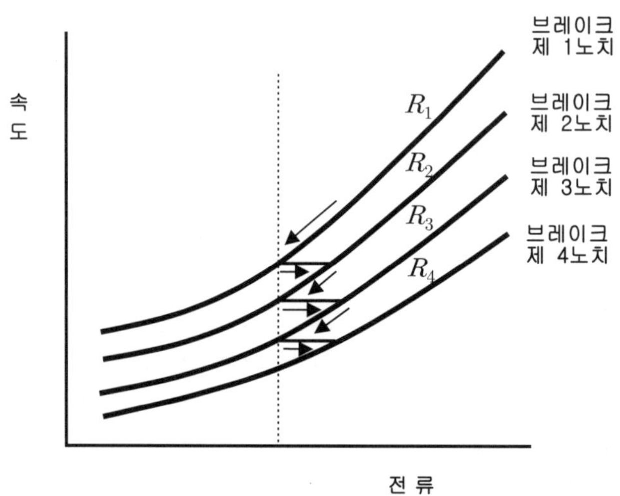

[그림 5-15] 제동노치곡선

정차하는 경우 제동력을 일정하게 유지하기 위하여 한류계전기를 사용하여 전류를 거의 일정하게 하고 자동적으로 속도 저하에 따라 저항을 감소시켜 제동력을 유지한다. 발전제동은 속도의 변화에 대해서 거의 일정한 제동력이 얻어지지만 10km/h 전후 저속에서는 제동력을 거의 상실하게 되기 때문에 공기제동과 병행하여 사용된다. 열차가 고속에서는 유기전압이 높고 대전류가 흘러 견인전동기의 절연파괴 등을 일으킬 우려가 있기 때문에 견인전동기의 용량은 크게 하고 과전류 및 과전압에 대한 보호 장치가 설치되어야 한다. 이러한 발전제동의 특성에 따른 발전제동의 장·단점을 살펴보면 다음과 같다.

(1) 발전제동의 장점

① 공기 제동시 발생할 수 있는 찰상, 차륜이완 등의 현상이 발생하지 않는다.
② 제동 작용의 응답속도가 빨라 공주시간이 단축된다.
③ 속도변화에 대응하여 균일한 감속력을 얻을 수 있다.
④ 공기 제동시 차륜과 제륜자의 마찰에 의해 발생되는 철분에 의한 환경오염 또는 기계장치의 오염 등이 발생하지 않는다.
⑤ 하구배에서 균일한 속도제어가 가능하므로 열차의 평균속도가 향상된다.
⑥ 차륜, 제륜자 및 기초제동장치가 마모가 없어 경제적이다.

(2) 발전제동의 단점

① 전기제동장치의 고장 및 저속도에서 제동력의 급감에 따라 공기제동장치를 같이 설치해야 한다.
② 발전 제동시 발생된 전기에너지를 소비시킬 수 있는 저항기를 설치해야 한다.
③ 발전 제동시 견인전동기의 부하율이 높아지므로 견인전동기의 용량을 증대할 필요가 있다.
④ 발전제동에 필요한 별도의 전기장치가 필요하다.

2. 회생제동

2.1 개요

회생제동 방식은 전기차의 견인전동기를 발전기로 변환하여 전기를 생성하고 발생된 발전전압은 전차선보다 높으면 전차선으로 보내져서 역행중인 다른 열차에 공급하거나 변전소에 반송시키는 방법으로 전력 소비를 절약하거나 변전소의 설비 용량을 감소시킨다. 회생제동은 발전제동에 사용되는 대용량의 저항기를 필요로 하지 않는다.

2.2 회생제동의 원리

유도전동기에서 회전자계의 속도보다 회전자의 속도가 크게 되면 유도발전기로 전환되어 전기를 발생하게 된다. 이를 위해 전원주파수를 감소시켜 회전자의 속도를 회전자계의 속도보다 높게 만들어 유도발전기로 전환시키게 된다. 유도발전기로 전환되면 전류의 방향이 역행 때와는 반대로 됨으로써 회전자에 역회전력이 발생되어 제동력이 발생되게 된다.

2.3 회생제동의 특성

(1) 회생제동으로 발생된 발전 전압은 전차선 전압보다 높지 않으면 전차선으로 전기를 공급할 수 없기 때문에 전차선 전압에 의해 발전전압의 크기가 결정되어야 한다.

(2) 회생제동은 속도가 변화하여도 전차선 전압에 의해 결정된 발전전압을 일정하게 유지할 필요가 있다. 회생제동으로 발생되는 전압은 회전자의 속도와 자속에 비례하여 증가하므로 일정한 전압을 유지하기 위해 고속에서는 계자를 약하게 하여 자속을 줄여주고 저속에서는 계자를 강하게 하여 자속을 크게 해주어야 한다.

제6장 운전계획

제1절 운전계획 일반

1. 운전계획의 개요

운전계획은 제조업에 비유하면 생산계획에 해당된다. 현대사회의 기업환경은 국경없는 글로벌 경영환경에서 보이지 않는 치열한 무한경쟁을 하고 있으며, 그 중심에는 고객이 존재하고 있다. 고객의 니즈를 정확히 예측하고 감동을 주는 상품을 적기에 생산하는 생산계획의 중요성은 이루 말할 수가 없다.

철도의 기본사명은 고객을 목적지까지 안전, 신속, 정확하게 수송하는데 목적이 있다. 따라서 운전계획은 수송수요를 예측하고 수송수요에 적합한 차량을 산정하여야 한다. 이를 바탕으로 선로 및 철도차량의 특성 등에 알 맞는 운전선도를 설계하고, 최종적으로 열차운행다이아그램을 작성하여 최적의 수송력 창출과 적정한 인력산출 및 차량운용으로 효율을 극대화 시키는 중요한 계획이다. 그러므로 운전계획에는 열차계획, 차량계획, 설비계획, 인력계획 등이 충분히 검토되어 수립되어야 한다.

2. 운전계획의 적용범위

철도교통의 3요소는 철도교통수단, 철도교통시설, 이용고객이다. 이러한 3요소가 균형을 유지하여야 철도교통의 기능을 발휘할 수 있다. 따라서 철도교통수단, 철도교통시설, 이용고객의 적절한 균형을 위해서는 신설노선의 경우 건설단계에서부터 노선규모 및 기능의 검토와, 운전계획의 범위가 결정되어야 한다.

2.1 노선 규모 및 기능의 검토

가. 영업시간 범위
나. 최소운행시격
다. 1일 열차운행 횟수
라. 차량 보유 편성수
마. 열차 운행제어 설비의 가능 수준
바. 각종 운전설비의 규모, 형식, 부설 위치
사. 소요인력 및 확보 대책

2.2 운전계획의 범위

가. 열차계획: 운행소요시간, 수송량 및 열차횟수 등에 따른 열차운행 DIA 작성
나. 차량계획: 차량종별 결정, 보유량, 차량운용
다. 설비계획: 배선구조 및 역사의 구조 및 위치 선정
라. 인력계획: 필요인력 산출, 확보 및 양성

3. 수송수요 검토

운전계획의 수립에서 가장 기초가 되는 것이 수송수요의 검토이다. 검토된 수송수요를 기반으로 건설하고자 하는 당해 선구 및 노선의 시설 및 설비규모의 결정, 운행횟수, 운행속도가 결정된다. 수송수요는 운전계획 뿐만 아니라 영업계획 수립의 기초가 되는 예측 수송량이다.

3.1 수송수요 예측방법

가. 최소자승법
과거 수송실적의 평균 편차를 감안하여 연차적으로 편차만큼 증가할 것으로 추정하는 방법

나. GNP회귀분석법
과거의 GNP성장과 수송실적의 증가는 함수관계에 있다고 보고 앞으로 GNP성장 여하에 따라 수송수요의 변동을 추정하는 방법

다. 인구 · GNP회귀분석
과거 인구 및 GNP성장과 수송실적의 여러 가지 상관관계로 수요의 창출 관련도가 깊은 인구 · GNP지표에 따라 수송수요를 추정하는 방법

라. GNP탄성치에 의하는 방법
최근 GNP와 수송수요의 탄성관계에서 수송수요를 산출, 추정하는 방법으로 경기변동을 감안할 수 있으므로 현재 가장 많이 사용하고 있음.

3.2 수송수요에 따른 도시철도 건설기준

3.1.1 중량전철

가. 도시규모 : 원칙적으로 인구 100만 명 이상의 도시로 하되, 교통수요가 있을 경우에는 예외로 한다.

나. 교통수요

1) 시간 · 방향당 첨두시 최대 혼잡구간 수송수요가 개통 후 10년 이내에 4만 명(중량전철)~2만 명(중량전철) 수준으로 예측되는 간선 노선을 원칙으로 하되

수요산정은 다음과 같이 한다.

- 중량(重量)전철 수요산정: 1편성 8량×20회×160명×혼잡도150% = 38,400명
- 중량(中量)전철 수요산정: 1편성 6량×20회×128명×혼잡도150% = 23,040명

2) 기존 노선과의 연계를 위하여 중량전철 시스템 도입이 불가피한 노선은 교통수요가 이에 미달하더라도 적용한다.

다. 재정여건

1) 총 사업비중 부채성 자금에 의한 조달이 최대 10% 이내로서, 총사업비의 90% 이상을 국고를 포함한 지방자치단체 자기자금으로 조달할 수 있는 경우에 건설한다.

3.1.2 경량전철

가. 도시규모: 원칙적으로 인구 50만 명 이상의 도시로 하되, 교통수요가 있는 경우에는 예외로 한다.

나. 교통수요

1) 시간·방향당 첨두시 최대 혼잡구간 수송수요가 개통후 10년 이내에 1만 명 수준으로 예측되는 노선을 원칙으로 하되 수요산정은 다음과 같이 한다.

- 경량전철 수요산정 : 1편성 4량×20회×100명×혼잡도 150% = 12,000명

2) 기존 노선과의 연계를 위하여 경량전철 시스템 도입이 불가피한 노선은 교통수요가 이에 미달하더라도 적용한다.

다. 재정여건

1) 총 사업비중 부채성 자금에 의한 조달이 최대 10% 이내로서, 총사업비의 90% 이상을 국고를 포함한 지방자치단체 자기자금으로 조달할 수 있는 경우에 건설한다.

3.2 교통량 조사 방법 및 분석

3.2.1 조사 방법[2)]

가. 시계열분석법

시간적 경과에 따른 과거의 변동을 통계적으로 분석하고, 장래수요를 예측하는 방식

나. 요인분석법

어떤 현상과 몇 개의 요인변수와의 관계를 분석하고, 그 관계로부터 장래수요를 예측하는 방법

2) 곽정호, 도시철도운영총론, 골든벨, 2014, pp.361~362

다. 원단위법

대상지역을 여러 개 교통구역으로 분할하여 원단위 결정에서 장래수요를 예측하는 방법

라. 중력 모델법

두 지역 상호간 교통량이 양 지역의 수송수요원의 크기에 비례하고, 양 지역간 거리에 반비례하는 원리를 적용하여 예측하는 방법

마. OD(Origin Destination)표 작성법

각 지역의 여객 또는 화물의 수송경로를 몇 개의 구역으로 분할하고 각 구역 상호간 교통량을 출발과 도착 양면에서 작성한 OD표를 기초하여 수요를 예측하는 방법

3.2.2 교통량 분석

가. 통행실태 분석내용

- 총 통행량 및 증감추이
- 목적별 통행량 및 증감추이
- 수단별 통행량 및 증감추이

나. 대중교통운행실태 분석내용

- 대중교통수단 종류, 노선현황, 운행횟수, 수송인원, 주행속도, 혼잡률
- 택시보유대수, 수송인원, 주행속도 등 운행실태
- 도시철도 노선현황, 역별 승하차인원, 운행시격, 열차편성 및 운행횟수, 혼잡도 등 운송실태

다. 주요 가로 및 교차로 소통실태 분석내용

- 구간별 교통량 및 주행속도 현황(1일 교통량, 첨두시간교통량)
- 가로 및 교차로의 서비스 수준 분석결과

라. 교통시설물 이용실태

- 철도, 터미널, 공항, 항만 등 주요 교통유발시설의 1일 및 첨두시 발생 · 도착 통행량

4. 수송량과 수송력

수송력은 여객이나 화물수송으로 구분되며, 일반적인 교통기관의 여객수송량을 측정하는 기준은 인구권, 역세권으로 결정되어지고, 화물수송량을 측정하는 기준은 산업의 형태, 화물발생인자 등을 기준으로 결정된다.

일반철도에서는 수송력을 수송효과성 정도인 수송효율로 판단하고 있지만 도시철도는 여객수송만을 전담하기 때문에 수송효율만 가지고 판단할 수는 없다. 즉 대중교

통수단으로서의 서비스 측면의 편의성이 우선되어야만 하므로 운행시격을 고려하여 수송력의 적정여부를 결정하여야 한다.

4.1 수송력과 수송량

4.1.1 수송력 산출

가. 일반철도
- 수송력: 열차km, 차량km
- 수송량: 여객은 승차인원, 화물수송은 Ton

나. 도시철도
- 수송력: 승차인원 × 1량 평균정원
- 승차인원: 편성량수 × 1량 평균정원
- 운행시격: 1시간당 운행 횟수(60분÷운행횟수)
- 운행횟수: 단위시간 재차인원 당 수송력(단위시간 재차인원÷수송력)이며, 출퇴근 시간대, 평시, 새벽 또는 심야시간대로 구분하여 적정시격을 결정한다.

4.1.2 수송량과 열차횟수

가. 수송량 일정
- 승차인원: 편성량 수 × 1량 평균정원 × 승차효율
- 승차효율: $\frac{\text{열차승차인원}}{\text{1량정원} \times \text{연결량수}} \times 100(\%)$
- 열차횟수: $\frac{\text{수송량}}{\text{승차인원}}$

나. 편성량 수 및 승차효율 일정
- (수송량 + 수송량의 증가분) ∝ (열차횟수 + 증가분)

다. 수송량과 열차횟수와의 관계

일정한 수송량에 대해서 열차의 수송력이 작아지면 열차횟수는 증가하고, 열차횟수가 작아지면 수송력은 커진다. 이 때 수송력의 크기는 동력차의 견인정수 · 선로 유효장 · 승강장 길이 · 운전설비 등에 의하여 제한을 받는다.

5. 혼잡도

혼잡도는 열차나 승강장 등의 정해진 공간에 여객이 점유하고 있는 비율을 나타내는 것으로 도시철도운영기관에서는 정거장 내의 혼잡도와 열차 내의 혼잡도를 관리하고 있다. 따라서 정거장의 시설규모와 열차의 승차인원과 운행시격에 의해 영향을 받는다. 승차인원이 많거나 운행시격이 길면 혼잡도는 증가하므로 혼잡도가 정해진 기

준 이하가 유지되도록 열차운행계획 설계에 반영하여야 한다.

5.1 승강장 등의 혼잡도 적용

가. 대기공간의 일반적인 서비스 수준

서비스 수준	공간 (m^2/인)	평균간격 (cm)	밀도 (인/m^2)	상 태
A	1.3 이상	120 이상	0.8 이하	자유흐름의 영역
B	1.0~1.3	105~120	1.0~0.8	타인을 무리 없이 통과 가능
C	0.7~1.0	90~105	1.4~1.0	타인 통과시 불편을 끼침
D	0.3~0.7	60~90	3.3~1.4	타인과의 접촉 없이 대기 가능
E	0.2~0.3	60 이하	5.0~3.3	타인과의 접촉 없이 대기 불가능
F	0.2 이상	꽉찬 상태	5.0 이상	타인과의 밀착, 심리적 불쾌상태

자료: John J Fruin 이론, 재구성

투자재원의 효율성과 사회적·경제적인 측면을 고려하여 이용고객의 수가 가장 많은 시간대를 기준으로 승강장 및 내·외부 계단의 서비스 수준을 D, 환승통로에서의 서비스 수준을 E로 한다.

5.2 열차의 혼잡도 적용

도시철도에서의 열차 내의 혼잡도는 일반적으로 객실 정원을 혼잡도 100%로 하여 산출하며, 도시철도를 운영하는 각 지자체마다 차이는 있지만 경제적인 면을 고려하여 혼잡도는 200% 내외를 기준으로 하고 있다.

가. 혼잡도 산출

- 혼잡도(%) = $\frac{\text{총 재차인원}}{\text{열차당 정원}} \times 100$
- 혼잡도 100%: 정원
- 정원: 선두(TC)차 148명(좌석 48명, 입석 100명)
  중간차 160명(좌석 54명, 입석 106명)이므로, 8량 기준 1개 열차 정원은 1,256명

나. 열차의 혼잡도 적용(혼잡도별 입석승객 밀도)

혼잡도 (%)	입석 승객밀도(인/m²)		비고
	대형전동차 (A형)	중형전동차 (B형)	
100	2.9	2.9	입석승객 밀도: 차량 내 좌석면적을 제외한 입석 바닥면적에 탑승한 승객의 수를 나타내는 것으로서 차량 혼잡도를 가늠하는 실제적인 기준치
150	5.0	5.3	
200	7.2	7.6	
240	9.0	9.5	
270	10.3	10.9	
300	11.6	12.3	

자료: 도시철도운영총론, 곽정호, 2014, p.366, 재구성

6. 운행시격(Headway)

6.1 운행시격의 개요

운행시격이란 동일한 선로를 운행하는 앞서가는 열차와 뒤따라가는 열차와의 시간차로서 배차간격을 말한다. 운행시격은 계획 수립단계에서부터 합리적으로 설정되도록 제한성 수용원칙, 수송수요 수용원칙, 효율성 확보원칙 순을 고려하여 신중하게 설정하여야 한다.

6.2 운행시격의 종류

운행시격의 종류는 최소운행시격(Minimum Headway), 수요시격(Demand Headway), 편의시격(Convenience Headway), 조정시격(Adjustment Headway), 경제시격(Economy Headway), 선형시격(Track-Type Headway) 등으로 구분할 수 있다. 본서에서는 열차운행과 관련하여 최대수송력을 발휘하기 위한 안전 확보에 직접적인 제한을 받는 최소운행시격에 대해서 간략히 설명하기로 한다.

6.2.1 최소운행시격(Minimum Headway)

앞 열차와 뒤따라오는 열차 간의 진행신호에 의하여 정상운행을 할 때, 뒤따라오는 열차가 항상 앞서가는 열차에 지장을 받지 않고 진행할 수 있는 최소한의 운행시격이다.

가. 최소운행시격 결정시 고려사항

- 최소운행시격은 건설 설계단계에서부터 고려되어야 하며, 이를 바탕으로 해당 건설노선의 각종 시스템 성능수준을 결정하여야 한다.

- 최소운행시격은 열차 간격제어의 방식, 폐색구간, 열차편성, 가감속도 및 구내 배선 등 각종 시스템 요소들에 의해 결정되므로, 열차계획 수립 시 지연회복 등을 고려하여 최소운행시격보다 약 10초 이상 여유를 두고 열차 DIA를 설계하고 있다.

나. 최소운행시격 결정에 영향을 미치는 요인
- 폐색시스템 성능 수준
- 차량길이 및 성능(가속도, 감속도)
- 정거장 정차시간
- 폐색구간 길이
- 신호조건(기울기 · 곡선 · 선로구조)

제2절 열차계획

1. 열차계획의 개요

열차계획은 수송수요를 예측하고 이에 적합한 최적의 합리적인 수송력을 창출하여 운영효율을 극대화 시키는데 그 목적이 있다. 그러므로 앞 절에서 살펴본 바와 같이 정확한 수송수요, 수요추이, 수요파동 등을 예측할 수 있는 자료를 확보하고, 장래의 변화예측 및 지역적 사정과 시간적인 특수성 등을 고려하여 수송수요에 상응하는 수송력을 계획하여야 한다.

작성 프로세스는 선형 및 전동차 특성 등을 반영하여 운전선도를 작성하여 구간별 운전시분, 전력 소모량을 산출한 다음, 산출된 데이터를 기초로 역별 정차시분을 반영하여 노선을 운행소요시간과 표정속도를 산출하고, 예측된 수송수요에 대응하는 합리적인 운행시격을 결정하여 열차운행다이아그램을 작성한다.

끝으로 작성된 열차다이아그램을 근거로 전동차운행표, 운전시각표, 승무원근무표를 작성하며, 또한 열차운행 계획상 원활한 열차운행 및 비상대기 전동차 운영을 위한 운전설비계획 수립에 활용한다.

2. 운전선도(Run Cure Diagram)

운전선도는 표시기준이나 작성방법에 의하여 거리기준 운전곡선도 및 시각기준 운전곡선도로 구분할 수가 있다. 운전선도는 열차의 운전속도, 주행거리 운전시분, 전력소모량 등의 상호관계를 역학적으로 표시한 도표로서 주로 열차운전계획에 사용한다.

2.1 거리기준 운전선도

가로축에 거리를 표기하고 세로축에는 속도, 시간, 전력량 등을 표기하여 도시한 운전곡선도로서 열차의 위치 파악이 용이하고, 임의의 위치에서의 속도와 소요시간을 편리하게 알 수 있으므로 가장 많이 사용되고 있다. 또한 운전패턴에 따라 속도곡선, 전력량곡선, 시간곡선으로 구분하여 사용한다.

가. 속도곡선

전동열차의 가속력, 감속력, 선로조건에 따른 제한 속도 등을 바탕으로 작성한 운전속도와 시간과의 관계를 표기한 곡선도이다.

나. 전력량곡선

전동열차 운행시간의 흐름에 따른 각 시간대별 변화하는 전력소모량을 표기한 곡선도이다.

다. 거리곡선

전동열차의 주행거리에 따른 운행시분의 변화 곡선으로 시간이 변화하면서 이동하는 열차의 위치를 표기한 곡선도이다.

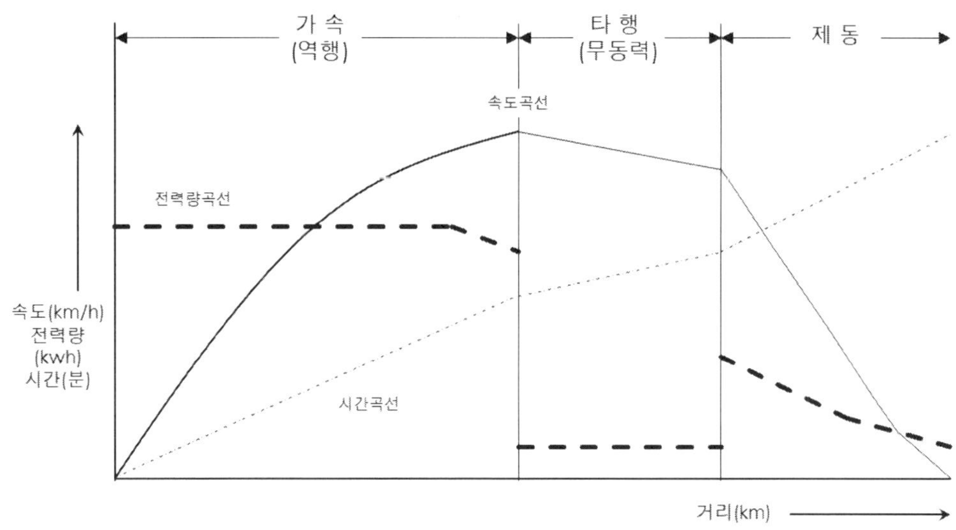

[그림 6-1] 거리기준 운전선도

2.2 시각기준 운전선도

가로축에 시간, 세로축은 속도, 전력량, 거리 등을 도식한 운전곡선도이며, 이 곡선도는 열차의 가속도와 동력 소비량의 산출이 용이한 반면, 거리가 면적에 의해 표시되기 때문에 열차의 위치 파악이 어렵고 제반 운전업무의 자료로 이용하기가 불편하여 현재 철도에서는 잘 사용되지 않는다.

2.3 운전곡선도(Run Cure Diagram)의 사용

가. 최소운행시격 검토자료
나. 표정속도 결정
다. 차량 소요판단 검토자료
라. 구간별 소요시분 산정자료
마. 경제적 운전을 위한 주행패턴 검토자료
바. 철도노선의 신설 및 개량 시 설계기준의 검토자료
사. 운전요원의 도상훈련 자료 활용 등

3. 운전시간

운전시간은 표정속도에 직접적인 영향을 주는 것으로, 운전시간을 부족하게 산정하면 해당구간을 운행하는 모든 열차에 지장을 초래하여 지연운행이 불가피하고, 너무 여유 있게 설정하면 저속운전에 따른 시간과 에너지를 낭비하는 결과를 초래한다. 따라서 운전시간의 사정은 매우 중요한 요소이다.

3.1 표준운전시간의 산정

신설노선의 경우 해당노선의 건설계획단계에서 작성된 운전선도에 의해 운전시간을 산출하여 활용한다. 그러나 운전선도에 기초한 운전시간의 산출은 이론적인 자료이므로 실제 열차계획에 적용하면 오차가 발생할 수밖에 없다. 따라서 운전시간의 측정은 Stopwatch 등을 활용하여 소요시간을 실측하여 사용하며, 오늘날 대부분의 도시철도운영기관에서는 실측된 소요시간을 기준으로 시간의 최소단위로 30초 단위를 절상, 절하 처리하여 사용하고 있다.

3.2 정차시간의 산정

도시철도는 일반철도와 다르게 고밀도 운행을 하기 때문에 열차의 정차시간이 표정속도에 미치는 영향이 매우 크다. 정차시간을 너무 여유 있게 설정하면 표정속도가 떨어져 운행시간이 길어지며, 너무 짧게 설정하면 혼잡역 등에서 고객의 승·하차 시 출입문 및 PSD 끼임 사고 발생의 개연성이 높으며, 열차 지연시 회복이 쉽지 않다. 그러나 현재 대부분의 도시철도운영기관에서는 고밀도 운행을 반영하여 열차의 정차시간은 30초, 경전철 노선은 20초를 기준으로 하되, 역별 승·하차 인원, 출입문 제어에 필요한 시간, 여유시간을 종합 고려하여 탄력적으로 가·감 설정하여 운영하고 있는 추세이다. 또한 건설계획단계에서 활용하고 있는 정차시간의 산출은 일본국철에서 실험을 기반으로 작성한 다음의 산식을 일반적으로 활용하고 있다.

$$\text{정차시간(Td)} = \frac{P1+P2}{\frac{60}{Th}\times n\times N\times F\times Q} + \text{출입문개폐시간} + \text{여유시간}$$

P1: 각역시간당 승차인원, P2: 각역 시간당 하차인원, $\frac{60}{Th}$: 시간당 열차횟수, Th: 최소운전시격(분), N: 차량의 출입문 수, n: 편성량 수, N: 차량의 출입문 수, Q: 불균등 인자(0.5), F: 초당 승 · 하차 인원

4. 열차 DIA(Diagram)

열차 DIA는 해당 노선의 하루 동안 운행되는 모든 열차의 운행스케줄을 한 장의 도표로 나타내는 그래프이다. 아래 [그림 6-2]는 열차 DIA를 작성하기 위한 설계과정을 나타낸 것이며, [그림 6-3]은 시간적 흐름을 기준으로 열차의 이동 상태를 거리별로 선으로 표시하여 해당 노선의 모든 열차의 운행상태를 알아볼 수 있도록 도식화한 것이다.

4.1 열차 DIA 구분

열차 DIA는 [그림 6-2]와 같이 가로축은 시각 단위, 세로축은 역간 운전시간 단위로 구분하여 표시하며, 열차종별, 정거장간 거리, 열차의 운행방향 및 운행위치별 운행시각, 운행시격, 정차역, 역별 정차시간, 정차역, 교행위치, 입고 및 출고 정보, 종착역의 반복시간 및 반복열차, 운행되는 열차 수, 유치역 및 유치선 진 · 출입 시각 등의 정보를 확인할 수 있다.

4.2 열차 DIA 종류

일반적으로 시간선 기준 열차 DIA의 종류는 크게 1시간 DIA, 10분 DIA, 2분 DIA, 1분 DIA의 4가지가 있으며 다음과 같다.

가. 1시간 DIA

시각선 기준을 1시간 단위로 작성한 DIA로서 노선 전체의 열차상태를 파악하는 데는 용이하며, 사용목적은 주로 장기계획, 시각 개정의 구상, 차량운용계획을 구상할 때 활용된다.

나. 10분 DIA

시각선 기준을 10분 단위로 작성한 DIA로서 열차횟수가 많은 노선에서 1시간 DIA를 대신하여 같은 목적으로 활용된다.

다. 2분 DIA

시각선 기준을 2분 단위로 작성한 DIA로서 일반적으로 철도 일반열차 등의 운행계

획 수립과 열차계획의 기본이 되며, 시각개정 작업, 임시열차 계획 등 정확한 시각을 표기할 필요가 있을 때 활용된다. 기입방법은 시각이 짝수 분일 때는 2분 눈금 선상에, 홀수 분일 때는 분과 분 사이 중간에 상행 또는 하행열차로 기입한다.

라. 1분 DIA

시간선 기준을 1분 단위로 작성한 DIA로서 열차운행 밀도가 높은 수도권 전철 및 서울을 비롯한 대도시 도시철도 구간의 전동열차운행 DIA로 이용된다. 시각 단위는 15초, 30초, 45초 단위를 기호화하여 기입한다. 아래 [그림 6-3]은 도시철도 구간의 1분 눈금 DIA이다.

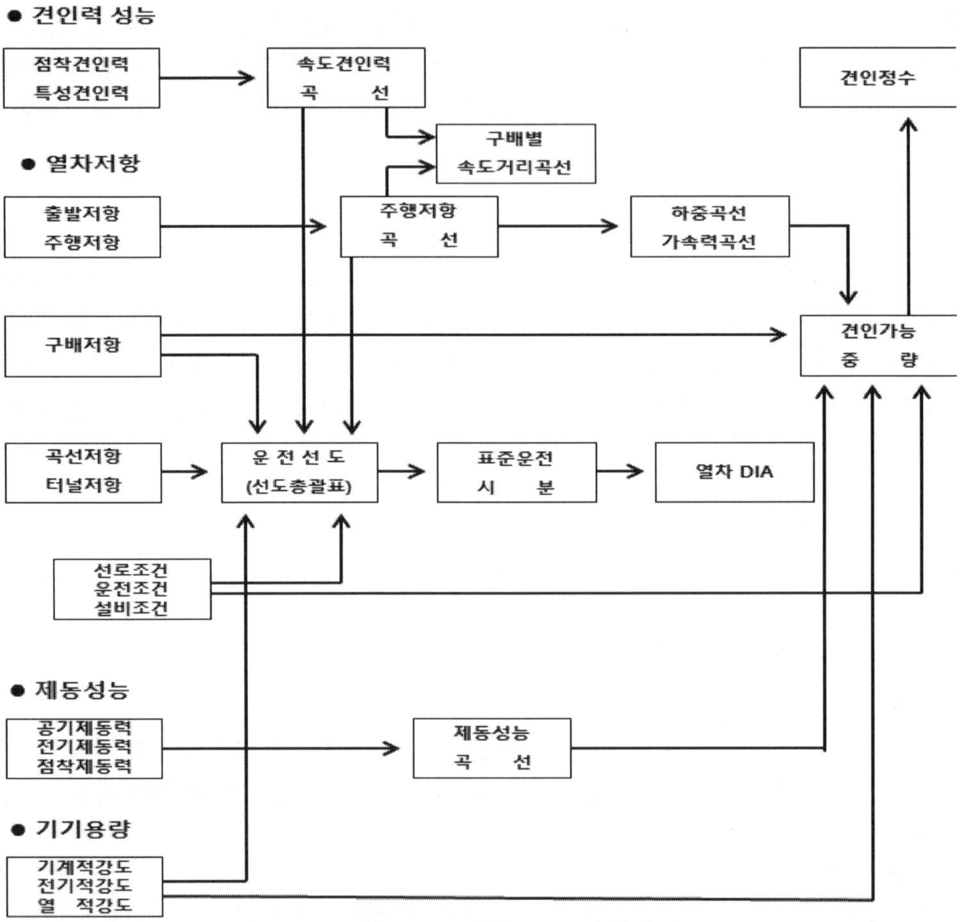

[그림 6-2] 열차 DIA 설계과정

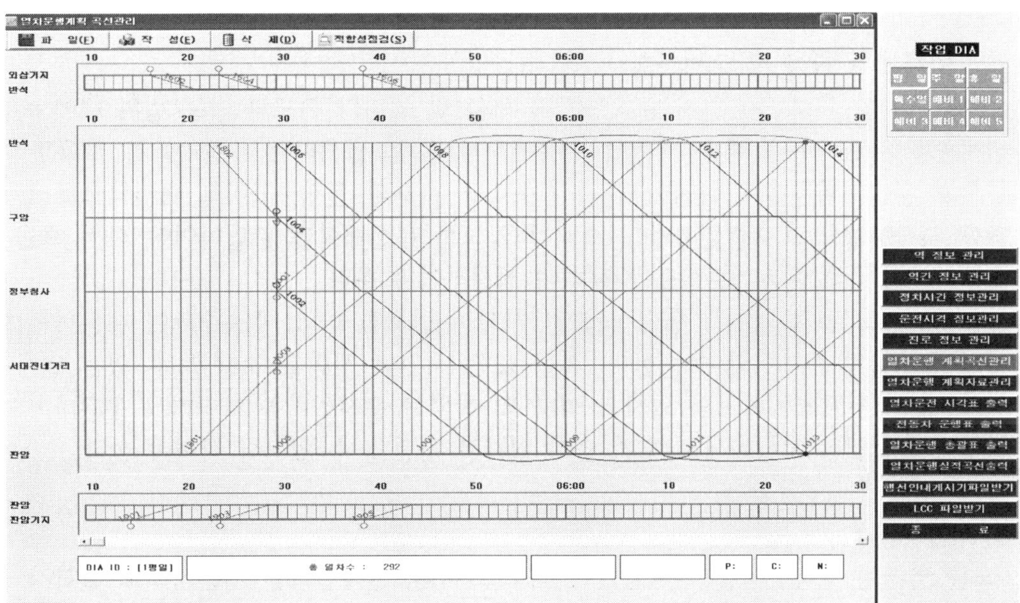

[그림 6-2] 대전도시철도 1호선 열차 DIA

4.3 열차 DIA 작성

열차 DIA 작성은 열차운행 스케줄을 작성하는 절차이며 관제시스템에 속해 있는 스케줄 프로그램(P Console, Train Schedule Program 등)을 활용하여 작성한다.

가. 작성방법

작성방법은 우선 운전선도를 바탕으로 역간 소요시간, 정차시간, 시발역 출발시간, 종착역 도착시간을 순차적으로 입력하여 작성한다. 작성이 끝나면 열차DIA와 운행되는 각 열차별 열차운행시각표, 운행되는 전동차별 각 전동차의 운행행로를 확인할 수 있는 기운용 DIA, 즉 전동차운행표가 생성된다.

나. 표기방법

일반적으로 노선명칭은 열차 DIA 상부에 표기하며, 여러 개의 선로를 기록할 때는 각 노선명의 상부에 표기한다. 그리고 작성 부서는 상부 여백에 기록하며, 열차번호는 [그림 6-2]와 같이 열차선에 연결하여 표기한다.

또한 열차 DIA의 정거장선은 가로선으로 표기하고 정거장을 순차적으로 나열하며 그 간격은 정거장간의 운전시분에 비례하여 구간을 나눈다. 시각선은 세로선으로 표기하고 좌측으로부터 우측으로 24시까지의 구간으로 나누어 하루 동안의 시각을 표기한다.

4.4 열차 DIA 작성 시 고려사항

열차 DIA 작성 시에는 먼저 운행노선의 시설 및 설비의 규모와 기능 범위 내에서 운전계획을 수립하여야 하는 제한성 수용원칙과 둘째, 발생하는 수송수요를 수용할 수 있도록 운전계획을 수립하여야 하는 수송수요 수용의 원칙, 그리고 마지막으로 불필요한 열차운행으로 수송원가가 상승되지 않도록 운전계획을 수립하여야 하는 효율성 확보원칙의 순으로 우선순위를 적용하여 작성하여야 한다.

즉 선로용량 범위 내에서 열차 상호간 지장이 없도록 하고, 수송수요에 대응하는 합리적인 수송력이 제공되어야 한다. 또한 짧은 시간의 지연을 수용할 수 있는 열차지연에 대한 탄력성의 확보와 열차의 회차 및 착발선 운전설비를 다양하게 운용하여 운행시격이 조밀한 노선에서도 지연 없이 열차를 운전할 수 있도록 하여야 한다.

4.5 열차번호

모든 열차는 고유번호를 부여함을 원칙으로 하며, 열차번호는 기본적으로 열차가 출발하는 역에서 부여하고, 최종 도착하는 역에 도착하면 소멸된다. 열차번호부여 기준은 다음과 같다.

가. 모든 열차마다 각각 다른 번호 부여(1일 1회 운행하는 열차는 1개의 번호 부여)
나. 시발역에서 종착역까지 동일한 열차번호 부여
다. 선로별, 방향이 다른 2개 이상 구간을 운행하는 열차는 시발역을 기준으로 부여
라. 동일노선의 열차번호는 열차 생성 시간적 순서에 의해 순차적 부여
마. 행선지 및 운행 방향을 구분할 수 있도록 부여
바. 상행열차는 짝수, 하행열차는 홀수 번호 부여
사. 시각별로 순차적으로 부여
아. 열차등급을 구분할 수 있도록 부여

제3절 차량계획 및 운전설비계획

1. 차량계획

차량계획은 차종선택, 보유량 수, 차량의 운용 등이 있지만, 본서에서는 운전계획을 바탕으로 해당 노선의 보유차량 편성 수 산출에 관한 부분만 설명하기로 한다.

1.1 소요차량 편성 수 산출

전동차의 소요 편성수를 과다하게 책정하면 차량기지의 건설비용 및 유지관리비용 등이 증가하고, 과소하게 책정하면 수송수요에 대응하는 수송력 제공이 어려워진다. 따라서 전동차의 적정한 소요 편성수 산정은 운전계획의 매우 중요한 요소에 해당된다.

1.1.1 소요차량 편성 수 산출 요소

가. 최소운행시격

나. 표정시분 및 표정속도

다. 종착역(회차역) 반복시간

라. 예비율

1.1.2 소요차량 편성 수 산출

전동차 총 보유편성 수를 산출하는 기본산식은 영업소요 편성수와 예비율을 합한 것으로 구하는 식은 다음과 같다.

총 보유 편성수(N)= $\frac{(T+t)\times 2}{P}$ + 예비율 이며,

영업소요 편성수(Nt)= $\frac{(T+t)\times 2}{P}$ 이다.

여기서 T: 표정시분(분), t: 양단역의 회차시분(분), P: 최소운행시격(분)

소요차량 편성수를 산출하는 산식은 위와 같으나, 계산된 산식을 실무에서 적용하기 위해서는 다음과 같은 요소를 적용하여 최종 산출하여야 한다.

- 상 · 하선으로 구분하여 투입되는 소요 편성수를 산출하여 합산한다.
- 운행 소요시간을 기준으로 최소운행시격 적용 점유비율을 반영한다.
- 산출 편성수가 소수점 이하인 경우 올림처리 한다.
- 예비율은 일반적으로 10~15%를 적용한다.

2. 운전설비계획

운전설비계획은 배선계획 배선형식, 유효장, 시설 및 설비의 수용성, 선로용량 등이 있지만, 본서에서는 운전계획을 바탕으로 해당노선의 시설 및 설비의 수용성 및 선로용량에 관한 부분만 설명하기로 한다.

2.1 시설 및 설비의 수용성[3)]

열차계획은 각종 운전설비의 기능 허용한계 범위 내에서 수립되어야 한다. 만약 운전설비가 계획된 운전취급상 기능을 수용할 수 없다면, 운행중단 또는 정해진 시간에 운행하지 못하는 계획지연이 발생한다. 따라서 운전설비계획은 시설 및 설비의 수용성이 필연적으로 검토되어야 한다. 여기서 수용성은 건설계획 단계에서 정한 기본 운영조건을 수용할 수 있도록 해당 시설 및 설비에 부여된 기능을 말한다. 수용성과 관련된 고려 및 검토사항은 다음과 같다.

- 기존 및 미래 건설계획 노선과의 연계수송
- 반복운행 및 회차설비
- 영업연장의 규모 및 단계별 개통계획
- 유지보수를 고려한 특수차량(모터카 등) 유치설비
- 야간 유치 및 비상시 고장차량 대피시설
- 영업중지 구간 단축 및 응급조치를 위한 대처방안
- 평면 및 종단 선형과의 부합성
- 지역 특성 및 역세권 현황에 따른 승강장 형태
- 역별 승객 편의 설비(E/L, 에스컬레이터) 수용성

2.2 선로용량

선로용량은 해당노선에서 화물 및 승객을 수송할 수 있는 수송능력을 나타내는 것으로 수송계획 자료로 활용하기 위해서 산출한다. 표시는 하루에 운행 가능한 최대열차회수로서 표시하며, 단선구간에서는 편도열차회수, 복선구간에서는 상 · 하행선 각각의 열차회수로 표기함을 원칙으로 한다.

2.2.1 선로용량 산출

도시철도 노선의 선로용량 산출 식은 다음과 같다.

가. 전동차 전용노선(단선) 선로용량(N)= $\frac{f \times T}{h}$

나. 전동차 전용노선(복선) 선로용량(N)=2× $\frac{f \times T}{h}$ 로 산출할 수 있다.

여기서, f: 선로이용률(75%), h: 운행시격(분)을 뜻한다.

3) 철도공사인재개발원, 전게서, pp.118~119

그리고 선로용량은 위 산출 식으로 구할 수 있지만, 기본적으로 수요에 의해 영향을 받으며 다음과 같은 요소에 의해 결정된다.4)

가. 열차속도(운전시분)
나. 열차 간 운전속도의 차이
다. 열차 종별 운행순서 배치
라. 역 간 거리와 구내배선
마. 열차취급 시분
바. 신호 및 폐색방식
사. 열차유효시간대
아. 선로보수시간
자. 열차여유시분

여기서 가~바 까지는 선로용량한계 계산에 영향을 미치는 요소이며, 사~자 까지는 현실적 선로용량 산정에 영향을 미치는 요소이다.

2.2.2 선로용량의 구분

가. 설계용량(한계용량)

운영기준을 반영하지 않고 시스템의 기능으로 소화할 수 있는 최대 열차운행 횟수를 말한다. 즉 해당선로에 한도 이상의 열차를 산정하면 기술적, 물리적으로 열차를 운행할 수 없다고 판단되는 한계열차회수를 한계용량이라고 한다. 선로보수시간, 열차취급시간 등에 대하여는 고려하지 않고 산정한 것으로 실제 사용 가능한 선로용량계산의 과정으로서 수치이다.

나. 운용용량(실용용량)

한계용량에 반대되는 것으로 열차운행 유효시간, 보수시간, 열차운전취급시간, 지연시간, 운전시간의 여유시분 등을 고려하여 산정한 용량으로, 제반계획의 기본이 된다. 일반적으로 선로용량이라고 하면 실용용량을 말하며, 산식은 다음과 같다.

- 실용용량 = 한계용량 × 선로이용률

다. 경제용량

경제성을 최우선으로 고려한 용량으로서, 최저 수송원가로 운행하는 노선의 열차

4) 철도공사인재개발원, 전게서, pp.129~130

횟수를 경제용량이라고 한다. 수송력 증대방안의 선택이나 신규노선 건설시 착공시기의 지표로 활용한다.

2.3 선로이용률

선로이용률은 선로용량을 산출하기 위한 기초자료로서 하루 24시간 동안 열차운행이 가능한 시간의 점유비율을 말한다.

2.3.1 선로이용률 영향요소

가. 수송량 및 종류에 따른 노선의 성격

나. 여객열차와 화물열차의 회수 차이

다. 시간대별 열차운행률

라. 역간 상선과 하선의 거리 및 장단에 따른 운행시간 차이

마. 열차운행 횟수

사. 인위적 취급으로 인한 설정불용시간

아. 열차운전시간에 포함된 여유시분

자. 열차지연

2.3.2 선로용량의 변화

가. 열차설정을 크게 변경시켰을 경우

나. 열차속도를 크게 변경시켰을 경우

다. 폐색방식이 변경되었을 경우

라. ATP/ATO, ATC, ATS 구간에서 폐색신호기 또는 폐색구간 거리가 변경되었을 경우

마. 선로조건이 근본적으로 변경되었을 경우

2.4 선로용량의 부족[5]

2.4.1 선로용량부족에 따른 문제점

가. 열차운전시분 증가

나. 열차표정속도의 저하

5) 철도공사인재개발원, 전게서, p.132

다. 유효시간대의 열차설정 곤란

라. 만성적인 열차지연의 발생

마. 차량운용 및 승무원 운영의 비효율 초래

2.4.2 선로용량 증대방안

가. 폐색 및 신호취급방법 개선 및 설비보강과 시설개량

나. 열차 DIA의 조정 및 증설

다. 폐색방법 및 구간 조정 등을 통한 운전시격의 단축

제7장 차량의 진동

제1절 철도차량의 진동

철도차량은 차체, 대차, 윤축(차축)의 3부분으로 구성되어 있고, 3자간의 결합관계는 볼스터 스프링, 차축 스프링과 차축상의 현가장치 및 차축저널 등으로 이루어져 있으며, 스프링 아래(하) 중량과 스프링 위(상) 중량은 차량이 진행시 상하, 좌우, 전후방향으로 직선진동과 회전진동 운동을 일으킨다. 이와 같이 차량이 진행 시 운동을 구분하여 진동과 동요로 나눈다.[6)]

1. 철도차량 진동의 종류

1.1 직선진동

차량이 진행시 차륜과 레일의 불규칙성은 직선을 포함한 곡선부에서 수직 및 수평진동 모두를 발생시킨다. 여기서 직선진동이라 함은 [그림 8-1]과 같이 x, y, z축을 기준으로 직선으로 나타나는 진동을 일으키는 것으로 다음과 같다.

가. x축 방향: 전 · 후 진동

나. y축 방향: 좌 · 우 진동

다. z축 방향: 상 · 하 진동

1.2. 회전진동

차량이 진행시 직선적 진동과 병행하여 회전진동을 일으킨다. 여기서 회전진동이라 함은 [그림 8-1]과 같이 x, y, z축을 기준으로 회전진동을 일으키는 것으로 다음과 같다.

가. x축을 기준으로 회전: 로우링(Rolling)

나. y축을 기준으로 회전: 핏칭(Pitching)

다. z축을 기준으로 회전: 사행동(Yawing)

---

6) 안승호, 김병수, 전기차운전이론, 삼성종합출판사, 2004, p.125

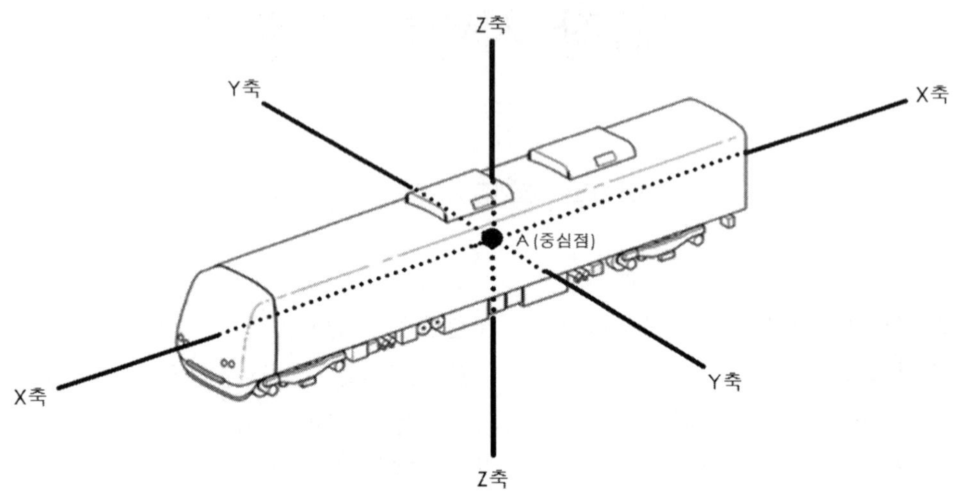

[그림 7-1] 철도차량 진동

1.3 진동의 구분

[그림 8-1]과 같이 철도차량은 6개의 자유도 진동계를 가지고 있다. 3개의 진동은 선로에 대한 스프링 아래 중량에 대한 상대운동(선로에 가장 가까운 차축 스프링의 아랫부분의 중량으로 윤축, 축상장치가 포함되며, 전동차는 견인전동기 구동장치도 포함된다)이며, 나머지 3개는 스프링 위 중량에 대한 상대운동이다. 여기서 선로에 대한 스프링 아래 중량의 상대운동은 좌우진동, 전후진동, 사행동이며, 스프링 위 중량에 대한 상대운동은 핏칭(Pitching)진동, 로우링(Rolling)진동, 상하진동을 말한다.

또한 철도차량의 진동에서 10Cycle 이상의 고주파수를 가진 것을 진동이라 하고 5Cycle 이하의 주파수를 가진 것을 동요라고 구분하여 사용한다.

2. 철도차량 진동의 발생원인[7]

2.1 선로에 의한 진동 발생 원인

가. 레일면의 불연속: 레일의 이음매, 분기기, 파상마모 등

나. 궤도부정: 고저광(상하요철), 통과광(좌우요철), 수준광, 궤간광 등

다. 궤도 곡률 변화: 캔트의 과부족, 완화곡선, 분기곡선 등

---

7) 김병수, 김연관, 안승호, 운전이론일반, 일진사, 2010, pp.141~142

2.2. 차량의 특성에 의한 진동 발생원인

가. 차륜 또는 대차의 사행동: 자려진동

나. 차량에 장착된 기기에 의한 진동: 공기압축기, 견인전동기 등

다. 축중이동: 열차의 가감속 시, 곡선 통과 등

라. 차체의 휨에 의한 진동: 주로 상하의 휨이나 비틀림

3. 철도차량의 진동을 감소시키는 방법[8)]

가. 각 차륜간의 부담중량을 균등히 한다.

나. 차륜 답면의 테이퍼를 최소화 한다.

다. 차축의 전후, 좌우간 유동을 적게 한다.

라. 좌우 차륜의 직경을 동일하게 유지한다.

마. 차륜의 후렌지와 레일간의 간격을 가급적 최소화 한다.

바. 대차의 스프링을 공기뎀퍼나 오일뎀퍼로 대체한다.

사. 대차의 상판 높이를 가급적 낮게 한다.

제2절 사행동(Snake motion)

1. 사행동 개요[9)]

철도차량의 윤축은 좌우 한 쌍의 차륜답면으로 구성되며, 차륜답면은 체이퍼 형상으로 되어 있어서 레일 위를 구르며 주행할 때 차량이 한쪽으로 쏠릴 경우에는 경사진 기울기(taper)로 인해 복원력이 작용하여 차량이 똑바로 주행하게 한다.

차륜답면이 테이퍼 형상으로 되어 있는 것은 주행의 안정성이라는 측면에서는 긍정적이지만 좌우의 직경차이 때문에 윤축이 한쪽으로 쏠렸다가 반대쪽으로 쏠리는 현상의 반복으로 인해 자려진동(Self-excited Vibration)이 되어 뱀이 운동하는 것처럼 지그재그로 전진하는 사행동을 한다. 비교적 낮은 속도에서 차체가 심하게 흔들리는 1차 사행동(차체 사행동)이 발생하다가 속도가 증가하면, 1차 사행동은 없어진다. 이 후 속도가 더 증가하면 대차가 심하게 진동하는 2차 사행동(대차 사행동)이 발생되며 이는 속

8) 철도인재개발원, 전게서, p.140

9) 안승호, 김병수, 전게서, pp.126~127

도가 계속 증가하여도 없어지지 않는 특성을 가진다. 끝으로 속도가 더욱 증가하면 운동역학적 주파수(Kinematic Frequency)가 대차 횡진동 고유진동수와 일치하면 대차가 심하게 흔들리는 3차 사행동(차축 사행동)이 발생한다.

1.1 1차 사행동(1축 사행동)

가. 1조의 윤축(Wheel set) 사행동이다.

나. 파장의 궤간과 차륜경에 비례하며, 답면구배에는 반비례한다.

다. 움직임은 좌우진동과 좌우의 차륜이 번갈아 전후로 움직이는 진동이다.

라. 파장은 약 14m이다.

1.2 2차 사행동(대차 사행동)

가. 2축을 고정한 대차에 생기는 사행동이다.

나. 윤축의 1축의 파장에 비례한다.

다. 축거에 비례하고 궤간에 반비례한다.

라. 파장은 약 30m이다.

1.2.3 사행동 최소화 방안

가. 사행동 파장을 길게 한다.

나. 궤간을 넓게 한다.

다. 차륜 직경을 크게 한다.

라. 차륜답면 구배를 작게 한다. (고속: $\frac{1}{40}$, 일반: $\frac{1}{20} \sim \frac{1}{10}$)

마. 대차와 윤축 지지를 강하게 한다. (윤축을 지지할 때 스프링, 뎀퍼를 사용하여 공진 방지조치)

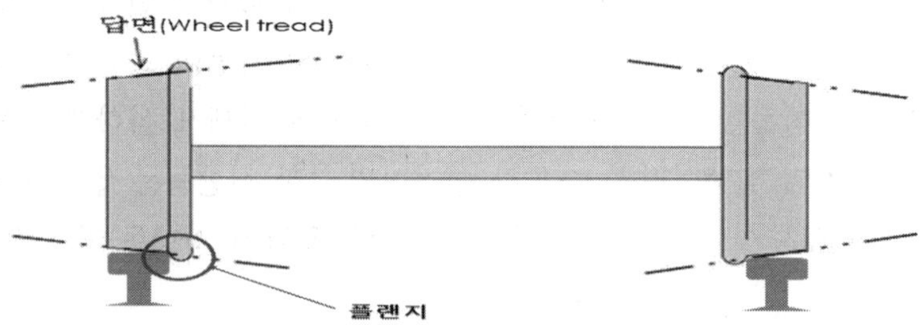

[그림 7-2] 차륜답면 및 플렌지의 형상

2. 횡압에 의한 사행동

철도차량이 곡선을 통과할 때 발생하는 횡압은 선로에 부여되어 있는 Cant에 의해 횡압의 일부를 철도차량의 하중인 윤중으로 저감시키고 있으나, 고속으로 주행할 때나, Cant가 부족할 때는 원의 중심에서 바깥쪽으로 나가려고 하는 힘인 원심력이 차륜을 바깥쪽인 외측으로 밀어서 횡압이 증가하여 발생하는 사행동을 횡압에 의한 사행동이라 한다.

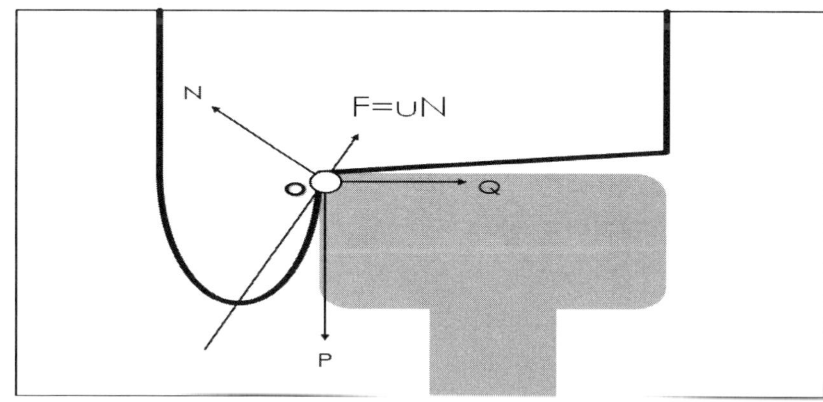

[그림 7-3] 횡압에 의한 사행동

2.1 탈선계수(Derailment Coefficient)[10)]

[그림 7-3]과 같이 탈선계수가 클수록 탈선의 가능성이 커진다. 탈선계수(D)를 구하는 산식은 다음과 같다.

탈선계수 D = $\frac{Q}{P}$ 이며,

여기서 Q(Lateral force, 횡압): 좌우방향의 힘(곡선 통과 중이나 좌우진동 등)

P(Wheel load, 윤중): 수직방향의 힘(차량의 하중, 상하진동 등)

10) 안승호, 김병수, 전게서, p.129

제3절 크리이프(Creep) 현상

1. 크리이프[11)]

Hertz의 접촉응력 이론에 의하면 서로 접촉하는 두 타원의 접촉면은 타원이 되며, 이 부위에서의 수지응력 σ의 분포도 계산된다. 또 크리이프 힘에 의하여 접촉면에는 전단응력 τ가 분포하며, 이 전단응력의 합이 길이방향 및 횡방향 크리이프 힘, 전단응력 분포에 의한 모멘트가 스핀 크리이프 모멘트가 된다. 한편 접촉면 내의 미세한 부위에서 $\tau < \mu\sigma$이면 이 부위(이를 stick zone이라 한다)는 서로 접착되어 있고, $\tau = \mu\sigma$이면 이부위(이를 slip zone이라 한다)에서 미시적인 미끄럼이 일어나면 $\tau > \mu\sigma$가 될 수는 없다. 일반적으로 접촉의 전단부는 stick, 후단부는 slip이 발생된다. 이 stick area에서 strain rate 차이에 의한 상대속도와 stick area에서 미끄럼에 의한 상대속도 효과를 합한 것이 크리이프 속도가 된다. 이 크리이프 속도가 주어지 값과 같아지도록 조정했을 때의 τ를 적분한 것이 크리이프 힘이다.

즉 [그림 8-3]에서 $F < \mu N$일지라도 접촉점에서 발생하는 차륜과 레일의 변형율의 시간에 대한 변화율 차이에 의해서 차륜의 횡 방향 속도가 발생되며, 이것을 크리프 속도라 한다. 크리이프 속도를 차륜의 주행속도로 나누어 준 것을 크리이퍼지(Creepage)라 한다.

11) 안승호, 김병수, 전개서, p.133

Ⅳ. 기출응용문제 해설

[기출응용문제 해설 1]

1. 30/1000 하구배 운전 중, R=500일 경우 곡선저항을 직선부분과 동등하게 하려면 곡선부분의 구배로 맞는 것은?
   ① 28.6‰ ② -28.6‰ ③ -31.4‰ ④ 31.4‰

정답 : ②
해설 : 환산구배 = 실제구배(‰) + 곡선저항(m)]이므로,
-30 + 1.4 = -28.6‰

2. 다음 중 한국철도에서 사용하는 환산량 수를 산정하는 식으로 맞는 것은?
   ① 열차중량/기준준량 ② 열차중량/가중중량
   ③ 차량중량/기준중량 ④ 차량중량/가중중량

정답 : ③
해설 : 견인정수의 환산량수법의 계산은 (차량 총중량/차량별 기준중량)이다.

3. 다음 중 BP= 5kg/cm²일 경우 객화차의 최대제동통압력으로 맞는 것은?
   ① 3.59kg/cm² ② 3.43kg/cm² ③ 1.65kg/cm² ④ 1.71kg/cm²

정답 : ①
해설 : BP=제동관 압력(kg/cm²) r=최대 감압량 Cp= 최대 제동통압력
객화차의 최대제동통압력 식: Cp=3.25r -1(kg/cm²)
제동관 압력이 5kg/cm²일 때 객화차의 최대 감압량은 1.41kg/cm²
위의 식에 감압량을 대입하면 Cp=3.25 x 1.41 -1 =3.59(kg/cm²)
객화차의 최대제동통압력은 3.59(kg/cm²)이다.

4. 다음 중 평축인 전동차의 출발저항 값으로 맞는 것은?
   ① 3kg/ton ② 6kg/ton ③ 5kg/ton ④ 8kg/ton

정답 : ①
해설 : 평축인 전동열차의 출발저항의 값은 평상시 출발저항 값과 구배상 기동 시 출발저항의 값과 같다. 그러므로 3kg/ton이다.

5. 다음 중 경제운전의 3원칙에 대한 설명으로 틀린 것은?
① 정시운전 ② 동력비 최소 ③ 안전운전 ④ 기기 손상이 없을 것

정답 : ③
해설 : 운전기술상 경제운전의 3원칙
1. 정시운전을 할 수 있을 것
2. 동력비가 최소일 것
3. 열차 충격이 없고 기기손상이 없을 것

6. 다음 중 기초 제동장치에 대한 특징에 대한 설명으로 틀린 것은?
① 힘의 전달에 대해 최대 효율 가질 것
② 안전도 높고 그 중량이 작고 형상은 클 것
③ 보수 및 부품 교환이 용이할 것
④ 차륜의 마모에 관계없이 항상 일정한 제동력

정답 : ②
해설 : 기초제동장치가 구비해야 할 조건
1. 힘의 전달에 대하여 최대의 효율을 가질 것
2. 축 중량에 대하여 차륜에 가하는 압력을 적당히 분포시켜 차륜이 활주하지 않을 범위에서 최대의 제동력을 발휘할 수 있을 것
3. 안전도는 높고 그 중량 및 형상이 작을 것
4. 제륜자 또는 차륜의 마모에 관계없이 항상 일정한 제동력을 얻을 수 있을 것
5. 보수 및 부품교환이 용이 할 것

7. 다음 중 직류직권전동기의 회전수 제어방법으로 틀린 것은?
① 저항 제어법
② 계자전류 제어법
③ 전압 제어법
④ 계자전류 제어법

정답 : ③
해설 : 직류직권전동기의 회전수 제어법
1. 단자전압 제어
2. 저항 제어
3. 계자전류 제어

8. 다음 중 주행저항에서 차축과 축수 간 마찰 저항에 대한 설명으로 틀린 것은?
① 차축의 부담중량 W 증가 시 μ 값 감소한다.
② R값은 차륜 직경에 비례한다.
③ R값은 차축직경에 비례하고 축당 부담중량에 비례한다.
④ 차축부담중량에 비례한다.

정답 : ②
해설 : [R:차륜과 축수간의 마찰저항, μ:마찰계수, W:차축의 부담중량]
차축과 축수 간 마찰 저항 값은 차륜직경에 반비례한다.
(R = μ × W × d/D)

9. 다음 중 공주거리에 대한 설명으로 맞는 것은?
① 제동취급 시점부터 정지할 때까지 진행한 거리
② 제동취급 시점부터 예정제동율의 75%에 도달할 때까지 진행한 거리
③ 제동취급 시점부터 예정제동율의 70%에 도달할 때까지 진행한 거리
④ 제동취급 시점부터 제동이 체결될 시점까지 진행한 거리

정답 : ②
해설 : ① 제동거리에 대한 설명
③ 제동취급 시점부터 예정제동율의 70%에 도달할 때까지가 아닌 75%에 도달할 때까지 진행한 거리
④ 제동거리에 대한 설명

10. 다음 중 입력이 500N 이고 손실이 10N 일 때 전동기의 효율로 맞는 것은?
① 95% ② 96% ③ 97% ④ 98%

정답 : ④
해설 : 전동기의 효율 공식
효율 = 입력-손실/입력 × 100%
= 500-10/500 × 100% = 490/500 × 100% = 0.98 × 100%
= 98%

11. 다음 중 운전이론 2단계에 대한 설명으로 틀린 것은?
① 동력차 견인정수 산정
② 최소 운전시격 및 표준운전시분 검토

③ 운전설비 검토
④ 열차저항

정답 : ④

해설 : 운전이론 2단계
1. 동력차 견인정수 산정
2. 최소 운전시격 및 표준운전시분 검토
3. 운전설비 검토
열차저항은 운전이론의 1단계이다.

12. 다음 중 공전방지 운전취급에서 점착견인력을 크게 하는 방법으로 틀린 것은?
① 살사
② 동력차를 최적상태로 보수
③ 선로상태를 최적상태로 보수
④ 동륜주견인력을 증가시킨다.

정답 : ④

해설 : ① 점착력을 증가시키는 가장 좋은 방법. 그러나 긴 상 구배에서 연속적 살사를 하면 주행저항이 증가된다.
② 동력차 보수상태가 나쁘면 동요(진동)가 많아지고 동요가 많아지면 점착계수가 낮아지므로 공전이 발생할 가능성이 크다. 그러므로 동력차를 최적상태로 보수한다.
③ 선로보수가 나쁘면 점착계수가 낮아지므로 공전발생 가능성이 크다. 그러므로 선로상태를 최적상태로 보수한다.
④ 공전은 동륜 주 견인력이 점착견인력보다 클 때 발생하므로 공전을 방지하기 위해서는 동륜 주 견인력을 크게 하는 것이 아니라 작게 하거나 점착견인력을 크게 하여야한다.

13. 다음 중 슬랙 체감에 대한 설명으로 틀린 것은?
① 완화곡선이 있는 경우 : 완화곡선의 전체길이
② 완화곡선이 없는 경우 : 캔트체감길이와 같은 길이
③ 복심곡선안의 경우에는 두곡선사이의 캔트차이의 600배 이상의 길이
④ 복심곡선안의 경우에는 두곡선사이의 슬랙의 차이를 체감하되 곡선반경이 작은 쪽으로 한다.

정답 : ④

해설 : ①, ②, ③은 슬랙을 체감해야 되는 것으로 알맞은 항목이며 ④은 복심곡선 안의 경우 두 곡선 사이 슬랙의 차이를 체감하는 건 맞으나 곡선반경이 작은 쪽으로 하는 것이 아닌 곡선반경이 큰 쪽으로 하는 것이 옳다.

14. 다음 중 진동계가 불안정한 상태로, 레일이 완벽한 직선에서도 발생할 수 있는 것으로 맞는 것은?
① 롤링 ② 크리프 헌팅 ③ 1차 사행동 ④ 2차 사행동

정답 : ④
해설 : ① 차체가 좌우로 진동하는 현상
② 레일과 차륜 사이의 접촉면에는 하중과 마찰력이 존재, 차륜에 작용하는 힘이 커질 시 미끄럼 현상이 발생하며 미끄럼 현상이 전체로 확대될 경우 완전한 미끄럼 현상이 차륜과 레일의 접촉면 전체에서 일어나 응력이 발생되고 일정한 응력에도 변형률이 시간이 경과함에 따라 더욱 증가하는 현상
③ 비교적 낮은 속도에서 차체가 심하게 흔들리는 1차 헌팅(또는 차체 헌팅)이 발생하다가 속도가 증가하면 이 헌팅은 없어진다.
④ 1차 사행동 이후 속도가 더욱 증가되면 대차가 심하게 진동하는 2차 헌팅(또는 대차 헌팅)이 발생되며 이는 속도가 더욱 증가하더라도 없어지지 않는다. 그리고 2차 사행동은 진동계가 불안정해진 상태를 의미하며 레일이 완벽한 직신일지라도 발생된다.

15. 다음 중 주행저항에서 속도와 관계없는 인자로 맞는 것은?
① 차륜의 회전마찰저항 ② 동요에 의한 저항
③ 공기저항 ④ 충격에 의한 저항

정답 : ①
해설 : ① 차륜의 회전마찰저항은 기계부분의 마찰저항, 차축과 축수간의 마찰저항과 더불어 속도에 관계없는 인자(a)
② 동요에 의한 저항은 속도의 제곱에 비례하는 인자(c)
③ 공지저항은 속도의 제곱에 비례하는 인자(c)
④ 충격에 의한 저항은 후렌지와 레일간의 마찰저항과 더불어 속도에 비례하는 인자(b)
주행저항의 일반식 $R = a+bV+cV^2(Kg/Ton) = (a+bV)W+cV^2(Kg)]$

16. 다음 중 선로에 대한 스프링 아래 중량에 대한 상대운동으로 맞는 것은?
① 좌우진동 ② 상하진동 ③ 핏칭 ④ 로울링

정답 : ①
해설 : ① 좌우 진동은 선로에 대한 스프링 아래 중량에 대한 상대운동의 설명이며 좌우 진동 및 전후 진동, 사행동이 있다.
② 상하 진동, ③핏칭, ④로울링은 모두 스프링 아래 중량에 대한 스프링 위 중량의 상대운동에 대한 설명이다.

17. 다음 중 열차다이아의 종류로 틀린 것은?
① 30분 눈금 다이아 ② 10분 눈금다이아
③ 2분 눈금다이아 ④ 1분 눈금다이아

정답 : ①
해설 : 열차다이아의 종류는 10분 눈금다이아, 2분 눈금다이아, 1분 눈금 다이아가 있다.

18. 다음 중 구심력에 대한 설명으로 틀린 것은?
① 구심력은 반경에 비례한다.
② 구심력은 각속도에 비례한다.
③ 구심력은 질량에 비례한다.
④ 원심력은 구심력과 크기는 같고, 방향은 다르다.

정답 : ②
해설 : 구심력은 각속도의 자승에 비례한다.

19. 다음 중 공기저항에서 중간차량의 저항을 1이라 할 때 후부차량의 저항 값으로 맞는 것은?
① 0.8 ② 1 ③ 2.5 ④ 10

정답 : ③
해설 : 중간차량의 저항을 1이라고 할 때 전면부의 저항은 10, 기관차 차위의 차량은 0.8 열차후부의 차량은 2.5이다.

20. 다음 중 직류직권전동기 회전수 제어법에서 자속의 변화를 제어하는 방법으로 맞는 것은?
① 계자전류제어(약계자제어 분로계자) ② 단자전압제어
③ 저항제어 ④ 주파수제어

정답 : ①
해설 : 직류전동기 회전수 제어법은 1. 단자제어법 2. 저항제어방법 3. 계자전류제어방법이다. 이중 자속의 변화를 주어 제어하는 방법은 계자전류제어방법이다.

[기출응용문제 해설 2]

1. 다음 중 운전이론 1단계로 틀린 것은?
   ① 동력차의 견인력 ② 열차저항 ③ 제동력 ④ 견인정수산정

정답 : ④
해설 : 운전이론 1단계
1. 동력차의 견인력
2. 열차저항
3. 제동력

2. 다음 중 운동의 1법칙으로 맞는 것은?
   ① 관성의 법칙 ② 작용반작용 법칙 ③ 가속도의 법칙 ④ 운동법칙

정답 : ①
해설 : 뉴턴의 운동 법칙
운동의 제 1법칙 (관성의 법칙)
운동의 제 2법칙 (가속도 법칙)
운동의 제 3법칙 (작용반작용의 법칙)

3. 다음 중 탈선계수를 구하는 식으로 맞는 것은?
   ① D = Q/P ② D = Q*P ③ D = P/Q ④ D = P+Q

정답 : ①
해설 : D : 탈선계수 P : 윤중 (수직방향의 힘 → 상하진동) Q : 횡압 (좌우방향의 힘 → 좌우진동) D = Q/P → 탈선계수가 크면 클수록 탈선의 가능성이 커진다.

4. 다음 중 최대의 견인력이 필요한 구배로 맞는 것은?
   ① 제한구배 ② 최대구배 ③ 최소구배 ④ 제약구배

정답 : ①
해설 : 어느 운전구간의 상구배 중 최대견인력이 요구되는 구배를 그 구간의 견인정수를 지배하는 구배(기울기)라 하여 제한구배라 한다.

5. 다음 중 시속 108km/h 운행 중인 전동차가 1분 만에 가속하여 144km/h가 되었을 때 가속도로 맞는 것은?
   ① $0.5m/s^2$ ② $0.6m/s^2$ ③ $0.7m/s^2$ ④ $0.8m/s^2$

정답 : ②
해설 : 가속도를 구하는 공식 $a = v_2 - v_1/t$ 따라서 $a = 144 - 108/60 = 0.6m/s^2$, $v_2 = v_1 + at = 108+0.6\times60=144km/h$

6. 30‰ 상구배에서 곡선반경이 350m인 곡선이 있다. 다음 중 이 곡선부분의 열차저항을 직선부분과 동등하게 만들기 위한 구배로 맞는 것은?
① 30‰ ② 29‰ ③ 28‰ ④ 27‰

정답 : ③
해설 : 곡선이 있으면 곡선저항만큼 열차저항이 증대된다. 그러므로 곡선저항에 상당하는 저항만큼 곡선의 구배를 낮게 하지 않으면 안 된다. 즉, 반경 350m 곡선 저항은 rc = 700/r = 700/350 = 2‰ 곡선부분의 구배는 30-2 = 28‰

7. 다음 중 횡압에 대한 설명으로 맞는 것은?
① 차륜의 플랜지가 내측 레일을 미는 힘에 의해 발생한다.
② 캔트 설정 속도 이상으로 주행 시 내측, 캔트 설정속도 이하 시 외측 힘에 의해 발생한다.
③ 크리프 현상에 의해 발생한다.
④ 분기기 및 신축이음매 등 특수개소를 주행할 때 발생하는 충격력이다.

정답 : ④
해설 : 횡압은 아래와 같이 발생한다.
1. 차륜의 플랜지가 외측 레일을 미는 힘에 의하여 발생
2. 캔트 설정 속도 이상으로 주행 시는 외측으로, 그 이하로 주행 시는 내측으로 작용
3. 차량 동요에 따라 차량의 사행동과 궤도의 틀림에 의하여 발생
4. 분기기 및 신축이음매 등 특수개소를 주행할 때 발생하는 충격력

8. 다음 중 시각개정작업이나 임시열차계획에 사용되는 DIA로 맞는 것은?
① 1시간 눈금 DIA ② 10분 눈금 DIA ③ 2분 눈금 DIA ④ 1분 눈금 DIA

정답 : ③
해설 : 1시간 눈금 DIA : 장기의 열차계획, 시각 개정 구상, 차량운용계획을 검사할 때 사용
10분 눈금 DIA : 1시간 눈금 DIA를 대신하여 같은 목적에 사용

2분 눈금 DIA : 열차계획의 기본. 시각개정작업이나 임시 열차의 계획 등 정확한 시각을 기입할 필요가 있을 때 사용
1분 눈금 DIA : 열차밀도가 높은 수도권의 전동열차 DIA로 사용

9. 다음 중 경제운전의 간접적인 요소로 맞는 것은?
① 고가속도운전 ② 고감속도운전 ③ 약계자운전 ④ 차량중량경감

정답 : ④
해설 : 경제운전의 직접적인 요소로는 고가속도운전, 고감속도운전, 약계자방식운전 세 가지가 있으며 간접적인 요소로는 차량중량을 경감하는 방법이 있다.

10. 다음 중 주전동기 회전수에 대한 설명으로 틀린 것은?
① 직류전동기는 단자전압에 비례 ② 직류전동기는 자속 수에 반비례
③ 교류전동기는 극수에 비례 ④ 교류전동기는 주파수에 비례

정답 : ③
해설 : 교류전동기의 회전수는 전원주파수 f에 비례 자극 수 P에 반비례 한다.

11. 다음 중 제동력과 점착력의 관계를 설명하는 산식으로 맞는 것은?
① P/W〈=μ/F ② W/P〈=μ/F ③ μ/F=Wp ④ μF=Wp

정답 : ①
해설 : 제동시 차륜이 활주하지 않기 위해서는 제동력이 점착력보다 작아야(제동력 〈= 점착력) 하므로 P/W〈=μ/F

12. 다음 중 환산량수법에 대한 설명으로 맞는 것은?
① 기준중량 나누기 차량중량이다.
② 승차 1인당 60㎏으로 계산한다.
③ 고속열차 KTX는 승차율 150%로 한다.
④ 객차 화차는 자중+실 적재중량으로 계산한다.

정답 : ④
해설 : ① 차량중량/기준중량
② 승차인원 1인당 75㎏으로 계산한다.
③ 고속열차 KTX 및 전 좌석 지정열차는 100% 승차율, 기타열차는 150% 승차율로 계산한다.

13. 다음 중 주행저항에서 중량과 무관한 인자로 맞는 것은?
① 마찰저항 ②동요에 의한 저항 ③ 공기저항 ④ 진동에 의한 저항

정답 : ③
해설 : R = a+bV+cV²(Kg/Ton) = (a+bV)W+cV²(Kg)] 공식에서 중량W와 무관한 인자는 c 인자이며 c인자는 공기저항, 동요에 의한 저항이다.

14. 다음 제동과 관련된 산식으로 틀린 것은?
① 전제동거리 = 부분제동×제동사용률
② 제동압력 = 제동원력×제동배율
③ 제동배율 = 제륜자총압력/피스톤총압력
④ 제동력 = 제륜자전압력×마찰계수

정답 : ①
해설 : 전제동거리 = 공주거리+실제동거리

15. 다음 중 소요차량 편성 수에 관한 설명으로 틀린 것은?
① 전동차 차량 예비율은 10~15%이다.
② 소요사량편성 수는 영업용과 예비용을 합한 것이다.
③ 최소 운행시격은 소요차량 편성 수에 정비례한다.
④ 반복시분은 소요차량 편성 수에 정비례한다.

정답 : ③
해설 : Nt = (T+t)×2/P
Nt : 운용차량 소요 편성 수 T : 표정시분(시발역 출발시각부터 종착역 도착시각까지)
t : 양단 역의 반복 시분, P : 최소운행시격(분)
따라서 최소 운행시격은 소요차량 편성 수에 반비례한다.

16. 다음 설명 중 맞는 것은?
① 선로에 대한 스프링 하중량의 상대운동에 의한 것에는 로우링이 있다.
② 스프링 아래 중량에 대한 스프링 위 중량의 상대운동에 의한 것에는 로우링이 있다.
③ 스프링 아래 중량에 대한 스프링 위 중량의 상대운동은 좌우 진동이 있다
④ z-z축 기준으로 한 회전운동은 핏칭이다.

정답 : ②
해설 :
선로에 대한 스프링 하 중량의 상대 운동에 의한 것
1. 좌우진동 2. 전후진동 3. 사행동
스프링 아래 중량에 대한 스프링 위 중량의 상대운동에 의한 것
1. 상하진동 2. 핏칭진동 3. 로우링진동
(X-X축 방향의 운동 : 전후진동, Y-Y축 방향의 운동 : 좌우진동, Z-Z축 방향의 운동 : 상하진동)

17. 다음 중 견인정수를 산정할 때 고려사항으로 틀린 것은?
① 열차사명 ② 선로의 상태
③ 객화차 상태 ④ 선로유효장 및 승강장 유효장

정답 : ③
해설 : 견인정수를 산정할 때 고려 사항은 열차사명, 선로의 상태, 선로유효장 및 승강장 유효장, 동력차상태, 기온이 있다. 객화차 상태는 고려하지 않는다.

18. 다음 중 가속도운동을 하는 경우에만 발생하는 가상의 힘으로 맞는 것은?
① 구심력 ② 원심력 ③ 관성력 ④ 마찰력

정답 : ③
해설 :
구심력 : 원운동 할 때 원운동의 중심을 향하는 가속도
원심력 : 원운동 할 때 원운동의 밖으로 나가려는 가속도
마찰력 : 힘과의 반대 방향으로 운동을 방해하려는 힘

19. 다음 중 정토크 제어에 해당하는 영역으로 맞는 것은?
① 저속영역 ② 중속영역 ③ 고속영역 ④ 특성영역

정답 : ①
해설 : 정토크제어 : 저속영역, 정출력제어 : 중속영역, 특성영역 : 고속영역

20. 다음 중 열차가 가진 운동에너지가 구배가 가진 위치에너지를 상쇄시키면서 오르는 구배는?
① 타력구배 ② 반복구배 ③ 가상구배 ④ 평균구배

정답 : ③
해설 :
타력구배 : 열차의 타행력으로 올라갈 수 있는 구배
평균구배 : 구배저항과 구간 길이를 곱해서 구간 길이로 나눈 것 (구배저항×구배길이)

[기출응용문제 해설 3]

1. 다음 중 운전기술상 경제운전에 대한 설명으로 틀린 것은?
① 정시운전 을 할 수 있을 것
② 동력비가 최대 일 것
③ 열차충격이 없을 것
④ 기기손상 없을 것

정답 : ②
해설 : 운전기술상 경제운전의 3원칙
1. 정시운전을 할 수 있을 것
2. 동력비가 최소일 것
3. 열차 충격이 없고 기기 손상이 없을 것

2. 다음 중 발전제동의 단점에 대한 설명으로 틀린 것은?
① 저속도에서 제동력이 극소하므로 타 공기제동장치의 병설이 필요하다.
② 저항제어이므로 별도의 저항기가 필요하다.
③ 주전동기의 부하율이 높기 때문에 주전동기의 용량을 증대할 필요가 있다.
④ 전기회로가 단순해진다.

정답 : ④
해설 : 발전제동은 견인전동기가 장치된 차량에서만 사용가능하고 열차 속도가 저속인 경우에는 운동에너지가 작아 소정의 제동효과를 얻을 수 없으므로 감속용으로만 사용해야 하는 단점이 있다.

3. 다음 중 스프링 아래중량에 대한 스프링 위 중량의 상대운동으로 틀린 것은?
① 상하운동 ② 핏칭 ③ 롤링 ④ 사행동

정답 : ④
해설 : ④ 사행동은 아래 중량의 상대운동에 의한 것이다.
스프링 위 중량의 상대운동에 의한 것
1. 상하 진동
2. 핏칭 진동
3. 롤링 진동

4. 다음 중 전동열차의 전제동거리 산출식으로 맞는 것은?
① s= vt/3.6 + 4.17wv^2/fdm [m]
② s= vt/3.6 + 4.17wv^2/fdm [km]
③ s= vt/3.6 + 4.29wv^2/fdm [m]
④ s= vt/3.6 + 4.29wv^2/fdm [km]

정답 : ③
해설 : 전제동거리(S) = 공주거리(S1) + 실제동거리(S2)

$$S = \frac{V \circ t}{3.6} + \frac{4.17\,WV^2}{Fdm} \text{ [m]}$$ ..... 일반열차

$$S' = \frac{V \circ t}{3.6} + \frac{4.29\,WV^2}{Fdm} \text{ [m]}$$ ..... 전동열차

[V : 속도(km/h), Fdm : 감속도(km/h/s), t : 공주시간(s), W : 중량(ton)]

5. 다음 중 열차의 속도가 초당 $2m/s^2$ 증가하면 30초 후의 거리로 맞는 것은?
① 700m
② 800m
③ 900m
④ 600m

정답 : ③
해설 : a= 2 t= 30 $S = at^2/2 = 900m$

6. 다음 중 직류직권전동기 계자 포화시 회전력으로 맞는 것은?
① KI ② KI^2 ③ $K\theta I$ ④ KVI

정답 : ①
해설 :
1. KI : 계자 포화시 회전력,
2. KI^2 계자 미포화시 회전력, 3. KøI 토크, 회전력
K : 상수 ø : 자속수 I : 전기자전류

7. 다음 중 롤러축 베어링 객차의 구배상에서 출발 저항 값으로 맞는 것은?
① 5kg/ton ② 3kg/ton ③ 6kg/ton ④ 8kg/ton

정답 : ②

해설 : 1. 5kg/ton 롤러축베어링 단행 기관차
2. 3kg/ton 롤러축베어링 객차
3. 6kg/ton (구배상에서 기동 시) 평축베어링 객차
4. 8kg/ton 평축베어링 객차

8. 다음 중 운전기술상의 구배에서 가상구배에 대한 설명으로 맞는 것은?
① 인접 역간 또는 신호소간 임의의 지점간의 거리 1km 안에 있는 최급구배이다.
② 구배구간을 운전하는 열차의 속도변화를 구배로 환산하여 실제구배에 대수적으로 가산한 구배
③ 구배와 열차장을 고려하여 견인정수 산정을 위한 계산상의 최대구배
④ 상하구배가 교대로 이어지는 구배

정답 : ②
해설 : ① 표준구배
③ 등가구배
④ 반향구배

9. 다음 중 터널저항의 크기에 대한 설명으로 틀린 것은?
① lv^2/KW ② 터널의 단면적 ③ 측면형상 ④ 높이

정답 : ④
해설 : 터널저항의 크기는 터널의 단면적, 길이, 측면형상, 열차속도 등에 따라 다르다.
터널저항 산출식 : $Rt = lv^2/KW$ (l : 터널길이(m), v : 열차속도(km/h), W : 열차중량(ton), K : 상수(복선 13, 단선 6.5)

10. 다음 중 BP압력이 $5kg/cm^2$ 경우 객화차 최대유효 감압량으로 맞는 것은?
① $1.41kg/cm^2$ ② $1.43kg/cm^2$ ③ $1.65kg/cm^2$ ④ $1.71kg/cm^2$

정답 : ①
해설 : 객화차의 제동관압력(BP압력) 이 $5kg/cm^2$인 경우
제동관압력(BP압력) - r(최대유효 관압량) = 3.25r - 1
$5 - r = 3.25r - 1$
$r = 6/4.25kg/cm^2$
$r = 1.41kg/cm^2$

11. 다음 중 축중이동에 대한 설명으로 맞는 것은?
① 제동핸들을 제동위치로 이동시켜 제동이 작용할 때까지의 거리를 말한다.
② 견인력이나 제동력을 설계할 때에는 축중이동으로 인해 차륜의 점착력이 최고로 되는 축을 기준으로 설계할 필요가 있다.
③ 운동에너지를 열에너지로 변환하는 사이에 주행한 거리를 말한다.
④ 열차의 가속과 제동에 따라 차량 중량이 이동하는 것을 말한다.

정답 : ④
해설 : ① 공주거리에 대한 설명이다.
② 점착력이 최저로 되는 축을 기준으로 설계해야 된다(탈선의 우려 때문).
③ 제동거리에 대한 설명이다.

12. 다음 중 소요차량 편성 수를 산출한 것으로 맞는 것은?
(표정시분 50분, 양단 역의 반복시분 10분, 최소운행시격 10분)
① 10편성 ② 11편성 ③ 12편성 ④ 13편성

정답 : ③
해설 : 소요차량 편성수 산출
Nt = (T+t)×2/P
Nt: 운용차량 소요편성수, T: 표정시분, t: 양단 역의 반복 시분, P: 최소 운행시격(분)
Nt = (50+10)×2/10 = 12편성

13. 다음 중 선로용량에 관한 설명으로 틀린 것은?
① 환산용량 ② 경제용량 ③ 한계용량 ④ 실용용량

정답 : ①
해설 : 선로용량의 종류로는 한계용량, 실용용량, 경제용량이 있다.

14. 다음 중 동기속도가 1000rpm, 회전자의 회전속도는 950rpm일 경우 슬립으로 맞는 것은?
① 5% ② 6% ③ 4% ④ 7%

정답 : ①
해설 : s = Ns-N/Ns = 1000-950/1000 = 5%, 또는 0.05

15. 다음 중 견인정수에 대한 설명으로 맞는 것은?
① 환산량수는 차량중량에서 기준중량을 나눈 것으로 차중률에 의해 견인정수를 표시
② 객화차의 저항이 전부 중량에 비례하는 것이라고 가정할 경우에 같은 저항을 부여하는 방법이 인장봉하중법이다.
③ 차종별로 주행저항을 측정하여 표를 작성해 놓고 열차를 연결할 때 인장봉견인력과 열차저항이 대등하게 되도록 객화차를 연결하는 것은 수정 ton수법이다
④ 현 차수를 가지고 견인정수를 정하는 것은 실제 ton수법이다.

정답 : ①
해설 : ① 환산량수 = 차량중량/기준중량
② 수정ton수법
③ 인장봉하중법
④ 실제량수법

16. 다음 중 출발저항에 대한 설명으로 틀린 것은?
① 정차시간이 길수록 크다.
② 정차한 열차가 출발할 때에는 차축과 축수, 치차부 등 회전마찰부의 유막이 파괴된다.
③ 3 km/h이후부터는 주행저항으로 계산한다.
④ 기온이 내려가면 출발저항이 커진다.

정답 : ④
해설 : 출발저항은 기온이 높을수록 크고 정차시간이 길수록 크다.
정차한 열차가 출발할 때에는 차축과 축수 치차부 등 회전마찰부의 유막이 파괴되어 마찰저항이 증가한다. 회전부마찰부의 유막파괴로 발생하는 출발저항은 유막이 다시 형성되는 속도 3km/h 정도에서 최소치가 되며, 3km/h 이후부터는 주행저항으로 계산한다.

17. 다음 중 유도전동기의 회전력 산식으로 맞는 것은?
① T= (v/f)^2•fs
② T= (v/f)^2•f
③ T= KI
④ T= KI^2

정답 : ①

해설 : K1:전동기 상수, φ:자속, IR:회전자 전류, T= K1•φ•IR이며, 이때 φ는 전압 V에 비례, 전원주파수 f에 반비례 V/f의 특성이 있고, IR은 자속(V/f)과 슬립주파수 fs에 비례한다.

φ=〉V/f 로 치환

IR=〉V/f•fs로 치환

∴ T= (v/f)^2•fs

18. 다음 중 제동력이 점착견인력보다 클 때 나타나는 현상으로 맞는 것은?

① 공전현상 ② 활주현상 ③ 제동거리 짧다 ④ 공주시간이 길다

정답 : ②

해설 : ① 공전은 점착력이 견인력보다 작을 때 발생

② 차륜이 레일위에 미끌리는 현상(skid)이 '활주'현상 (제동력≥점착력)

③ 제동거리가 길다.

④ 차량이 브레이크를 조작하여 제동하는데 걸리는 시간

19. 다음 중 원운동과 원심력에 대한 설명으로 맞는 것은?

① 원운동은 속력은 일정하나 속도는 운동방향이 바뀐다.

② 구심력은 물체의 운동방향에 수평으로 작용한다.

③ 원심력이란 원운동을 하고 있는 물체에 나타나는 회전력이다.

④ 힘의 크기는 구심력과 같은 $F = mr\omega^2$이고 방향은 구심력과 반대이며, 원 밖으로 나가려는 쪽으로 작용하는 실제의 힘을 말한다.

정답 : ①

해설 : ② 구심력은 물체의 운동방향에 '수직'으로 작용한다.

③ 원심력이란 원운동을 하고 있는 물체에 나타나는 '관성력'이다.

④ 힘의 크기는 구심력과 같은 $F = mr\omega^2$이고 방향은 구심력과 반대이며, 원 밖으로 나가려는 쪽으로 작용하는 '가상의 힘'을 말한다.

20. 다음 중 정출력제어의 영역으로 맞는 것은?

① 저속영역 ② 중속영역 ③ 고속영역 ④ 회생영역

정답 : ②

해설 : 동력운전시 토크제어

1. 정토크 제어(저속영역) 2. 정출력 제어(중속영역)

3. 특성영역 (고속영역)

[기출응용문제 해설 4]

1. 다음 중 동력차 견인력 요소로 틀린 것은?
① 객화차 연결량 수
② 차량의 특성
③ 차륜과 레일간의 상태
④ 차량 연결량 수

정답 : ①
해설 : 견인력은 차량의 특성, 차륜과 레일간의 상태, 점착계수, 차량 연결량수 등에 지배를 받음

2. 다음 중 사용목적에 따른 운전선도로 틀린 것은?
① 계획운전선도
② 실제운전선도
③ 가속력선도
④ 영업운전선도

정답 : ④
해설 : 사용목적에 따른 운전선도
1. 계획운전선도
2. 실제운전선도
3. 가속력선도

3. 다음 중 공기저항 중 속도에 비례하는 저항으로 맞는 것은?
① 전부저항
② 차량간 와류저항
③ 후부저항
④ 측면저항, 상하면저항

정답 : ④
해설 : 전부저항, 후부저항, 차량간의 와류저항은 속도의 자승에 비례하고, 측면 · 상하면 저항은 속도에 비례한다.

4. 다음 중 횡압에 의한 사행동 탈선계수크기로 맞는 것은?
① 수평/수직
② P/Q
③ xx/yy
④ 수직/수평

정답 : ①
해설 : 횡압에 의한 사행동의 탈선계수 공식은 D = Q/P
D : 탈선계수, Q : 횡압(수평방향), P : 윤중(수직방향)

5. 다음 중 환산구배식으로 맞는 것은?
① 곡선저항+구배저항
② 곡선저항+가속도저항
③ 가속도저항+구배저항
④ 주행저항+곡선저항

정답 : ①
해설 : 환산구배는 곡선저항을 선로구배로 환산한 값으로 구배저항과 곡선저항의 합 또는 곡선저항을 구배저항으로 환산한 값이다.

6. 다음 중 치차비의 설명으로 틀린 것은?
① 치차비가 클수록 차량한계에 지장을 받는다.
② 대치차/소치차
③ 소치차 치수가 작을수록 견인력이 증가한다.
④ 치차비가 클수록 속도가 커진다.

정답 : ④
해설 : 치차비(Gr) = 대치차의치수(D)/소치차의치수(d)
속도는 치차비에 반비례하고, 견인력은 치차비에 비례한다.

7. 다음 중 BP압력 6kg/cm²일때 객화차 최대유효 감압량으로 맞는 것은?
① 1.65kg/cm²
② 1.43kg/cm²
③ 1.41kg/cm²
④ 1.71kg/cm²

정답 : ①
해설 : 객화차의 제동관압력(BP압력) 이 6kg/cm²인 경우
제동관압력(BP압력) - r(최대유효 관압량) = 3.25r - 1
6 - r = 3.25r - 1
r = 7/4.25kg/cm²
r = 1.65kg/cm²

8. 다음 중 열차저항에서 모두 손실로 작용하는 것으로 틀린 것은?
① 가속도저항
② 주행저항
③ 출발저항
④ 곡선저항

정답 : ①
해설 : 열차저항 중 출발저항, 주행저항, 곡선저항, 터널저항은 모두 손실로 적용되지만 구배저항과 가속도저항은 모두 손실로 작용되는 것은 아니다.

9. 다음 중 제동일반이론에 대한 설명으로 틀린 것은?
① 제동율은 열차중량에 대한 제륜자압력의 비를 말한다.
② 제동배율은 총 제륜자압력에 대한 열차총중량의 비를 말한다.
③ 제동사용율은 부분제동/전제동이다.
④ 제동에 사용되는 원동력이 제동통 피스톤면에 작용하는 힘을 말한다.

정답 : ②
해설 : 제동배율은 제동통 압력과 제륜자 압력의 비다. 제동배율은 피스톤 행정거리에 비례하고 제륜자이동거리에 반비례한다. 제동배율 = 제동압력/제동원력 = 제륜자총압력/피스톤총압력

10. 다음 중 공전발생의 역학적 원인으로 틀린 것은?
① 동륜주견인력이 점착견인력보다 클 때 발생한다.
② 눈비 서리 등 선로상태에 따라서 발생한다.
③ 앞뒤진동 · 상하진동등과 급격한 속도변화가 있을 때 발생한다.
④ 열차에 승객이 적게 탔을 경우 공전이 발생한다.

정답 : ④

해설 : 열차에 승객이 많이 탔을 경우 공전이 발생한다. 공전은 견인하는 차량의 출력과 견인력 차이에 따라 발생하는데, 출력 자체는 높지만 견인력이 낮고 무게가 가벼운 차량에서 발생한다.

11. 다음 중 주행저항에서 속도에 비례하는 인자로 맞는 것은?
① 기계부분의 마찰저항
② 충격에 의한 저항
③ 공기저항
④ 동요에 의한 저항

정답 : ②
해설 : ① 기계부분의 마찰저항은 속도와 관계 없다.
③ 공기저항과 ④ 동요에 의한 저항은 속도의 제곱에 비례한다.

12. 다음 중 열차가 72km/h로 운전할 때 공주시간이 2초일 경우 공주거리로 맞는 것은?
① 20m ② 40m ③ 26m ④ 30m

정답 : ②
해설 : 공주거리는 제동이 작용할 때까지 주행한 거리이다.
$S_1 = V/3.6 \times t_1$ (m)
S_1 : 공주거리(m), V : 제동초속도(km/h), t_1 : 공주시간(s)
$S_1 = 72/3.6 \times 2$
$= 40$m

13. 다음 중 열차 출발저항을 이용하여 인출하는 방법으로 맞는 것은?
① 자연인출법
② 압축인출법
③ 후퇴인출법
④ 인장인출법

정답 : ②
해설 : 자연인출법은 평단선로에서 출발할 때와 같이 하는 인출방법이다.
후퇴인출법은 열차를 퇴행시켰다가 인출하는 방법이다.

14. 다음 중 경제운전의 직접적인 요소로 틀린 것은?
① 고가속도 운전
② 고감속도 운전
③ 차량중량 경감
④ 약계자 운전

정답 : ③
해설 : 차량중량 경감은 간접적인 요소이다.

15. 다음 중 2폐색 진입속도가 50km/h, 1폐색 진입전 90km/h, 1폐색을 90km/h 등속운행시 평균속도로 맞는 것은?
① 50km/h ② 60km/h ③ 70km/h ④ 80km/h

정답 : ④
해설 : (2폐색 진입 시 속도 + 1폐색 진입 전 속도) / 2 = 2폐색 평균 속도
(2폐색 평균 속도 + 1폐색 평균 속도) / 2 = 총 평균 속도
(50+90)/2 = 70, (70+90)/2 = 80km/h

16. 다음 중 점착력과 점착계수 설명으로 틀린 것은?
① 점착계수는 기후와 선로상태, 동력차 상태에 영향 받지 않는다.
② 동륜주견인력이 점착견인력보다 크면 공전이 발생한다.
③ 점착계수는 공전하는 순간 점착견인력과 동력차 정지시의 동륜상 중량과의 비를 말한다.
④ 동륜주견인력은 항상 점착견인력에 제한을 받는다.

정답 : ①
해설 : 점착계수는 공전하는 순간의 점착견인력과 동력차 정지시의 동륜상 중량과의 비를 말하며 기후, 선로상태, 동력차상태, 축중이동량에 따라 변화할 수 있다.

17. 다음 중 직류직권전동기에 관하여 맞는 것은?
① 직류직권전동기 회전수는 단자전압에 비례, 자속수에 반비례한다.
② 직류직권전동기 회전력은 전류와 자속수에 반비례한다.
③ 직류직권전동기 회전수 극수와 반비례한다.
④ 직류직권전동기 회전수는 주파수에 비례한다.

정답 : ①

해설 : T = KØI : 직류직권전동기의 회전력은 자속과 전류에 비례한다.
N = Ec / KØ : 직류직권전동기의 회전수는 단자전압에 비례, 자속수에 반비례한다. 직류직권전동기에서는 주파수를 사용하지 않는다.

18. 다음 중 견인력에 대한 설명으로 맞는 것은?
① 동력차후부의 연결기에 걸리는 유효견인력을 인장봉견인력이라 한다.
② 인장봉견인력은 연결기에 걸리는 견인력 중 두 번째로 작은 견인력이다.
③ 점착견인력이 동륜주견인력보다 클 경우 공전한다.
④ 지시견인력은 견인력 중 가장 작은 값을 갖는다.

정답 : ①
해설 : ② 인장봉견인력은 객화차의 연결기에 걸리는 견인력으로서 견인력 중 가장 작은 견인력이다.
③ 동륜주견인력이 점착견인력보다 크면 동륜은 공전한다.
④ 지시견인력은 견인력 중 가장 큰 값을 갖는다.
지시견인력 〉 동륜주견인력 〉 인장봉견인력

19. 다음 설명 중 틀린 것은?
① 운전거리를 이동소요시분으로 나눈 것은 평균속도이다.
② 최고속도는 단위시간당 변위이다.
③ 운전설비 또는 신호조건에 따라 운전속도를 일시 제한할 필요가 있을 때 조건에 따른 속도의 한계를 정하는 것을 제한속도라고 한다.
④ 상대속도란 움직이고 있는 두 물체의 한쪽에서 바라본 다른 쪽의 속도를 상대속도라고 한다.

정답 : ①
해설 : 속도의 종류
최고속도 : 단위시간 중 변위가 가장 큰 속도
평균속도 : 운전거리를 순수운전시분으로 나누어 구한 속도
표정속도 : 운전거리를 이동소요시분으로 나누어 구한 속도
제한속도 : 운전설비 또는 신호조건에 따라 운전속도를 일시 제한할 필요가 있을 때 조건에 따른 한계 설정
상대속도 : 움직이고 있는 두 물체의 한 쪽에서 바라본 다른 쪽의 속도

20. 다음 설명 중 마찰력에 대해서 틀린 것은?
① U값은 발차할 때 최대가 되었다가 약 3에서 최소값을 가진다.
② 차축의 부담중량에 비례한다.
③ 차축직경에 반비례한다.
④ 차륜직경에 반비례한다.

정답 : ③
해설 : R = F x d/D = μw x d/D
R : 마찰력, μ : 마찰계수, w : 차축부담중량, d : 차축 직경, D : 차륜직경, 즉, R 은 μw x d/D 이므로 차축직경과 비례하고 차륜직경과 반비례한다.

[기출응용문제 해설 5]

1. 다음 중 공기저항에서 속도에 비례하는 인자로 맞는 것은?
① 전면 ② 후면 ③ 측면 ④ 차량간 와류저항

정답 : ③
해설 : 전부저항(전면), 후부저항(후면), 차량간의 와류저항은 속도의 자승에 비례하고 측면-상하면 저항은 속도에 비례한다.

2. 다음 중 지시견인력에서 내부손실을 뺀 견인력으로 맞는 것은?
① 동륜주견인력 ② 유효견인력 ③인장봉견인력 ④ 점착견인력

정답 : ①
해설 : 지시견인력에서 기계마찰 등 내부손실을 뺀 견인력을 동륜주견인력이라고 한다.

3. 다음 중 경제운전의 직접적인 요소로 틀린 것은?
① 고가속도운전 ② 고감속도운전 ③ 약계자방식 운전 ④ 차량중량 경감

정답 : ④
해설 : 고가속도운전, 고감속도운전, 약계자방식 운전은 직접적인 요소.
차량중량 경감은 간접적인 요소.

4. 다음 중 운전기술상의 구배에 대한 설명으로 틀린 것은?
① 지배구배 (제한구배) : 열차운전에 있어서 최대의 견인력이 요구되는 구배로 가장 높은 구배가 지배구배이다
② 환산구배 : 곡선저항을 구배로 환산하여 표시한 구배
③ 가상구배 : 구배구간을 운전하는 열차의 속도변화를 구배로 환산하여 실제구배에 대수적으로 가산한 구배
④ 평균구배 : 구배저항과 구간 길이를 곱해서 구간 길이로 나눈 것

정답 : ①
해설 : 지배구배는 제한구배, 사정구배라고도 하며 최급구배여도 타력을 이용해 최대 견인력을 발휘하지 않고 오를 수 있기 때문에 가장 높은 구배가 지배구배가 되는 것은 아님.

5. 다음 중 대차 사행동에 대한 설명으로 틀린 것은?
① 2축을 고정한 대차에서 발생하는 사행동 ② 윤축의 1축의 파장에 비례
③ 축거에 비례, 궤간에 비례 ④ 파장은 약 30m

정답 : ③
해설 : ③ 축거에 비례, 궤간에 반비례한다.

6. 다음 중 영업용 운용차량 편성수를 산출한 것으로 맞는 것은?
(표정시분 1시간20분, 양단역 반복시분 10분, 최소운행시격 10분)
① 12 ② 14 ③ 16 ④ 18

정답 : ④
해설 : Nt=(T+t)x2/P Nt= (80+10)x2/10=18

$$Nt = 2* \frac{(T+t)}{P} , \quad Nt = 2* \frac{(80+10)}{10} = 18$$

Nt : 운용차량 소요 편성수, T : 표정시분(시발역 출발시각부터 종착역 도착시각까지)
t : 양단 역의 반복 시분, P : 최소 운행시격(분)

7. 시속 72km/h의 속도로 운행 중인 열차의 공주시간이 1초이고, 톤당 감속력이 100일 때 전제동거리는? (단, 부가 관성계수는 6%이다.)
① 220m ② 224m ③ 236m ④ 242m

정답 : ③
해설 : 전제동 거리 = 공주거리 + 실제동거리 이며, 부가 관성계수가 6%는 일반 열차를 의미하므로 $\frac{V}{3.6} * T + \frac{4.17V^2}{fdm}$이므로 $\frac{72}{3.6} * 1 + \frac{4.17*72^2}{100}$ = 236.1728 = 약 236m

8. 다음 중 직류직권전동기의 구비조건으로 틀린 것은?
① 회전속도가 클 때 회전력이 크다.
② 기동회전력이 클 것
③ 속도변화폭이 커서 속도제어에 용이할 것
④ 병렬운전시 부하불균형이 적을 것

정답 : ①

해설 : 직류직권전동기의 구비조건
1. 기동회전력이 클 것
2. 회전속도가 낮을 때 회전력이 클 것
3. 속도 변화폭이 커서 속도제어가 용이할 것
4. 회전속도가 클 때 전류가 적어서 전력소비량이 적을 것
5. 병렬 운전할 때 부하불균형이 적을 것
6. 운전 중 급격한 전류-전압의 변동에도 고장이 발생하지 않을 것

9. 다음 중 전동기정격에서 단시간정격으로 틀린 것은?
① 연속 ② 1시간 ③ 30분 ④ 15분

정답 : ①
해설 : 전동기의 정격에는 연속정격과 단시간정격이 있다.
단시간정격에는 1시간, 30분, 15분 정격이 있다.

10. 다음 중 단선터널의 저항 값으로 맞는 것은?
① 1kg/ton ② 2kg/ton ③ 3kg/ton ④ 4kg/ton

정답 : ②
해설 : 한국철도에서는 중지속용 열차(150km/h 이하)에 대하여 단선터널은 Rt1=2(kg/ton), 복선터널 Rt2=1(kg/ton)을 적용하고 있다.

11. 다음 중 원심력과 구심력에 대한 설명으로 틀린 것은?
① 구심력은 물체의 운동방향에 수평으로 작용한다.
② 물체의 질량과 속도가 크면 구심력의 크기는 증가한다.
③ 원심력의 크기 $F = mr\omega^2$
④ 원심력은 물체에 나타나는 관성력이다.

정답 : ①
해설 : ① 구심력은 물체의 운동방향에 수직으로 작용한다.

12. 어떤 차량을 40km/h로 돌방 하였을 때 350m 진행 후 속도가 30km/h로 되었다면 이 차량의 평균 ton당 주행저항을 구하시오. (단, 열차의 중량은 500ton이고 회전부분의 영향은 직진부분의 6%이다.)
① 4.17kg/ton ② 8.34kg/ton ③ 12.51kg/ton ④ 16.68kg/ton

정답 : ①

해설 : 6%(부가 관성계수가 6%는 일반 열차에 해당한다) 일 때,

공식 $\frac{F = 4.17W(V_2^2 - V_1^2)}{s}$

$$\frac{417*500(40^2-30^2)}{350} = \frac{1,459,500}{300} = 4.17(\text{kg/ton})$$

13. 다음 설명 중 틀린 것은?
① 주전동기 1회전시 동륜은 1/Gr회전
② 1시간 동륜 회전수는 60×N×1/Gr
③ V = 0.1885DN/Gr
④ 치차비 선정시 치차비가 작을수록 차량한계에 제한을 받는다.

정답 : ④

해설 : 치차비 선정시 치차비가 커질수록 차량한계에 제한을 받는다.
치차비가 커질수록 대치차의 직경이 커지므로 차량한계에 제한을 받는다.

14. 다음 중 정차시분의 산정에서 정차시분에 비례하는 것으로 맞는 것은?
① 전동차 편성량 수 ② 출입문 수
③ 초당 승하차 인원 ④ 시간 당 승차인원

정답 : ④

해설 : $\text{정차시분} = \frac{(P1+P2)}{(\frac{60}{Th}+N+F+Q)} + \text{출입문개폐시간} + \text{여유시간}$

(P1+P2) : 역의 시간당 승하차인원, 60/Th : 시간당 열차횟수, N : 전동차 편성량 수, N : 출입문 수, F : 초당 승하차인원, Q : 불균등 인자(0.5)

15. 다음 중 구배가 완만하고 열차장이 비교적 짧은 경우에 사용하는 인출방법으로 맞는 것은?
① 압출인출법 ② 자연인출법 ③ 추진인출법 ④ 후퇴인출법

정답 : ④

해설 : 압축인출법 : 열차 출발저항을 이용하여 인출하는 방법이다.
자연인출법 : 평단선로에서 출발할 때와 같이 하는 인출방법이다.

16. 다음 중 비교적 낮은 속도에서 1차 헌팅이 발생하는데 발생 장소로 맞는 것은?
① 차축 ② 차체 ③ 대차 ④ 후렌지

정답 : ②
해설 : 헌팅(사행동) 현상
1차 헌팅(또는 차체헌팅)은 비교적 낮은 속도에서 차체가 심하게 흔들리는 것, 속도가 증가하면 이 헌팅은 사라진다.(차체)
2차 헌팅(또는 대차헌팅)은 이후 속도가 더 증가하면 대차가 심하게 진동하는 것, 속도가 증가하더라도 없어지지 않는다.(대차)
3차 헌팅은 속도가 더욱 증가하여 운동역학적 주파수가 대차 횡진동의 고유 진동수와 일치하면 대차가 심하게 진동하는 것(차축)

17. 다음 중 공기저항의 크기에서 최후부 차량의 공기저항 값으로 맞는 것은?
① 1 ② 10 ③ 0.8 ④ 2.5

정답 : ④
해설 : 공기저항의 크기는 열차의 중간 부를 1이라 할 때 전면부의 저항은 10, 기관차 차위의 차량은 0.8, 열차후분의 차량은 2.5의 크기 비율로 커진다.

18. 다음 중 스칼라량에 대한 설명으로 틀린 것은?
① 기하학적인 취급이 필요
② 크기만을 가진 물리량
③ 길이, 질량은 스칼라량
④ 속도는 스칼라량이 아니다.

정답 : ①
해설 : ① 벡터에 대한 설명이다.
② 스칼라량은 크기만을 가진 물리량이다.
③ 스칼라량은 길이, 질량, 시간, 면적, 부피, 온도, 신장, 속력 등은 방향이 없고 단순히 크기만을 가지고 있다.
④ 속도는 크기, 방향을 가지고 있으므로 스칼라량이 아니다.

19. 서울역에서 수원역 까지 거리는 42km이다. 1열차는 서울역에서 수원역까지 45분 운전이고, 도중 정차역은 영등포 3분, 안양역 2분 정차한다. 1열차의 평균속도 및 표정속도로 맞는 것은?

① 60km/h, 54km/h
② 63km/h, 56km/h
③ 72km/h 57.6km/h
④ 78km/h, 62.4km/h

정답 : ②

해설 : $평균속도 = \frac{운전거리}{순수운전시분}$ $표정속도 = \frac{운전거리}{순수운전시분 + 도중정차시분}$

$$평균속도 = \frac{42}{\frac{40}{60}} = 63km/h \quad 표정속도 = \frac{42}{\frac{40}{60}+\frac{5}{60}} = 56km/h$$

20. 다음 중 동륜주 견인력에 반비례하는 것으로 맞는 것은?
① 전동기 회전력 ② 치차비 ③ 전동기수 ④ 동륜직경

정답 : ④

해설 : 동륜주견인력(Td)은 동륜직경(D)에 반비례하고 전동기의 회전력, 치차비, 전동기수, 전달효율에 비례한다.

[기출응용문제 해설 6]

1. 다음 ARE 차량이 120km/h 운행 중 상용제동을 취급하였을 때 공주거리로 맞는 것은?
① 90 ② 100 ③ 110 ④ 120

정답 : ②

해설 : 공주거리 $S = \frac{V}{3.6} * t$

$S = \frac{120}{3.6} * 3 = 100m$

2. 제동관 압력이 5kg/cm² 일 때 기관차 최대제동통 압력으로 맞는 것은?
① 3.58kg/cm² ② 3.56kg/cm² ③ 4.56kg/cm² ④ 4.58kg/cm²

정답 : ①

해설 : $R = \frac{5}{2.5+1}$ R=1.43kg/cm^2이므로

2.5*1.43=3.575 반올림해서 3.58kg/cm^2

3. 다음 중 견인력이 가장 큰 것으로 맞는 것은?
① 점착견인력 ② 인장봉견인력 ③ 동륜주견인력 ④ 지시견인력

정답 : ④

해설 : 지시견인력 > 동륜주견인력 > 인장봉견인력

4. 다음 중 주행저항에서 속도에 관계없는 인자로 맞는 것은?
① 공기저항 ② 충격에 의한 저항
③ 동요에 의한 저항 ④ 차륜의 회전마찰저항

정답 : ④

해설 : ① 공기저항 : 속도의 제곱에 비례하는 인자
② 충격에 의한 저항 : 속도에 비례하는 인자
③ 동요에 의한 저항 : 속도의 제곱에 비례하는 인자

5. 다음 제동거리 약산 식 중 전기동차의 간이식으로 맞는 것은?

① $S=\frac{V^2}{20}(m)$　　② $S=\frac{V^2}{14}(m)$

③ $\frac{Vt}{3.6}+\frac{V^2}{7.2\alpha}(m)$　　④ $\frac{V^2}{3.6}+\frac{Vt}{7.2\alpha}$

정답 : ③
해설 : ① 여객열차의 간이식
② 화물열차의 간이식

6. 다음 철도차량의 진동에 대한 설명으로 틀린 것은?

① Y-Y축 방향의 운동 : 좌우진동　　② X-X축을 기준한 회전운동 : 사 행동
③ Z-Z축 방향의 운동 : 상하진동　　④ X-X축 방향의 운동 : 전후진동

정답 : ②
해설 : X-X축을 기준한 회전운동은 로우링이다.

7. 다음 중 탈선계수에 대한 설명으로 맞는 것은?

① D=P/Q　　② D=Q/P
③ 수직방향의 힘에 반비례한다.　　④ 좌우방향의 힘에 비례한다.

정답 : ②
해설 : 탈선계수 $D=\frac{Q}{P}$ (D : 탈선계수, P : 횡압, Q : 윤중)
탈선계수는 좌우방향(횡압)에 반비례하고, 수직방향(윤중)에 비례한다.

8. 질량이 40kg인 물체가 지표면으로부터 높이 10m인 크레인에 매달려 있다면 이 물체의 위치에너지로 맞는 것은?

① 3,900(J)　② 3,910(J)　③ 3,920(J)　④ 3,930(J)

정답 : ③
해설 : Ep = mgh에 대입하면　Ep = 40 × 9.8 × 10 = 3,920(J)

9. 다음 중 압축인출법에서 이용하는 저항으로 맞는 것은?

① 출발저항　② 주행저항　③ 공기저항　④ 와류저항

정답 : ①

해설 : 압축인출법은 열차 출발저항을 이용하여 인출하는 방법이며, 다른 인출방법 보다 인출이 용이하며 이 방법을 가장 많이 사용한다.

10. 다음 중 교류전동기 특징으로 틀린 것은?
① 부하증감에 대한 속도변화가 적다.
② 구조가 간단하고 튼튼하다.
③ 취급이 간단하고 운전이 쉽다.
④ 교류전원을 사용하므로 전원공급이 어렵다.

정답 : ④
해설 : 교류전원을 사용하므로 전원공급이 쉽다.

11. 다음 중 Ns가 1000, N이 950일 때 슬립으로 맞는 것은?
① 5% ② 10% ③ 15% ④ 18%

정답 : ①
해설 : $S=\dfrac{Ns-N}{Ns}$, $S=\dfrac{1000-950}{1000}=0.05=5\%$

12. 다음 중 동력을 최소로 소비하며 열차를 운전하는 방식으로 맞는 것은?
① 고가속 운전 ② 고감속 운전 ③ 약계자방식 운전 ④ 경제운전

정답 : ④
해설 : ① ② ③은 경제운전에 직접적인 요소들이다.

13. 다음 중 수송력 증대방안의 선택이나 그 착공시기의 지표가 되는 것으로 맞는 것은?
① 한계용량 ② 실용용량 ③ 선로용량 ④ 경제용량

정답 : ④
해설 :
① 한계용량 : 어느 한도 이상의 열차를 설정하면 기술적, 물리적으로 열차를 운행할 수 없다고 판단되는 한계열차횟수를 한계용량이라고 한다.
②, ③ 실용용량(선로용량) : 한계용량에 상대되는 것으로서 열차유효시간대, 시설보수시간, 열차운전 취급시간, 운전시간의 여유시분 등을 고려하여 구한 것을 말하며 제반계획의 기본이 된다.

14. 다음 중 제동율과 제동사용율 산식에 대한 설명으로 틀린 것은?
① $제동사용율 = \frac{부분제동}{전제동}$ ② 제동 사용율 = 부분제동 × 전제동
③ $제동율 = \frac{제륜자압력}{축중량}*100$ ④ 부분제동 = 전제동 × 제동사용율

정답 : ②
해설 : $제동사용율 = \frac{부분제동}{전제동}$

$제동율 = \frac{제륜자압력}{축중량}*100$

15. 다음 중 치차비에 대한 설명으로 틀린 것은?
① 주전동기 1회전 시 동륜은 1/Gr
② 속도는 동륜직경에 비례
③ 치차비는 클수록 속도에 유리하다.
④ 치차비란 소치차 치수와 대치차 치수의 비율을 말한다.

정답 : ③
해설 : 치차비는 속도에 반비례한다. 즉, 치차비는 클수록 속도에 불리하다.

16. 다음 중 터널저항의 크기에 관계없는 것은?
① 터널의 단면적 ② 높이 ③ 측면형상 ④ 열차 속도

정답 : ②
해설 : 터널저항의 크기는 터널의 단면적, 길이, 측면형상, 열차 속도 등에 따라 다르다.

17. 다음 중 10‰ 상구배에 100m의 곡선이 있는 경우 환산구배 값으로 맞는 것은?
① 15 ② 16 ③ 17 ④ 18

정답 : ③
해설 : $i_c = i + \frac{700}{R}[‰]$ i_c: 환산구배 [‰], i: 실제구배 [‰] R: 곡선반경 $[m]$

$ic = 10 + \frac{700}{100} = 17[‰]$

18. 다음 중 발전제동에 대한 설명으로 맞는 것은?
① 전기제동의 고장 또는 저속도에서 제동력이 극대하므로 타 공기제동장치의 병설을 요한다.
② 저항제어를 하므로 별도의 저항기가 필요하지 않다.
③ 주전동기의 부하율이 낮기 때문에 주전동기의 용량을 증대할 필요가 있다.
④ 전기회로가 복잡하다.

정답 : ④
해설 : 발전제동의 단점
1. 전기제동의 고장 또는 저속도에서 제동력이 극소하므로 타 공기제동장치의 병설을 요한다.
2. 저항제어를 하므로 별도의 저항기가 필요하다.
3. 주전동기의 부하율이 높기 때문에 주전동기의 용량을 증대할 필요가 있다.
4. 전기회로가 복잡하다.

19. 다음 설명 중 맞는 것은?
① 관성력 : 가속하고 있는 관찰자가 가속의 반대방향으로 힘이 작용하고 있다고 느끼는 겉보기 힘이다.
② 원심력 : 구심력과 반대이며, 원 밖으로 나가려는 쪽으로 작용하는 실제 힘을 말한다.
③ 구심력 : 구심력은 물체의 운동방향에 수평으로 작용한다.
④ 원운동 : 등속원운동에서는 원운동하는 물체의 속력은 변해도 속도는 운동방향이 바뀌므로 계속 변하게 된다.

정답 : ①
해설 : ② 구심력과 반대이며, 원 밖으로 나가려는 쪽으로 작용하는 가상의 힘을 말함
③ 구심력은 물체의 운동방향에 수직으로 작용한다.
④ 등속원운동에서는 속력은 일정하나 속도는 운동방향이 바뀌므로 계속 변하게 된다.

20. 다음 전동열차의 톤당 감속력이 100이라고 하면, 100km/h로 달리는 열차의 실제동거리로 맞는 것은?
① 427(m) ② 428(m) ③ 429(m) ④ 430(m)

정답 : ③
해설 : $S_2 = \dfrac{4.29\,V^2}{fdm} = \dfrac{4.29 \times 100^2}{100} = 429(\mathrm{m})$

[기출응용문제 해설 7]

1. 전동열차가 13‰ 하구배를 운전하던 중 곡선반경 350 R을 만났을 때 환산구배로 맞는 것은?
① -8‰ ② -9‰ ③ -10‰ ④ -11‰

정답 : ④

해설 : $i_c = i + \frac{700}{R}[‰]$ i_c: 환산구배[‰], i: 실제구배[‰] R: 곡선반경[m]

$$i_c = -13 + \frac{700}{350} = -11‰$$

2. 다음 객화차 운전 중 제동감압을 1kg/cm²하면 제동통압력으로 맞는 것은?
① $2kg/cm^2$ ② $2.75kg/cm^2$ ③ $2.25kg/cm^2$ ④ $3.25kg/cm^2$

정답 : ③

해설 : 객화차 제동통압력 Cp = 3.25r-1($kg/cm2$)

Cp = 3.25*1 - 1 = $2.25kg/cm^2$

3. 열차가 45km 구간을 30분만에 주파하였다면 당시 속도로 맞는 것은?
① 70km/h ② 90km/h ③ 100km/h ④ 115km/h

정답 : ②

해설 : $V = \frac{s}{t}$ (V : 속도, t : 시간, s : 거리)

$$V = \frac{45}{\frac{30}{60}} = \frac{45*60}{30} = 90km/h$$

4. 다음 중 경제운전의 간접적인 요소로 맞는 것은?
① 고가속도 운전 ② 고감속도 운전 ③ 약계자 운전 ④ 차량중량 감소

정답 : ④

해설 : 경제운전의 직접적인 요소

1. 고가속도 운전
2. 고감속도 운전
3. 약계자 운전

5. 다음 중 크기만을 가진 물리량으로 맞는 것은?
① 마찰력 ② 벡터량 ③ 스칼라량 ④ 가속도

정답 : ③
해설 : 벡터량은 크기와 방향을 가지고 있다. 마찰력과 가속도는 벡터량이다.

6. 다음 중 유도전동기 회전력에 대한 설명으로 틀린 것은?
① 자극 수 P에 반비례한다.
② 전원주파수 f^에 반비례한다.
③ 1차 전압 V^및 슬립주파수 fs에 비례한다.
④ 가변전압가변주파수를 출력시키는 VVVF inverter가 필요하다.

정답 : ①
해설 : ①번은 유도전동기의 회전수에 대한 설명이다.

7. 다음 중 역행 시 저속영역 토크특성으로 맞는 것은?
① 정출력 제어 ② 정토크제어 ③ 특성영역 ④ 회생브레이크 저속역

정답 : ②
해설 : ① 정출력 제어(중속영역)
② 정토크 제어(저속영역)
③ 특성영역(고속영역)
④ 회생제동시 토크제어의 특성영역에 해당된다.

8. 다음 중 점착계수가 2번째로 높은 것으로 맞는 것은?
① 낙엽이 있는 경우 ② 눈이 내린 경우 ③ 습한 경우 ④ 서리가 내린 경우

정답 : ④
해설 : 습한 경우 〉 서리가 내린 경우 〉 눈이 내린 경우 〉 낙엽이 있는 경우

9. 다음 공기저항 중 속도제곱에 비례하는 저항으로 틀린 것은?
① 상하면 저항 ② 차량간 와류저항 ③ 전부저항 ④ 후부저항

정답 : ①
해설 : 전부저항, 후부저항, 차량간의 와류저항은 속도의 제곱에 비례하고 측면, 상하면 저항은 속도에 비례한다.

10. 다음 중 차륜답면과 레일간의 마찰저항으로 틀린 것은?
① 전동마찰에 의한 저항
② 사행동(snake motion)에 의한 저항
③ 후렌지와 레일면간의 미끄럼마찰저항
④ 차량동요에 의한 저항

정답 : ④
해설 : 차량동요에 의한 저항은 이에 해당하지 않는다.

11. 다음 중 대차 사행동에 대한 설명으로 틀린 것은?
① 2축을 고정한 대차에서 발생하는 사행동
② 윤축의 1축의 파장에 비례
③ 궤간에 비례, 축거에 반비례
④ 파장은 약 30m

정답 : ③
해설 : 대차사행동은 궤간에 반비례하고 축거에 비례한다.

12. 다음 중 탈선계수 산식으로 맞는 것은?
① $D=\frac{Q}{P}$
② $D=\frac{P}{Q}$
③ $D=\frac{P^{*}r}{Q}$
④ $D=\frac{Q^{*}r}{P}$

정답 : ①
해설 : 탈선계수는 횡압/윤중이다. $D=\frac{Q}{P}$

13. 다음 중 견인정수를 산정할 때 고려사항으로 틀린 것은?
① 열차사명
② 선로의 상태
③ 선로유효장 및 승강장 유효장
④ 주행저항

정답 : ④

해설 : 견인정수를 산정할 때 고려사항

1. 열차사명
2. 선로의 상태
3. 선로유효장 및 승강장 유효장
4. 동력차 상태

14. 다음 중 열차저항을 감소시키는 방법으로 틀린 것은?

① 출발저항을 감소시키는 방법은 윤활유의 점도를 높인다.
② 주행저항을 감소시키는 방법은 차륜과 레일간의 마찰을 최소화한다.
③ 주행저항을 감소시키는 방법은 차량의 동요를 높인다.
④ 주행저항을 감소시키는 방법은 공기저항을 줄인다.

정답 : ③
해설 : 주행저항을 감소시키려면 차량의 동요를 줄여야 한다.

15. 다음 중 선로용량 부족시의 결과로 틀린 것은?

① 열차표정속도 저하
② 유효시간대의 열차설정 곤란
③ 열차지연의 만성화
④ 차량 승무원 운용의 효율향상

정답 : ④
해설 : 선로용량부족의 영향

1. 열차표정속도 저하
2. 유효시간대의 열차설정 곤란
3. 열차지연의 만성화
4. 차량 승무원 운용의 효율저하

16. 다음 중 경제운전 원칙으로 틀린 것은?

① 정시운전을 할 수 없을 것 ② 동력비가 최소일 것
③ 열차 충격이 없을 것 ④ 기기 손상이 없을 것

정답 : ①
해설 : 운전기술상 경제운전의 3원칙

1. 정시운전을 할 수 있을 것 2. 동력비가 최소일 것
3. 열차 충격이 없고 기기 손상이 없을 것

17. 다음 중 점착력을 크게 하는 방법으로 틀린 것은?
① 점착계수의 저하
② 동축중의 일시적 변화유도
③ 축중이동 방지
④ 스로틀 취급의 적정

정답 : ①
해설 : 점착력을 크게 하려면 점착계수가 향상 되어야 한다.

18. 다음 중 철도차량 진동감소 요인으로 틀린 것은?
① 궤도의 유간을 정확히 한다.
② 차륜간의 부담중량을 균등히 한다.
③ 차축의 전후, 좌우간 유동을 크게 한다.
④ 좌우 차륜의 직경을 동일하게 유지한다.

정답 : ③
해설 : 차축의 전후, 좌우간 유동을 적게 해야 한다.

19. 다음 중 제동배율에 대한 설명으로 맞는 것은?
① 제동배율(E) = 제동압력/제동원력이다.
② 제동배율의 크기는 전동차가 기관차 보다 크다.
③ 제동배율(E) = 피스톤총압력/제륜자총압력이다.
④ 제동배율의 크기는 제동창지 종별에 상관없이 크기가 같다.

정답 : ①
해설 : ② 제동배율의 크기는 기관차가 전동차 보다 크다.(기관차 > 전동차)
③ 제동배율(E) = 제륜자총압력/피스톤총압력
④ 제동배율의 크기는 제동장치 종별에 따라 다르다.

20. 다음 중 하나의 폐색구간을 50km/h로 진입 90km/h까지 등가속운동하고 다음폐색구간을 90km/h로 등속운동하였을 때 2개의 폐색구간을 이동하는 동안의 평균속도로 알맞은 것은? (폐색구간의 길이는 250m)
① 60km/h ② 70km/h ③ 80km/h ④ 100km/h

정답 : ③

해설 : 첫 번째 폐색 구간 : $\frac{50+90}{2}=70$

두 번째 폐색 구간 : 평균 90km/h로 등속운동

$\frac{70+90}{2}$ = 80km/h

[기출응용문제 해설 8]

1. 다음 중 50km/h에서 80km/h가 되는데 15초가 걸렸다. 이 경우 가속도로 맞는 것은?
① 1km/h/s ② 2km/h/s ③ 3km/h/s ④ 4km/h/s

정답 : ②

해설 : 가속도공식 : $A = \frac{v_{2-}v_1}{t}$, $A = \frac{80-50}{15}$ = 2km/h/s

2. 다음 중 등속원운동에 대한 설명으로 틀린 것은?
① 물체가 일정한 속도로 회전하는 것
② 등속원운동은 속력은 일정하나 속도는 변한다.
③ 원운동하는 물체의 속력은 변하지만 운동방향은 일정하다.
④ 항상 원의 중심을 향하는 것을 구심가속도라고 한다.

정답 : ③
해설 : 등속원운동
1. 물체가 일정한 속력으로 회전한다.
2. 등속원운동은 속력은 일정하나 운동방향이 바뀌므로 계속 변하게 된다.
3. 원운동하는 물체의 속력은 일정해도 운동방향은 계속 변하게 되므로 속도가 변하는 가속도를 갖게 된다. 이 가속도는 항상 원의 중심을 향하고 있어 이를 구심가속도라고 한다.

3. 다음 중 스칼라량으로 맞는 것은?
① 힘 ② 가속도 ③ 위치 ④ 속력

정답 : ④
해설 : 힘, 가속도, 위치는 벡터량이다.

4. 다음 중 제동관압력 $6kg/cm^2$인 경우 기관차의 최대감압량으로 맞는 것은?
① $1.51kg/cm^2$ ② $1.61kg/cm^2$ ③ $1.71kg/cm^2$ ④ $1.81kg/cm^2$

정답 : ③

해설 : 기관차의 경우 제동관압력($6kg/cm^2$인 경우)

$$6-r = 2.5r \quad \therefore r = \frac{6}{3.5} = 1.71kg/cm^2$$

5. 다음 중 주행저항에 대한 설명으로 맞는 것은?
① 열차가 주행할 때 진행방향으로 작용하는 저항
② 열차중량과는 무관하다.
③ 화차가 객차보다 저항이 크다.
④ 편성량수가 적을수록 작다.

정답 : ②
해설 : ① 열차가 주행할 때 반대방향으로 작용하는 저항
③ 객차가 화차보다 저항이 크다.
④ 편성량수가 적을수록 크다.

6. 다음 설명 중 맞는 것은?
① 속도는 치차비에 비례한다.
② 견인력은 치차비에 비례한다.
③ 동륜주견인력은 동륜직경에 비례한다.
④ 전동기수를 줄이면 회전력이 증가한다.

정답 : ②
해설 : ① 속도는 치차비에 반비례한다.
③ 동륜주견인력은 동륜직경에 반비례한다.
④ 전동기수를 줄이면 회전력이 감소한다.

7. 다음 중 유도전동기의 속도제어 방법으로 틀린 것은?
① 극수변경제어 ② 주파수제어 ③ 슬립제어 ④ 약계자제어

정답 : ④
해설 : ④ 약계자 제어는 직류직권전동기의 속도제어에 쓰이는 방법이다.

8. 다음 중 구배에 대한 설명으로 틀린 것은?
① 제한구배는 반드시 최급구배이다.
② 표준구배는 인접역, 신호소간 1Km에 걸치는 최급구배 1Km내에 2이상 구배가 있을 경우에는 1Km내의 평균구배

③ 평균구배는 구배저항과 구간 길이를 곱해서 구간 길이로 나눈 것
④ 등가구배는 구배와 열차장을 고려하여 견인정수 사정을 위한 계산상의 최대구배

정답 : ①
해설 : ① 제한구배는 구간의 최급구배가 반드시 사정구배가 되는 것은 아니다.

9. 다음 설명 중 맞은 것은?
① 가속도 저항은 열차를 가속시키기 위한 여분의 견인력이다.
② 전동차의 부가가관성계수는 0.05
③ 일반열차의 부가관성계수는 0.09
④ 실효중량은 실제중량*등가중량이다.

정답 : ①
해설 : ② 전동차의 부가관성계수는 0.09
③ 일반열차의 부가관성계수는 0.06
④ 실효중량은 실제중+등가중량이다.

10. 다음 중 직류직권전동기의 설명으로 틀린 것은?
① 기동회전력이 클 것
② 회전속도가 낮을 때 회전력이 크고, 운전 중 급격한 전류, 전압의 변동시에도 고장이 발생치 않을 것
③ 속도 변화폭이 적어서 속도제어가 용이할 것
④ 회전속도가 클 때 전류가 적어서 전록 소비량이 작고, 병렬운전시 부하불균형이 적을 것

정답 : ③
해설 : 직류직권전동기의 특성
1. 기동회전력이 클 것
2. 회전속도가 낮을 때 회전력이 클 것
3. 속도 변화폭이 커서 속도제어가 용이할 것
4. 회전속도가 클 때 전류가 적어서 전력소비량이 적을 것
5. 병렬 운전할 때 부하불균형이 적을 것
6. 운전 중 급격한 전류, 전압의 변동에도 고장이 발생하지 않을 것

11. 다음 중 속도에 비례하는 저항으로 맞는 것은?
① 전부저항

② 후부 저항
③ 와류저항
④ 측면, 상하면 저항

정답 : ④
해설 : 전부 저항, 후부 저항, 차량간의 와류 저항은 속도의 자승에 비례하고, 측면 상하면 저항은 속도에 비례한다.

12. 다음 중 경제운전을 위한 운전취급법으로 틀린 것은?
① 스로틀을 내릴 때는 열차저항의 변화가 큰 지점을 택하여 1초 이상 간격으로 취급한다.
② 스로틀은 인장력이 급격히 변하지 않도록 취급한다.
③ 스로틀을 상승시킬 때는 발차할 때 보다는 직렬 시에, 직렬 때 보다는 병렬시에 순차적으로 취급 하되 최소한 1초 이상 간격을 유지한다.
④ 공전이 우려될 때는 사전에 살사를 시행하여 공전으로 인한 동력손실을 방지한다.

정답 : ①
해설 : ① 스로틀을 내릴 때는 열차저항의 변화가 적은 지점을 택하여 1초 이상 간격으로 취급한다.

13. 다음 중 철도차량 진동감소법으로 틀린 것은?
① 대차의 스프링을 공기담퍼나 오일담퍼로 대체한다.
② 차륜의 후렌지와 레일간의 간격을 가급적 최소화한다. 좌우 차륜의 직경을 동일하게 유지한다.
③ 차륜답면의 테이퍼를 최소화 한다.
④ 대차상판높이를 높게 할 것

정답 : ④
해설 : ④ 대차 상판높이를 가급적 낮게 한다.

14. 다음 설명 중 틀린 것은?
① 점착견인력이 동륜주견인력 보다 클 때 공전이 발생한다.
② 앞뒤진동, 위아래진동 등과 급격한 속도변화가 있을 때 발생한다.
③ 차량의 진동은 축중이동현상을 가져오고 축중이동현상은 점착견인력의 변화를 가져오므로 공전의 가능성이 높아진다.

④ 습기가 많은 터널 내, 눈, 비, 서리 등 인하여 레일면이 미끄러울 때, 신성개통한 때, 교환한 레일 운전할 때 발생한다.

정답 : ①
해설 : ① 동륜주견인력이 점착견인력 보다 클 때 공전이 발생한다.

15. 다음 중 슬랙에 대한 설명으로 틀린 것은?
① 슬랙이란 차량이 곡선부를 원활하게 통과할 수 있도록 바깥쪽 레일을 기준으로 확대하는 것이다.
② 완화곡선이 있는 경우 완화곡선의 일부길이만 체감 하면 된다.
③ 완화곡선이 없는 경우 캔트의 체감길이와 같은 길이여야 한다.
④ 복심곡선일 경우 두 곡선 사이의 캔트차이의 600배 이상의 길이, 이 경우 두곡선 사이의 슬랙의 차이를 체감하되, 곡선반경이 큰 곡선에서 행한다.

정답 : ②
해설 : ② 완화곡선이 있는 경우 완화곡선의 전체의 길이로 체감하여야 한다.

16. 다음 중 상구배선로에서 정차시 인출법으로 틀린 것은?
① 자연인출법 ② 압축인출법 ③ 후퇴인출법 ④ 인장인출법

정답 : ④
해설 : 상구배선로에서 정차시 인출취급
1. 자연인출법
2. 압축인출법
3. 후퇴인출법

17. 다음 중 실질적인 선로용량 계산을 위한 인자로 틀린 것은?
① 열차취급시간
② 열차유효시간대
③ 선로보수시간
④ 열차여유시분

정답 : ①
해설 : 선로용량을 산정하기 위한 조건
1. 열차속도(운전시분)
2. 열차간 운전속도의 차이

3. 열차 종별 운행순서 배치
4. 역 간 거리와 구내배선
5. 열차취급시분
6. 신호, 폐색방식
7. 열차유효시간대
8. 선로보수시간
9. 열차여유시분

18. 다음 중 BP 압력이 $8kg/cm^2$ 일 경우 기관차의 최대제동통 압력으로 맞는 것은?
① $20kg/cm^2$ ② $15kg/cm^2$ ③ $30kg/cm^2$ ④ $25kg/cm^2$

정답 : ①
해설 : 기관차 제동통 압력을 구하는식
Cp=2.5r (r=제동관 감압량 Cp=제동통압력)
Cp=2.5*8 = $20kg/cm^2$

19. 다음 중 경제적인 면을 고려한 혼잡도를 적용하면, 도시철도운영기관의 중간차 승차인원으로 맞는 것은?
① 148명 ② 160명 ③ 240명 ④ 320명

정답 : ④
해설 : 도시철도의 혼잡도 기준
혼잡도 100% =정원
전기동차의 정원은 160명
운전실 있는 차 : 148명 (좌석 : 48, 입석 : 100)
중간차 : 160명 (좌석 : 54, 입석 : 106)

20. 다음 중 유도전동기를 사용하는 열차로 틀린 것은?
① 전동차
② 8100호대
③ 8200호대
④ 부산 1호선

정답 : ④
해설 : ④ 부산 1호선은 직류직권전동기를 사용한다.

[기출응용문제 해설 9]

1. 다음 중 98t의 기관차가 0.5km/h/s의 가속도로 주행하려고 할 때 필요한 힘으로 맞는 것은?

① 13602.4kgm/s² ② 138.8kgm/s² ③ 14.16kgm/s² ④ 1380kgm/s²

정답 : ②

해설 : 먼저 전기동차의 가속도 $km/h/s$를 m/s^2로, 중량 ton을 kg으로 환산하면 전기동차 가속도(a) 0.5$km/h/s$는 $0.5\times\frac{1,000}{3,600}(m/s^2)$

전기동차의 무게(W) 98t은 $\frac{W}{g}$로 $98\times\frac{1,000}{9.8}(kg)$

식 F = ma에 대입하면,

$$F=(98\times\frac{1,000}{9.8})\times(0.5\times\frac{1,000}{3,600})$$

2. 다음 중 20‰의 하구배 선상에 700m의 곡선이 있는 경우, 조정해야 할 환산기울기로 맞는 것은?

① 21‰ ② 19‰ ③-21‰ ④ -19‰

정답 : ④

해설 : $i_c=i+\frac{700}{R}$[‰] i_c: 환산구배[‰], i: 실제구배[‰] R: 곡선반경[m]

$$i_c=-20+\frac{700}{700}=-19‰$$

3. 다음 중 정토크영역에 대한 설명으로 맞는 것은?

① 슬립주파수를 일정하게 유지시킨 상태에서 전원 주파수와 전원 전압의 비를 일정하게 유지하며 증가 시켜 속도를 제어하는 영역이다.

② 전원 전압이 최고점에 이르러 더 이상 상승시킬 수 없는 시점부터 이루어지는 제어 영역이다.

③ 슬립주파수를 고정시킨 상태에서 전원주파수를 높여 전동기의 속도를 높이는 제어 영역이다.

④ V_m과 F_s를 일정하게 유지시킨 상태에서 전원주파수 F를 상승시키면 토크는 전원주파수 F자승에 반비례 하면서 감소하지만 속도는 더 증가하게 된다.

정답 : ①
해설 : ②번은 정출력제어
③, ④는 특성영역제어에 대한 설명이다.

4. 다음 5kg/cm²의 제동관 기관차의 최대 감압량과 최대 제동통압력으로 맞는 것은?
① 1.43kg/cm², 3.57kg/cm² ② 1.71kg/cm², 3.57kg/cm²
③ 1.41kg/cm², 3.59kg/cm² ④ 1.65kg/cm², 3.59kg/cm²

정답 : ①
해설 : ① 기관차의 제동관 압력이 5kg/cm²인 경우
② 기관차의 제동관 압력이 6kg/cm²인 경우
③ 객화차의 제동관 압력이 5kg/cm²인 경우
④ 객화차의 제동관 압력이 6kg/cm²인 경우

5. 다음 중 2차 사행동(대차 사행동)데 대한 설명으로 맞는 것은?
① 궤간에 비례한다. ② 2축을 고정한 대차에서 발생하는 사행동이다.
③ 축거에 반비례한다. ④ 파장에 반비례 한다.

정답 : ②
해설 : 대차 사행동
1. 2축을 고정한 대차에서 발생하는 사행동
2. 윤축의 1축의 파장에 비례
3. 축거에 비례, 궤간에 반비례
4. 파장은 약 30m

6. 다음 중 열차의 진동에 대한 설명으로 맞는 것은?
① 전후진동은 핏칭진동을 좌우진동은 로우링진동을 동반한다.
② 스프링아래 중량에 대한 스프링 위 중량의 상대운동은 좌우진동, 전후진동, 사행동이 있다.
③ 10싸이클 이하의 것을 진동이라 한다.
④ 동요는 공기저항 중 속도에 비례한다.

정답 : ①
해설 : ② 선로에 대한 스프링 아래 중량의 상대운동에 의한 것이다.
③ 10싸이클 이상의 것을 진동이라 한다.
④ 주행저항의 공기저항 중 속도의 제곱에 비례한다.

7. 다음 중 선로이용률에 영향을 미치는 주요인자로 틀린 것은?
① 여객열차와 화물열차의 회수비
② 인접역간 상하행 시분차
③ 열차의 속도
④ 열차의 길이

정답 : ④
해설 : 선로이용률에 영향을 미치는 주요인자
1. 수송량 및 종류에 따른 선구의 성격
2. 여객열차와 화물열차의 회수 비
3. 시간대별 열차 집중도
4. 인접역간 상 · 하행 시, 분차
5. 열차회수
6. 인위적(신호 등) 취급으로 인한 설정불용시간
7. 열차운전시분의 여유
8. 열차지연 등 기타

8. 다음 중 거리를 횡축으로 속도, 시간, 전력량을 표시하는 운전선도로서 일반적으로 가장 많이 사용하는 운전선도로 맞는 것은?
① 거리기준 운전선도 ② 실제운전선도
③ 가속력 운전선도 ④ 계획 운전선도

정답 : ①
해설 : 실제운전선도 : 전동차 운전의 표준운전법 습득을 위해 사용한다.
가속력운전선도 : 전동차의 견인력과 속도관계로 가속력 특성을 나타내는 가속력 선도는 운전선도를 직접 작도할 때 기초 자료로 사용된다.
계획운전선도 : 전동차의 견인력과 열차저항의 관계에서 열차 운전속도의 결정, 운전시분의 산정, 전력소비량의 결정 등 주로 운전계획에 그 사용목적이 있다.

9. 다음 중 제동력과 관련된 산식에 대한 설명으로 틀린 것은?
① 제동사용율 = 부분제동 / 전제동
② 제동압력 = 제륜자압력 × 제동통 감압량
③ 제동율 = (제륜자압력 / 축중량) × 100%
④ 제동배율 = 피스톤행정거리 / 제륜자이동거리

정답 : ②

해설 : 제동압력 = 제동원력 * 제동배율이다.

10. 다음 중 괄호 안에 들어갈 용어로 맞는 것은?
등가구배는 열차장이 걸리는 구간의 최대 ( )를 산정하여 구배구간에 있는 곡선의 ( )를 가산한다.
① 표준구배, 환산구배
② 가상구배, 환산구배
③ 지배구배, 가상구배
④ 환산구배, 지배구배

정답 : ①
해설 : 등가구배는 열차장이 걸리는 구간의 최대 표준구배를 산정하여 구배구간에 있는 곡선의 환산구배를 가산한다.

11. 다음 중 견인정수를 산정할 때 고려사항으로 틀린 것은?
① 열차사명 ② 선로유효장 및 승강장 유효장 ③ 기온 ④ 동력차 중량

정답 : ④
해설 : 견인정수 산정 시 고려사항
1. 열차사명
2. 선로의 상태
3. 선로유효장 및 승강장 유효장
4. 동력차 상태
5. 기온

12. 다음 중 유도전동기 속도를 제어하는 방식 중 극수변경제어 방법으로 틀린 것은?
① 극수가 다른 3개의 권선을 같은 홈에 넣는 방법
② 권선의 접속을 바꾸어서 극수를 바꾸는 법
③ ①, ②의 방법을 공통으로 사용하는 법
④ 2차 여자제어 및 2대의 유도전동기를 종속시켜 전체극수를 달리하는 방법

정답 : ①
해설 : 극수변경제어
1. 극수가 다른 2개의 권선을 같은 홈에 넣는 방법
2. 권선의 접속을 바꾸어서 극수를 바꾸는 법
3. a, b의 방법을 공통으로 사용하는 법

4. 기타 2차 여자제어 및 2대의 유도전동기를 서로 종속시켜 전체극수를 달리 하는 방법 등이 있다.

13. 일반열차 속도 60Km/h로 1000m 진행 후 50km/h로 되었다. 평균 톤당 주행저항으로 맞는 것은?
① 4.555kg/ton ② 4.587kg/ton ③ 4.123kg/ton ④ 3.999kg/ton

정답 : ②
해설 : Rr = $4.17(60^2 - 50^2)/ 1000$ = 4.587kg/ton

14. 다음 중 점착견인력을 크게 하는 방법에 대한 설명으로 틀린 것은?
① 동력차를 최적의 상태로 보수한다.
② 살사를 한다.
③ 동륜주견인력을 작게 한다.
④ 선로보수를 최적의 상태로 보수한다.

정답 : ③
해설 : ③ 점착견인력(동륜주와 레일간 마찰)을 크게 한다.
〈점착견인력 향상방안〉
1. 점착계수의 향상
2. 동축중의 일시적 변화유도
3. 축중이동 방지
4. 스로틀 취급의 적정
5. 활주방지장치의 도입

15. 다음 중 직류직권전동기 회전수에 대한 설명으로 틀린 것은?
① 회전수는 단자전압에 비례한다.
② 직류직권전동기 회전수는 단자전압 Et에 비례하고 자속수는 Φ에 반비례한다.
③ 전동기의 자속이 포화점에 달할 때까지 자속수는 공급전압에 비례한다.
④ 전류에 반비례한다.

정답 : ③
해설 : 전동기의 자속이 포화점에 달할 때까지 자속수는 공급전류와 비례한다.

16. 다음 중 동륜주견인력과 반비례 관계인 것으로 맞는 것은?
① 전동기회전력 ② 치차비 ③ 동륜직경 ④ 전동기수, 전달효율

정답 : ③
해설 : 동륜주견인력은 동륜직경에 반비례하고 전동기의 회전력, 치차비, 전동기수, 전달효율에 비례한다.

17. 다음 설명 중 틀린 것은?
① 관성질량이란 물체에 힘을 가했을 때 이에 비례하여 가속도가 생긴다. 다른 고유의 값을 가진다.
② 중력질량이란 물체에 작용하는 중력의 크기를 비교하여 측정한 질량으로 지구상의 장소에 따라 일정하다.
③ 무게는 물체에 작용하는 중력의 크기이다
④ 무게는 w= mg

정답 : ②
해설 : ② 중력질량은 물체에 작용하는 중력의 크기를 비교하여 측정한 질량으로 지구상의 장소에 따라 크기가 변한다.

18. 다음 중 마찰력에 대한 설명으로 틀린 것은?
① 운동마찰력은 미끄럼 마찰력이라고도 한다.
② 물체가 움직이는 그 순간의 마찰력을 최대정지 마찰력이라고 한다.
③ 수직 위 방향으로 반작용하는 항력을 수직항력이라고 한다.
④ 마찰계수는 접촉면 넓이와 상관있다.

정답 : ④
해설 : 마찰계수는 접촉면 넓이와 상관없다.

19. 다음 중 치차비 선정요소로 틀린 것은?
① 치차비가 클수록 전동기의 회전수가 증가된다
② 치차비가 작을수록 견린력이 작아지며 견인력 부족으로 인출불능 또는 가속불량을 초래한다.
③ 치차비가 작을수록 전동기의 회전수가 증가된다.
④ 치차비가 클수록 차량한계에 제한을 받는다.

정답 : ③
해설 : 치차비가 클수록 전동기의 회전수가 증가된다.

20. 다음 설명 중 맞는 것은?
① u값은 약 3km/h 속도에서 최소값을 가지며 속도의 제곱에 비례한다.
② u값은 윤활유 온도가 높아질 때에는 작아진다.
③ 마찰력은 차륜 직경에 비례한다.
④ 차축부담중량 W 증가 시에 u값은 증가한다.

정답 : ②
해설 : ① u(정지마찰계수)값은 3km/h 속도에서 최소값을 가지지만 이후 '속도의 5승근'에 비례한다.
③ 마찰력은 차륜 직경에 반비례한다.
④ 차축부담중량 w 증가 시에 u값은 감소된다.

[기출응용문제 해설 10]

1. 다음 중 서울-수원간 40km를 여객열차로 운행하였다. 표정속도와 평균속도로 맞는 것은? (순수운전시분 60분, 정차시분 6분)
 ① 표정속도 36.36km/h, 평균속도 40km/h
 ② 표정속도 36.36km/h, 평균속도 45km/h
 ③ 표정속도 40km/h, 평균속도 40km/h
 ④ 표정속도 40km/h, 평균속도 45km/h

정답 : ①

해설 : $평균속도 = \frac{운전거리}{순수운전시분} \quad \frac{40 \times 60}{60} = 40km/h$

$$표정속도 = \frac{운전거리}{순수운전시분 + 도중정차시분} \quad \frac{40 \times 60}{66} = 36.36km/h$$

2. 다음 중 감속도4km/h, 공주시간 1.5s, V = 60km/h 전동열차 제동거리로 맞는 것은?
 ① 100m ② 120m ③ 150m ④ 180m

정답 : ③
풀이 : 전기동차의 간이식(제동거리 약산식)

$$S_3 = \frac{Vt}{3.6} + \frac{V^2}{7.2\alpha}(m) = \frac{60 \times 1.5}{3.6} + \frac{3600}{7.2 \times 4} = 150m$$

3. 다음 중 열차가 60km/h에서 30초 동안 가속을 하여 90km/h가 되었다. 가속도로 맞는 것은?
 ① 0km/h/s ② 1km/h/s ③ 1.5km/h/s ④ 2km/h/s

정답 : ②

해설 : $\alpha = \frac{V_2 - V_1}{t} = \frac{90 - 60}{30} = 1km/h/s$

4. 다음 중 지구 중력으로 생기는 저항으로 맞는 것은?
 ① 가속도저항 ② 구배저항 ③ 터널저항 ④ 주행저항

정답 : ②
해설 :
가속도저항 : 열차를 가속시키기 위한 힘의 반작용으로 발생하는 열차저항
구배저항 : 구배가 있는 선로 위를 운전할 때 지구 중력에 의하여 발생하는 열차저항
터널저항 : 열차가 터널을 통과할 때 발생하는 열차저항
주행저항 : 차량이 평탄한 직선선로 위를 주행할 때 발생하는 열차저항

5. 다음 설명 중 맞는 것은?
① 일률이란 1watt는 1v의 전압을 1A의 불변전류가 매초 소비되는 전기 에너지 이다.
② 에너지의 단위는 erg이다.
③ 열에너지와 위치 에너지의 합을 역학적 에너지라 한다.
④ 1Joule은 10^5erg이다.

정답 : ①
해설 : ② 에너지의 단위는 joule이다.
③ 운동 에너지와 위치 에너지의 합을 역학적 에너지라 한다.
④ 1Joule은 $10^7 erg$이다.

6. 다음 중 유도전동기의 회전력 구하는 산식으로 맞는 것은?
① $\frac{Vt}{3.6}+\frac{V^2}{7.2\alpha}$ ② $0.1885\times\frac{D}{Gr}\times N$ ③ $\frac{(T+t)\times 2}{P}$ ④ $K_1(K_2)^2 \cdot (\frac{v}{f})^2 \cdot f_s$

정답 : ④
해설 : ① 전기동차 제동거리 구하는 공식이다.
② 치차비와 속도를 구하는 공식이다.
③ 운용차량 소요편성수를 구하는 공식이다.

7. 다음 중 기어비 2, 동륜직경 1000mm, 전동기회전수 600회 일 때 속도로 맞는 것은?
① 55.55km/h ② 56.55km/h ③ 57.55km/h ④ 60km/h

정답 : ②

해설 : $V = 0.1885 \times \frac{D}{Gr} \times N$

$= 0.1885 \times \frac{1000}{2} \times 600 = 56.55 km/h$

8. 다음 중 마찰력에 대한 설명으로 맞는 것은?
① 동륜직경에 반비례 한다.
② 차축직경에 반비례 한다.
③ 동륜직경 차축직경에 비례한다.
④ 차축직경에 반비례한다.

정답 : ①
해설 : 마찰력은 동륜직경에 반비례, 차축직경에 비례한다.

9. 다음 중 견인정수에 대한 설명으로 틀린 것은?
① 견인정수란 동력차가 끌 수 있는 최대량수
② 종류로는 수정톤수, 실제량수, 인장봉 하중법이 있다.
③ 동력차의 견인정수는 견인력과 열차저항을 기초로 산출한다.
④ 전동차는 200%의 승차율로 계산한다.

정답 : ④
해설 : 고속열차 및 전 좌석 지정열차는 100% 승차율, 기타열차는 150% 승차율로 계산한다.

10. 다음 중 열차운전에 최대 견인력이 요구되는 구배로 맞는 것은?
① 지배구배(제한구배) ② 표준구배 ③ 환산구배 ④ 등가구배

정답 : ①
해설 :
표준구배 : 인접 역간 또는 신호소간 임의의 지점간의 거리 1km안에 있는 최급구배
환산구배 : 곡선저항을 구배로 환산하여 표시한 구배
등가구배 : 구배와 열차장을 고려하여 견인정수 산정을 위한 계산상의 최대구배

11. 다음 중 중량과 무관한 저항으로 맞는 것은?
① 동요에 의한 저항 ② 출발저항 ③ 구배저항 ④ 가속도저항

정답 : ①
해설 : 차량동요에 의한 저항의 원인
1. 레일이음의 상하, 좌우 불일치
2. 곡선부의 원심력 작용
3. 풍압
4. 차륜답면의 경사도(테이퍼)

12. 다음 중 제동배율에 대한 설명으로 틀린 것은?
① 제동압력 = 제동원력×제동배율
② 제동압력 = 제륜자 총압력/피스톤 총 압력
③ 제륜자 총압력 = 제동배율×피스톤 총 압력
④ 피스톤행정거리/제륜자 이동거리

정답 : ②
해설 : 제동압력 = 제동원력 × 제동배율 = 제륜차총압력 × 피스톤총압력

13. 다음 중 제동율에 영향을 미치는 인자에서 고정적 인자로 틀린 것은?
① 기초제동장치 제동배율 ② 제동통 직경
③ 제동통 압력 ④ 제동통 내경직경

정답 : ④
해설 : 제동율에 영향을 미치는 인자
1. 기초제동장치 제동배율
2. 제동통 직경
3. 제동통 압력
4. 기초제동장치 효율 등

14. 다음 중 경제운전원칙의 간접요인으로 맞는 것은?
① 차량중량경감 ② 고가속도 운전
③ 고감속도 운전 ④ 약계자방식 운전

정답 : ①
해설 : 고가속도 운전, 고감속도 운전, 약계자방식 운전은 경제운전원칙의 직접적인 요인이다.

15. 다음 중 유도전동기 속도제어 방법으로 틀린 것은?
① 슬립제어 ② 주파수제어 ③ 극수변경제어 ④ 1차 여자제어

정답 : ④
해설 : 유도전동기 속도제어 방법
1. 슬립제어(2차 저항의 가감)
2. 주파수제어
3. 극수변경제어
4. 기타 2차 여자제어 및 2대의 유도전동기를 서로 종속시켜 전체극수를 달리 하는 방법

16. 다음 중 운전계획상 평축일 때 출발저항 값으로 맞는 것은?
① 객차열차 : 8kg/ton
② 전동열차 : 3kg/ton
③ 단행기관차 : 8kg/ton
④ 기동열차 : 5kg/ton

정답 : ④
해설 : 기동열차 : 3kg/ton

17. 다음 중 곡선저항의 발생 원인으로 틀린 것은?
① 내 외측 레일의 길이 차이에 의한 저항
② 관성력과 원심력에 의한 레일과 차륜간 마찰저항
③ 레일과 차륜답면간의 마찰저항
④ 슬랙량과 캔트량

정답 : ④
해설 : 곡선저항의 발생원인
1. 내 외측 레일의 길이 차이에 의한 저항
2. 관성력과 원심력에 의한 레일과 차륜간 마찰저항
3. 레일과 차륜답면간의 마찰저항

18. 다음 중 전동열차의 톤당 감속력이 50, 100km/h로 달리는 열차의 실제동거리로 맞는 것은?
① 856m ② 857m ③ 858m ④ 859m

정답 : ③

해설 : S = $\frac{4.29 \times 100^2}{50}$ = 858m

19. 다음 중 소요차량 편성 수 산출에 대한 설명으로 틀린 것은?
① 차량운용율은 1일의 운용차량수와 총보유차량수에 대한 비율
② 차량예비율은 일반적으로 10~15% 정도 적용한다.
③ 소요차량 편성수의 총 수량은 영업용운용차량이다.
④ 영업용 운용차량의 소요편성수와 양단역의 반복시분은 반비례한다.

정답 : ④

해설 : $Nt = \frac{(T+t) \times 2}{P}$

(Nt : 운용차량 소요편성수, T : 표정시분, t : 양단역 반복시분, P : 최소운행시격)

20. 다음 중 중량 100톤인 전동차를 4km/h/s의 가속도로 주행하게 하려면 필요한 힘으로 맞는 것은?
① 11.336kg/S^2 ② 11.335kg/S^2 ③ 11.337kg/S^2 ④ 11.338kg/S^2

정답 : ①

해설 : F = ma F = $(100 \times \frac{1000}{9.8}) \times (4 \times \frac{1000}{3600})$ = 11,336kgm/s^2

[기출응용문제 해설 11]

1. 다음 중 탈선계수에 대한 설명으로 맞는 것은?
① P/Q
② 수평방향의 힘/수직방향의 힘
③ 수직방향/수평방향
④ 탈선계수가 크면 탈선가능성이 작아진다.

정답 : ②

해설 : $D=\frac{Q}{P}$ (D : 탈선계수, Q : 수평방향의 힘, P : 수직방향의 힘)
탈선계수가 크면 탈선가능성이 커진다.

2. 다음 중 하구배 8‰, R=700 곡선일 경우, 총 구배저항으로 맞는 것은? (중량 300톤)
① -2100 ton
② -2100 kg
③ 2100 ton
④ 2100 kg

정답 : ②

해설 : -8 + 1 = -7% -7 × 300 = -2100kg

3. 다음 중 거리 6km 총 운전시간 6분(정차시분 2분 포함)일 때 표정속도로 맞는 것은?
① 180km/h
② 90km/h
③ 60km/h
④ 60m/s

정답 : ③

해설 : $\text{표정속도} = \frac{\text{이동거리}}{\text{도중정차시분} + \text{순수운전시분}}$

$$\frac{6 \times 60}{6} = 60km/h$$

4. 다음 중 열차계획의 기본, 임시열차계획, 정확한 시간 기입 등에 쓰이는 열차 DIA의 종류로 맞는 것은?
① 1시간 눈금 ② 10분 눈금 ③ 2분 눈금 ④ 1분 눈금

정답 : ③
해설 :
1시간 눈금 DIA: 장기의 열차계획, 시각계정 구상, 차량운용획을 검사할 때에 주로 사용한다.
10분 눈금 DIA: 열차회수가 많은 선구에 1시간 눈금 DIA를 대신하여 같은 목적에 사용한다.
1분 눈금 DIA: 2분 눈금 DIA와 같은 용도에 사용, 열차밀도가 높은 수도권의 전동열차 DIA로 이용

5. 다음 중 선로에 대한 스프링아래중량의 상대운동으로 틀린 것은?
① 상하운동 ② 좌우운동 ③ 전후 운동 ④ 사행동

정답 : ①
해설 : 선로에 대한 스프링 아래 중량의 상대운동
1. 좌우운동 2. 전후운동 3. 사행동
스프링 아래중량에 대한 스프링 위 중량의 상대운동
1. 상하운동 3. 핏칭진동 4. 로우링 진동

6. 다음 중 모두 손실로 작용하지 않는 저항으로 맞는 것은?
① 주행저항 ② 곡선저항 ③ 가속도저항 ④ 터널저항

정답 : ③
해설 : 가속도 저항은 가속시 손실, 타행시 소비된 견인력 회수

7. 다음 중 유도 전동기 속도제어법으로 틀린 것은?
① 슬립제어 ② 주파수제어 ③ 2차 여자제어 ④ 전류제어

정답 : ④
해설 : 유도전동기 속도제어법
슬립제어 : 2차회로에 저항을 넣어 같은 토크에 대한 슬립을 변화시키는 방법
주파수제어 : N=120f/p에서 전원의 주파수를 변경시키면 연속적으로 원활하게 속도제어를 할 수 있다.

극수변경제어 : 극수가 다른 2개의 권선을 같은 홈에 넣는 방법/ 권선의 접속을 바꾸어서 극수를 바꾸는 법
2차 여자제어 및 2대의 유도전동기를 서로 종속시켜 전체극수를 달리하는 방법

8. 다음 중 치차비 선정제한 요소로 맞는 것은?
① 최저허용 회전수
② 차량한계의 제한
③ 인장견인력
④ 치차비는 속도에 비례한다.

정답 : ②
해설 : 치차비 선정 제한요소
최대 허용 회전수 : 치차비가 클수록 전동기의 회전수가 증가되어야 하므로 고속운전에 제한된다.
기동견인력 : 치차비가 적을수록 견인력이 작아지며 기동시에 견인력 부족으로 인한 인출불능 또는 가속불량을 초래한다.
차량한계의 제한 : 치차비가 클수록 대치차의 직경이 커지므로 차량한계에 제한을 받는다.

9. 다음 중 특성 견인력에 대한 설명으로 틀린 것은?
① 전기동차 특성견인력은 공칭전차선 전압에 의해 산정한다.
② 도중 구배일 경우 동차는 점착견인력에 대응한 견인력으로 산정
③ 직렬, 직병렬, 병렬, 병렬약계자회로 운전 시 최종 위치 (단)에 있어서의 견인력이다.
④ 디젤기관차 평상발차시 여객열차는 160% 이내

정답 : ④
해설 : 디젤기관차 평상발차시 여객열차는 1시간 정격전류의 120%이내 화물열차는 100%이내 이다.

10. 다음 중 차축과 축수마찰저항의 설명으로 틀린 것은?
① 동륜직경에 비례한다.
② 축 당 부담중량에 비례한다.
③ 차축직경에 비례한다.
④ 차륜과 축수 간 마찰계수에 비례한다.

정답 : ①
해설 : F = u•W

R = F · d/D = uW · d/D

마찰저항R은 마찰계수u, 차축의 부담중량W, 차축직경d에 비례하고, 차륜직경D에 반비례한다.

11. 다음 중 환산량수의 설명으로 맞는 것은?
① 차량중량/기준중량
② 동력차는 관성중량 제외
③ 고속열차, 무궁화 열차는 120% 승차율
④ 전동열차는 200% 승차율

정답 : ①
해설 : 환상량수 = 차량중량/기준중량
기준중량: 기관차는(동력차는 관성중량 부가) 30톤, 동차 및 객차는 40톤. 화차는 43.5톤을 적용
차량중량(자중+실적재중량, 동력차는 관성중량 부가)중 객차의 실 적재 중량을 계산할 때 승차인원 1인당 75kg을 표준, 고속열차 및 전 좌석 지정열차는 100%승차율, 기타열차는 150% 승차율로 계산한다.

12. 다음 중 속도의 종류에 대한 설명으로 틀린 것은?
① 최고속도는 단위시간중 이동거리가 가장 큰 속도이다.
② $평균속도 = \frac{운전거리}{순수운전시분}$
③ $표정속도 = \frac{운전거리}{순수운전시분 + 도중정차시분}$
④ 제한속도 : 운전설비 또는 신호조건에 따라 운전속도를 일시 제한할 필요가 있을 때 운전속도에 알맞게 최고속도의 한계를 정한 것을 제한속도라 한다.

정답 : ①
해설 :
최고속도 : 단위시간중 변위가 가장 큰 속도이다.
평균속도 : 운전거리를 순수운전시분으로 나누어 구한 속도
표정속도 : 운전거리를 이동소요시분으로 나누어 구한 속도
제한속도 : 운전설비 또는 신호조거에 따라 운전속도를 일시 제한할 필요가 있을 때 운전 속도에 알맞게 최고속도의 한계를 정한 것

상대속도 : 움직이고 있는 두 물체의 한쪽에서 바라본 다른 쪽의 속도를 상대속도라 한다.

13. 다음 설명 중 틀린 것은?
① 주전동기에 공급된 전력은 전부 기계적 에너지로 출력되지 못하고 일부는 전동기 자체에서 소멸된다.
② 동손(저항손) : 전류가 흐를 때 발생하는 저항손이다.
③ 무부하손 (고정손) : 부하의 대소에 관계없이 일정하게 발생되는 손실을 말한다.
④ 전동기 소손 원인 중 가장 큰 비중을 차지하는 것은 연속정격이다

정답 : ④
해설 : 전동기의 소손 원인 중 가장 큰 비중을 차지하는 것은 온도상승이다.

14. 다음 중 슬랙에 대한 설명으로 맞는 것은?
① 완화곡선이 있는 경우 : 완화곡선 600배의 길이
② 완화곡선이 없는 경우 : 캔트의 체감길이와 같은 길이
③ 복심곡선안의 경우 : 두 곡선 사이의 캔트차이의 500배 이상의 길이.
④ 두 곡선 사이의 슬랙의 차이를 체감하되, 곡선반경이 작은 곡선에서 행한다.

정답 : ②
해설 :
완화곡선이 있는 경우 : 완화곡선 전체의 길이
완화곡선이 없는 경우 : 캔트의 체감길이와 같은 길이
복심곡선안의 경우 : 두 곡선 사이의 캔트차이의 600배 이상의 길이, 이 경우 두곡선 사이의 슬랙의 차이를 체감하되, 곡선반경이 큰 곡선에서 행한다.

15. 다음 중 공기저항에 대한 설명으로 틀린 것은?
① 공기저항은 차량중량과 무관하다.
② 차량형상, 연결량수 등에 따라 다르다.
③ 단면적 등에 따라 다르다.
④ 단차가 장대열차보다 공기저항이 적다

정답 : ④
해설 : 공기저항은 다른 저항과 달리 열차중량에는 관계없이 차량의 형상, 연결량 수, 공기와의 접촉면 등에 의해 결정된다. 장대편성 열차의 톤당 공기저항은 점차 감소되나 동차와 같이 단차 운전할 때는 커진다, 공차 1톤당 주행저항은 영차에 비해 크다.

16. 다음 중 가속도저항 식으로 맞는 것은?
① 가속도저항 = 동륜주견인력-(주행저항+구배저항+곡선저항)
② 가속도저항 = 동륜주견인력-(출발저항+구배저항+곡선저항)
③ 가속도저항 = 동륜주견인력-(터널저항+구배저항+곡선저항)
④ 가속도저항 = 동륜주견인력-(터널저항+구배저항+주행저항)

정답 : ④
해설 : 동륜주 견인력 = 주행저항+구배저항+곡선저항+가속도 저항
여기서 가속도 저항을 산출하면,
가속도 저항 = 동륜주 견인력-(주행저항+구배저항+곡선저항)

17. 다음 설명 중 틀린 것은?
① 최대정지 마찰력은 수직항력에 비례한다.
② 운동마찰력은 수직항력N에 비례한다.
③ 운동마찰계수는 정지마찰계수보다 작다.
④ $\mu = \frac{N}{F} = \tan\ominus$

정답 : ④
해설 :
최대정지 마찰력 : 물체가 움직이는 그 순간의 마찰력을 말하며 수직항력에 비례한다.
수직항력 : 물체가 접촉하고 있는 면이 물체에 대해 수직 위 방향으로 반작용하는 항력
운동마찰력 : 운동하고 있는 물체에 작용하는 마찰력으로 물체가 표면 위를 미끄러질 때 작용하는 마찰의 종류를 말하므로 '미끄럼 마찰력'이라고도 한다. 운동마찰력은 바닥면이 물체를 떠받치는 힘인 수직항력 N에 비례한다.
마찰계수: 정지마찰계수 〉 미끄럼마찰계수 〉 회전마찰계수
마찰계수 산식 u=F/N = tanə

18. 다음 중 제동통 피스톤 행정의 변화 이유로 틀린 것은?
① 제동초속도 ② 제륜자 마모 ③ 하중의 변화 ④ 제동통압력 시간의 대소

정답 : ④
해설 : 제동피스톤의 행정이 변화하는 이유
1. 제륜자의 마모 : 제륜자가 마모되면 차륜과의 간격이 커진다.
2. 하중의 변화 : 하중이 커지면 받침 스프링이나 축 스프링이 압축되기 때문

에 제륜자의 위치가 내려가 제륜자와 차륜 답면의 사이가 더 벌어져 이 때문에 행정이 길어진다.

3. 제동통 압력의 대소 : 제동통 압력이 큰 만큼 기초제동장치 각부의 저항을 이기고 움직이기 때문이다.
4. 제동초속도 : 운전 중에서도 제동 초속도가 낮을 때보다 높은 쪽이 증가한다.

19. 다음 중 기하학적인 취급이 필요한 것으로 맞는 것은?
① 가속도 ② 길이 ③ 신장 ④ 부피

정답 : ①
해설 : 스칼라는 대수학적으로 계산
크기만을 가진 물리량(길이. 질량, 시간, 면적, 부피, 온도, 신장, 속력)
벡터는 기하학적인 취급 필요
크기와 방향을 가진 물리량(위치 변위, 속도, 가속도, 힘, 체중, 마찰력, 힘의 모멘트)

20. 다음 중 출발저항에 대한 설명으로 맞는 것은?
① 윤활유 유막파괴는 겨울이 빠르다.
② 5km/h 이후부터 주행저항으로 분류된다.
③ 화물열차의 출발저항 값은 평축일 경우 8kg/ton이다.
④ 하절기가 동절기보다 저항이 작다.

정답 : ③
해설 : 유막파괴로 발생하는 출발저항은 유막이 다시 형성되는 속도 3km/h정도에서 최소치가 된다. 3km/h이후부터는 주행저항으로 계산한다. 출발저항은 기온이 높을수록 크고 정차시간이 길수록 크다. 기온이 높으면 윤활유의 점도가 떨어지므로 유막이 파괴되기 쉽다.

[기출응용문제 해설 12]

1. 54km/h의 서행을 통과 후 $2m/s^2$의 가속도로 20초간을 운행했을 때 운행거리로 맞는 것은?
   ① 500m ② 600m ③ 700m ④ 800m

정답 : ③

해설 : $S = v_1 \circ t + \frac{a \circ t^2}{2} = 15 \times 20 + \frac{2 \circ 400}{2} = 700m$

2. 열차가 20m/s의 속도가 될 때까지 20초의 시간이 걸렸을 때 톤당가속력과 총가속도 저항으로 맞는 것은? (열차는 100ton)
   ① 9600
   ② 10800
   ③ 12600
   ④ 14800

정답 : ②

해설 : 가속도를 먼저 구한다. 20m/s * 3.6 = 72km/h

$\frac{72}{20} = 3.6km/h/s$ 을 톤당 가속력 fc = 30A 에 대입하면 30 * 3.6 = 108 (kg/ton),

총가속도 저항은 108 (kg/ton) * 100 ton = 10800

3. 다음 중 철도 디젤전기기관차가 다음과 같은 조건이 주어졌을 때 속도로 맞는 것은? (기어비Gr : 2, 동륜직경 D:500mm, 전동기회전수 800rpm)
   ① 37.4km/h
   ② 37.5km/h
   ③ 37.6km/h
   ④ 37.7km/h

정답 : ④

해설 : $V = 0.1885 \frac{D^* N}{Gr}$ 에 대입하면 $V = 0.1885 * \frac{0.5 * 800}{2} = 37.7 km.h$

4. 다음 중 열차가 10‰ 상구배에 350R곡선이 있다면 열차저항으로 맞는 것은? (열차는 40ton이다.)
① 370kg
② 450kg
③ 480kg
④ 500kg

정답 : ③

해설 : 10‰ + $\frac{700}{350}$ = 12‰ 12 * 40ton = 480kg

5. 다음 중 소요차량 편성수가 40편성, 표정시분 85분, 양단역 반복시분 5분, 예비율은 10%(4편성)라면 영업용 운용차량 편성수와 최소운행시격으로 맞는 것은?
① 3분
② 5분
③ 7분
④ 10분

정답 : ③
해설 : 소요차량 편성수 = 운용차량 편성수 + 예비율
$NT = \frac{2(85+5)}{P}$ =36 이므로 P는 $NT = \frac{2(85+5)}{5} = 36$ 으로 최소운행시격은 5분이다.

6. 다음 중 제동율에 영향을 미치는 인자 중 설계상 일정하지 않고 가변적인 인자로 맞는 것은?
① 제동통 직경 ② 기초제동장치 제동배율
③ 기초제동창치 효율 ④ 제동관 직경

정답 : ③
해설 : ①, ②는 설계에 따라 일정하나 기초제동장치 효율은 여러 가지 요인에 의해 가변적이다. ④는 영향을 미치지 않는다.

7. 다음 중 힘의 3요소로 틀린 것은?
① 힘의 크기 ② 힘의 방향 ③ 힘의 작용점 ④ 힘의 작용선

정답 : ④
해설 : 힘의 3요소는 힘의 크기, 방향, 작용점이다.

8. 다음 중 직류직권전동기 회전력에 대한 설명으로 맞는 것은?
① 자속과 전류의 곱에 비례
② 전류에 반비례
③ 회전수와 비례
④ 자속은 회전수에 비례

정답 : ①
해설 : 회전력은 $T = K^{*}\Phi^{*}I$ 이고 회전수N은 $N = \frac{EC}{\Phi}$ 이므로 회전력은 자속과 전류의 곱에 비례한다. 회전수는 회전력과 반비례하며 자속은 회전수에 반비례한다.

9. 다음 중 주행저항 일반식 R= a+bv+cv²에서 각 요소 abc에 해당하는 인자로 틀린 것은?
① a = 속도에 관계없는 인자(기계부분마찰저항, 차축과 축수간의 마찰저항, 차륜의 회전마찰저항)
② b = 속도에 비례하는 인자(후렌지와 레일간의 마찰저항, 충격에 의한 저항)
③ c = 속도의 제곱에 비례하는 인자(공기저항, 동요에 의한 저항)
④ 주행저항 중 가장 큰 저항은 진동과 동요에 의한 저항이다.

정답 : ④
해설 : 주행저항 중 가장 큰 저항은 차축과 축수간의 마찰저항이다.

10. 다음 중 전동차 제작시 전 중량의 85%를 점착중량으로 산정하는 이유로 맞는 것은?
① 제동율 ② 제동배율 ③ 제동거리 ④ 축중이동

정답 : ④
해설 : 전동차의 경우 최대 15% 정도의 축중이동이 있으므로 최대견인력, 최대제동력을 계산 시 축중 이동을 고려하여 전 중량의 약 85%를 점착중량으로 산정하는 것이 적당하다.

11. 다음 중 공주시간 발생 원인으로 틀린 것은?
① 공기배관을 따라 이동하는데 시간이 걸린다.
② 기초제동장치가 동작되는데 걸린다.
③ 제동통압력이 상승하는데 시간이 걸린다.
④ 제동변 취급 시간에 시간이 걸린다.

정답 : ④
해설 : 공주거리 발생원인
① 압력공기가 공기배관을 따라 이동하는데 시간이 걸린다.
② 기초제동장치가 동작되는데 시간이 걸린다.
③ 제륜자가 차륜에 접촉된 후 적정압력이 될 때까지 제동통압력이 상승하는데 시간이 걸린다.

12. 다음 중 수송량과 열차횟수에 대한 설명으로 틀린 것은?
① 노선에 대한 여객열차의 최소 열차횟수는 최저 2왕복
② 노선에 대한 화물열차의 최소열차 횟수는 최저 "0"이다
③ 화물열차의 경우는 수송톤수로 표시한다.
④ 여객열차는 수송인km로 표시한다.

정답 : ①
해설 : 노선에 대한 여객열차의 최소 열차횟수는 최저 1왕복이다.

13. 다음 중 차량동요의 원인이 틀린 것은?
① 레일의 상하, 좌우 불일치 ② 곡선부의 원심력 작용
③ 풍압 ④ 차륜답면의 경사도

정답 : ①
해설 : 레일이 아니라 레일 이음의 상하, 좌우 불일치이다.

14. 다음 중 열차번호 부여기준으로 틀린 것은?
① 열차번호는 열차선에 연결하여 기재한다.
② 교행선 표시를 한다.
③ 본선의 유효장 표시도 한다.
④ 급유표시 등을 한다.

정답 : ②

해설 : 열차번호 부여기준
노선명칭 : 열차다이아 중앙상부에 기재, 여러 개 선로 기록시 각 노선명의 상부에 기재.
다이아 작성부서 : 작성부서는 열차다이아의 상부 여백에 기재
열차번호 : 열차번호는 열차선에 연결하여 기재한다.
기타 : 표준 상, 하구배, 각역간거리, 각 정거장의 기점부터의 거리, 정거장의 종류, 승무교 대정거장, 폐색방식의 종류, 본선의 유효장, 대피선 표시, 급유표시등을 해야 한다. 교행선 표시는 없음.

15. 다음 중 진동에 대한 설명으로 틀린 것은?
① 차량의 전후진동은 핏칭 진동을 동반한다.
② 차량의 좌우진동은 로오링 진동을 동반한다.
③ 5사이클 이하를 동요라고 한다.
④ 5사이클 이상은 진동이라고 한다.

정답 : ④
해설 : 10사이클 이상을 진동이라고 한다.

16. 다음 중 유도전동기 회전력과 회전수에 대한 설명으로 틀린 것은?
① 회전수는 전원주파수에 비례
② 회전수는 자극수에 반비례
③ 회전력은 전원주파수f에 반비례
④ 회전력은 슬립주파수에 비례

정답 : ③
해설 : 회전수 $N=(1-S)*\frac{120f}{p}$ 전원주파수에 비례 자극수에 반비례하고 회전력 $T=K_4*(\frac{V_M}{F})*FS$ 회전력은 전원주파수 F의 자승에 반비례한다.

17. 다음 중 차량에서 공기저항이 두 번째로 큰 위치로 맞는 것은?
① 전부위치 ② 차위위치 ③ 맨 뒤 위치 ④ 중간위치

정답 : ③
해설 : 중간부의 공기저항을 1로 보았을 때 전면부는 10, 2위 차량은 0.8 후부차량은 2.6으로 맨 뒤 위치 차량이 두 번째로 공기저항이 크다.

18. 다음 중 상구배 인출법에서 가장 많이 사용하는 인출법으로 맞는 것은?
① 압축인출법 ② 후퇴인출법 ③ 자연인출법 ④ 보기인출법

정답 : ①
해설 : 압축인출법은 열차출발저항을 이용하여 인출하는 방법으로 다른 인출방법보다 인출이 용이하여 이 방법을 가장 많이 사용한다.

19. 다음 중 정차시분과 비례, 반비례관계의 인자에 대한 설명으로 맞는 것은?
① 열차편성량, 출입문수, 출입문개폐시간 반비례
② 정차시분비례 : (P1+P2)역의 시간당 승차인원, 출입문 개폐시간
③ 정차시분반비례 : 60/Th(시간당열차횟수), n(전동차편성량수), N(출입문수), F(초당 승차인원), Q(불균등인자)
④ 정차시분은 여유시간과 반비례한다.

정답 : ②
해설 :
정차시분 비례인자 : 출입문 개폐시간, 여유시간, 역의 시간당 승차인원(p1+p2)
반비례인자 : 전동차편성량수, 출입문수, 초당 승하차인원, 불균등인자, 시간당 열차횟수

20. 다음 중 여유시분에 대한 설명으로 틀린 것은?
① 보통 여객열차일 때 단선구간 3~5%의 여유시분을 갖는다.
② 특급이상의 열차일 때 복선은 2~4%의 여유시분을 갖는다.
③ 종착역 가까이에 여유시분을 준다.
④ 운전상 정차시분에는 대상열차의 교행, 선행열차의 개통 대기 등이 있다.

정답 : ①
해설 : 특급이상의 열차일 때 단선구간 3~5%의 여유시분을 갖는다.

[기출응용문제 해설 13]

1. 다음 중 3상유도전동기 토크에 대한 설명으로 맞는 것은?
① 전원주파수 제곱에 반비례
② 슬립주파수 F에 반비례
③ 정토크제어는 고속영역이다
④ 중속영역은 특성영역제어다

정답 : ①

해설 : $T = K_4 * (\frac{V_M}{F})^2 * F_S$ 전원주파수 제곱에 반비례한다.

2. 다음 중 동륜주 견인력에 대한 설명으로 맞는 것은?
① 동륜주견인력과 전동기회전력은 반비례한다.
② 동륜주견인력은 지시견인력보다 크다.
③ 동륜주견인력은 동륜직경에 비례한다.
④ 동륜주견인력은 전동기수에 비례한다.

정답 : ①

해설 : $T_d = \frac{2t * gr * m * \mathfrak{I}}{D}$ 동륜주견인력은 전동기 수(m)에 비례한다.

3. 다음 중 실효중량 Fc=28.35(1+X)WA 설명으로 맞는 것은?
① A=관성계수 ② W=부가관성중량 ③ (1+A)W=실효중량 ④ X= 관성계수

정답 : ④

해설 : Fc=28.35(1+X)에서 A는 가속도
W=실제중량
X= 관성계수
(1+A)W=실효중량 → (1+X)W=실효중량

4. 다음 중 시설 및 설비 수용성 고려항목에 대한 설명으로 틀린 것은?
① 반복운행 및 회차 설비
② 역별 승객편의시설 수용성

③ 지역특성 및 역세권에 따른 승강장 형태
④ 주간유치 및 비상시 예비차 대피설비

정답 : ④
해설 : 야간유치 및 비상시 예비차 대피설비이다.

5. 다음 중 속도의 종류에 대한 설명으로 틀린 것은?
① 표정속도 = 이동거리/이동소요시분
② 평균속도 = 이동거리/순수운전시분
③ 최고속도는 단위시간에 속도변화가 가장 큰 속도
④ 제한속도 = 운전설비 및 신호조건에 따른 속도의 한계를 정한다.

정답 : ③
해설 : 최고속도는 단위시간에 변위가 가장 큰 속도를 말한다.

6. 다음 중 고정손으로 틀린 것은?
① 표류부하손 ② 와류손 ③ 히스테리시손 ④ 마찰손

정답 : ①
해설 : 가변손 : 동손(저항손), 표류부하손
고정손 : 철손(와류손, 히스테리시손), 기계손(마찰손, 풍손)

7. 다음 중 가속도에 대한 설명으로 틀린 것은?
① 단위시간당 속도변화량이다.
② 단위는 m/sec/sec이다
③ 가속도의 방향과 크기가 일정한 경우를 등가속도 운동이라 한다.
④ 속도를 시간으로 나눈 값이다.

정답 : ④
해설 : 가속도란 속도변화량을 걸린 시간으로 나눈 값이다.

8. 다음 중 마찰력에 대한 설명으로 틀린 것은?
① 마찰계수는 접촉면 넓이와 비례한다.
② 마찰력은 수직항력에 비례한다.
③ 접촉면의성질에 좌우된다.
④ 최대정지마찰력은 물체가 움직이는 순간이다.

정답 : ①

해설 : 마찰계수는 접촉면의 넓이와 무관하고 접촉면의 성질(재질, 모양)과 관련이 있다.

9. 다음의 값을 가지고 속도를 구하시오. Gr : 2.52 D: 860mm 전동기회전수 1,000rpm

① 64km/h ② 66km/h ③ 68km/h ④ 74km/h

정답 : ①

해설 : $V=0.1885*\frac{D*N}{GR}$ 으로 $V=0.1885*\frac{0.86*1000}{2.52}$ = 64.32

10. 다음 중 350m곡선반경, 열차중량이 300ton 일 때 총 저항으로 맞는 것은?

① 450kg ② 500kg ③ 600kg ④ 650kg

정답 : ③

해설 : $\frac{700}{350}*300$ = 600

11. 다음 중 가속도가 0.5km/h/s인 열차의 발차 1분 후 주행거리로 맞는 것은?

① 250m ② 400m ③ 450m ④ 500m

정답 :①

해설 : $S=\frac{1}{2}a\times t^2$ 이므로 $S=\frac{1}{2}0.5km/h/s\times\frac{1}{3.6}\times 60^2=$ 250m

가속도 a는 m/s/s 단위로 바꾸어 주어야 하므로 $\times\frac{1}{3.6}$

12. 다음 중 정거장에서 출발한 열차가 1m/s² 가속도로 90km/h 되었을 때 소요시간으로 맞는 것은?

① 25sec ② 30sec ③ 35sec ④ 40sec

정답 : ①

해설 : 90 × $\frac{1}{3.6}$ = 25m/s/s 초당 가속도는 1m/s/s 이므로 t(1m/s/s) = $\frac{25}{a}$ a = 25sec

13. ARE제동장치를 사용하는 열차가 60km/h로 주행 중 상용제동을 체결하면 공주거리의 값으로 맞는 것은?
① 50m ② 100m ③ 150m ④ 200m

정답 : ①
해설 : 공주거리 S $= \frac{vt}{3.6} = \frac{60 \times 3}{3.6} = 50m$

14. 다음 중 기관차 최소유효감압량으로 맞는 것은?
① 0.16 ② 0.42 ③ 0.43 ④ 0.47

정답 : ①
해설 : r 〉 0.16kg/cm²

15. 다음 중 제동배율에 대한 설명으로 맞는 것은?
① 제동압력을 제동원력으로 곱한다.
② 제동배율은 피스톤행정거리를 제륜자 이동거리로 나누어준 값이다.
③ 피스톤 총압력을 제륜자 총 압력으로 나눈 것이다.
④ 7500대형 제동배율은 4.47이다.

정답 : ②
해설 : ① 제동압력을 제동원력으로 나눈다.
③ 제륜자 총압력을 피스톤 총압력으로 나눈 것이다.
④ 7500대형 제동배율은 5.75이다.

16. 다음 중 주행저항 일반식 r= a + bv + cv2에서 a, b, c에 해당하는 인자에 대한 설명으로 맞는 것은?
① b = 후렌지와 레일간 마찰저항
② a = 충격에 의한 저항
③ c = 기계부분의 마찰저항
④ b = 동요에 의한 저항

정답 : ①
해설 : 주행저항의 일반식
a : 속도에 관계없는 인자는 기계부분의 마찰저항, 차축과 축수간의 마찰저항, 차륜의 화전마찰저항

b : 속도에 비례하는 인자는 후렌지와 레일 간 마찰저항, 충격에 의한 저항, 차륜답면과 레일 간 마찰

c : 속도의 제곱에 비례하는 인자는 공기저항 동요에 의한 저항

17. 다음 중 동력차 견인력 지배인자로 맞는 것은?

① 동력차의 상태 및 견인시험 ② 기온

③ 전차선 전압 ④ 구배의 완급과 장단

정답 : ①

해설 : 동력차 견인력 지배인자의 관계로 ①번을 포함한

1. 사용연료 및 전차선 전압
2. 제한구배상의 인출조건
3. 전기차의 온도상승 한도가 있다.

18. 다음 중 차륜답면 경사도와 관계 있는 것으로 맞는 것은?

① 사행동 ② 횡압 ③ 상하운동 ④ 운동에너지

정답 : ①

해설 : 사행동은 차륜답면이 테이퍼 형상으로 되어있는 것은 주행의 안정성이라는 측면에서 보면 아주 좋으나 차륜의 좌우 직경차 때문에, 윤축이 한쪽으로 쏠렸다가 반대쪽으로 쏠리는 현상을 일으킨다.

19. 다음 중 열차저항이 큰 순서로 맞는 것은?

① 전부 - 후부 - 중간차 - 제2위차

② 전부 - 차위 - 중간차 - 후부

③ 전부 - 후부 - 차위 - 중간차

④ 전부를 제외한 나머지 차량은 동일한 열차저항 값을 갖고 있다.

정답 : ①

해설 : 전부 : $0.001V^2$, 후부 : $0.00026V^2$, 중간차 : $0.0001V^2$

제2위 차량 : $0.00008V^2$

20. 다음 중 실제동거리에 대한 설명으로 틀린 것은?

① 제동거리는 중량에 비례한다.

② 제동거리는 제동초속도의 제곱에 비례한다.

③ 제동거리는 열차저항에 비례한다.
④ 감속도는 제동거리에 영향을 주지 않는다.

정답 : ③
해설 : ③ 제동거리는 열차저항에 반비례한다.

[기출응용문제 해설 14]

1. 다음 중 발전제동의 필요조건으로 맞는 것은?
① 판타그래프와 전동기 회로를 폐회로로 만들어야 한다.
② 저항은 잔류자기를 가져야 한다.
③ 발전기의 부하는 불평형이 되어야 한다.
④ 전기자 전류의 방향과 계자전류의 방향이 같은 방향이 되어야 한다.

정답 : ④
해설 : ① 판타그래프와 전동기 회로를 일시 차단한다.
② 자극은 잔류자기를 가져야 한다.
③ 각 발전기의 부하는 평형이 되어야 한다.

2. 다음 중 소요차량 편성 수를 구하는 산식으로 맞는 것은?
① Nt = (T + t)2 /P ② NT= $\frac{(p+t)2}{T}$ ③ NT= $\frac{(p+t)2}{T}$ t ④ (T + t)P /2

정답 : ①
해설 : Nt : 운용차량 소요 편성수
T : 표정시분(시발역 출발시각부터 종착역 도착시각까지)
t : 양단 역의 반복 시분

3. 다음 중 사용목적에 따른 운전선도의 종류로 틀린 것은?
① 계획운전선도 ② 실제운전선도 ③ 거리시간선도 ④ 가속력 선도

정답 : ③
해설 : 사용목적에 따른 운전선도의 종류
① 계획운전선도, ② 실제운전선도, ④ 가속력선도
③ 거리시간 선도는 사용목적에 따른 운전선도에 없는 말이다.

4. 다음 중 마찰계수를 구하는 산식으로 맞는 것은?
① μ = F/N ② μ = N/F ③ F = ma ④ μ = NF

정답 : ①
해설 : 두 물체의 접촉면에 작용하는 마찰력의 크기 F와 2면을 수직으로 누르고 있는 힘 N과의 비 μ = F/N를 마찰계수라고 한다.

5. 다음 중 터널저항에 대한 설명으로 틀린 것은?
① 터널저항은 터널길이에 비례한다. ② 터널저항은 열차중량에 비례한다.
③ 터널저항은 복선에서 1kg/ton이다. ④ 터널저항은 단선에서 2kg/ton

정답 : ②
해설 : 터널저항은 열차중량에 반비례한다.

6. 다음 중 점착견인력에 대한 설명으로 맞는 것은?
① 점착견인력은 동륜주견인력이 커지면 따라서 감소한다.
② 동륜주 견인력은 점착견인력 보다 커야한다.
③ 낙엽이 레일위에 있으면 습할 때 보다 점착계수가 좋다.
④ 낙엽이 있는 경우 0.08 이다.

정답 : ④
해설 : ① 점착견인력은 동륜주견인력이 커지면 따라서 증가한다.
② 동륜주견인력이 점착견인력보다 크면 동륜은 공전하므로 점착견인력이 동륜주견인력보다 커야한다.
③ 건조 〉 습할 때 〉 서리 〉 기름 〉 낙엽

7. 다음 중 견인정수 산정 시 고려사항으로 맞는 것은?
① 하구배의 완급
② 상구배 제동거리
③ 곡선에서는 점착력 증가한다.
④ 열차사명-선로의 상태

정답 : ④
해설 : 견인정수 산정할 때 고려사항
1. 열차사명
2. 선로의 상태
3. 선로유효장 및 승강장 유효장
4. 동력차상태
5. 기온

8. 다음 중 열차저항에서 차륜답면 경사에 따른 정현파 상태 운동을 하는 저항으로 맞는 것은?

① 전동마찰에 의한 저항
② 사행동에 의한 저항
③ 동요에 의한 저항
④ 공기에 의한 저항

정답 : ②
해설 : ① 차륜회전의 변화에 따라 차륜과 레일의 접촉면 증가로 인한 저항
③ 차량의 전후, 상하, 좌우 동요로 인한 저항 - 속도의 자승에 비례 - 값이 극소하나 고속 에서는 저항 값이 커져 전 주행저항의 50%이상을 차지
④ 열차가 주행 시 전면에 공기와 마찰하는 저항이, 후부에서는 진공으로 인한 저항이 발생 하는데 이 공기로 인해 발생하는 저항을 공기저항이라 함.

9. 다음 중 곡선저항에서 모리손 실험식에 의하여 4축 대차의 식으로 맞는 것은?
① $1000\mu(G+L)/R$ ② $R/1000\mu(G+L)$ ③ $1000\mu(G+L)/2R$ ④ $2R/1000\mu(G+L)$

정답 : ①
해설 : ③ 모리손 실험식의 2대축차의 식

10. 다음 중 피스톤 외경이 5cm, 내경이 4cm 작용압력이 1kg/㎠ 제동원력으로 맞는 것은?
① 11.12 ② 12.56 ③ 12.34 ④ 14.87

정답 : ②
해설 : 제동원력$=\pi D^2P/4(kg/cm^2)$
P: 피스톤에 작용하는 유효압력 (kg/cm^2) D: 제동통의 내경(cm)
$3.14\times4^2\times1/4=12.56$

11. 다음 중 일반열차에서 감속력이 100, 속도 60km/h일 때 제동거리로 맞는 것은?
① 100m ② 150m ③ 200m ④ 250m

정답 : ②
해설 : 일반열차에서의 제동거리 = $4.17V^2/fdm$
fdm: 감속력 V: 속도
$4.17\times60^2/100 = 150.12 \fallingdotseq 150M$

12. 다음 중 제동배율에 대한 설명으로 맞는 것은?
① 제동배율이 6은 제륜자 이동거리는 제동통피스톤 이동거리의 1/6이 된다는 뜻 이다.
② 7500호는 제동배율이 5.5이다.
③ 인버터 제어차는 M차는 3.2이다.
④ 저항 제어차는 M차 4.77이다

정답 : ①
해설 : ② 7500호대는 제동배율이 5.75
③ 인버터 제어차 M차는 4.47
④ 저항 제어차 M차는 3.66

13. 다음 중 회차설비 이용 방식으로 틀린 것은?
① 인상선 설치
② 루프선 설치
③ 차량기지 입환선
④ 착발선

정답 : ④
해설 : 착발선은 열차의 도착과 출발에 쓰이는 선로이다.

14. 다음 중 철도차량 진동에서 틀린 것은?
① 10사이클 이상의 고주파수를 가진 것을 진동이라 한다.
② 좌우진동을 로우링, 전후진동을 피칭이라고 한다.
③ 스프링 아래 중량의 상대운동으로 좌우진동, 전후진동, 사행동이 있다.
④ 5사이클 이하의 주파수를 동요라고 한다.

정답 : ②
해설 : 좌우진동을 핏칭진동, 전후운동을 로우링 진동이라 한다.

15. 다음 산식 중 틀린 것은?
① $S=at^2/2$ ② $a=2S/t^2$ ③ $t=\sqrt{}2s/a$ ④ $S = at^2$

정답 : ④
해설 : $V_1 = 0$일 때의 식은 기본으로 $S=at^2/2$임.

16. 다음 중 슬랙의 체감 길이로 맞는 것은?
① 완화곡선이 있는 경우- 완화곡선 전체길이의 600배
② 완화곡선이 없는 경우 - 캔트의 체감길이와 같은 길이
③ 복심 곡선안의 경우 - 슬랙차이의 600배 이상의 길이
④ 완화곡선이 없는 경우 - 곡선부 길이의 600배

정답 : ②
해설 : ① ③번은 복심 곡선의 경우이다.

17. 다음 중 대차 사행동에 관한 설명으로 틀린 것은?
① 2축을 고정한 대차에서 발생하는 사행동
② 윤축의 1축의 파장에 비례
③ 축거에 비례, 궤간에 반비례
④ 파장은 약 60m

정답 : ④
해설 : 파장은 약 30m이다.

18. 다음 중 열차가 발차 후 속도가 36km/h까지 1분이 소요되었다. 가속도, 가속도저항 및 소요거리로 맞는 것은? (단 열차중량은 3000 ton이다.)
① 가속도 : 0.3, 가속도저항 : 50,000kg, 소요거리 : 250m
② 가속도 : 0.6, 가속도저항 : 54,000kg, 소요거리 : 300m
③ 가속도 : 0.5, 가속도저항 : 52,000kg, 소요거리 : 350m
④ 가속도 : 0.8, 가속도저항 : 55,000kg, 소요거리 : 400m

정답 : ②
해설 : 가속도=36/60=0.6, ton당 가속력=30A=30×0.6=18kg/ton
가속도저항=18×3000=54,000kg, 소요거리=$4.17\times36^2/18$=300m

19. 어떤 차량은 40km/h 시 돌방하여 300m 이동하여 속도가30km/h되었다. 이 차량의 평균 ton당 주행저항으로 맞는 것은? (단, 회전부분의 영향은 직진부분의 9%다.)
① 12.12 ② 13.67 ③ -10.01 ④ 17.05

정답 : ③
해설 : 회전부분의 영향이 직진부분의 9%일 때 식은 $4.29\times(V_2^2-V_1^2)/S$
식을 대입하면 $4.29\times(30^2-40^2)/300=-10.01$ $\frac{4.29(40^2-30^2)}{300}=10.01$

20. 선로용량을 산정하기 위해서는 선로조건, 차량성능, 운전상태 등을 고려하여 한다.
다음 중 선로용량 산정의 중요인자로 틀린 것은?
① 열차유효시간대 ② 열차여유시분 ③ 열차취급시분 ④ 열차 지연시분

정답 : ④
해설 : ④ 열차지연시분은 선로용량 산정의 중요영향인자가 아니다.

[기출응용문제 해설 15]

1. 다음 중 벡터 혹은 벡터량에 속하지 않는 것으로 맞는 것은?
① 위치 ② 변위 ③ 속도 ④ 속력

정답 : ④
해설 : 위치 변위 속도 가속도 힘의 모멘트는 벡터 벡터량에 속한다.

2. 다음 중 속도에 대한 설명으로 틀린 것은?
① 최고속도 : 단위 시간당 변위가 가장 큰 속도
② 평균속도 : 총 이동 거리를 순수 운전 시분으로 나누어 구한 속도
③ 표정속도 : 총 이동 거리를 도중 정차 시분으로 나누어 구한 속도
④ 상대속도 : 움직이고 있는 두 물체의 한쪽에서 바라본 다른 쪽의 속도

정답 : ③
해설 : 표정속도는 운전거리를 이동소요시분으로 나누어 구한 속도.

3. 다음 중 견인력의 작용하는 장소에 의한 분류로 틀린 것은?
① 점착 견인력 ② 지시 견인력 ③ 동륜주 견인력 ④ 인장봉 견인력

정답 : ①
해설 : 작용하는 장소에 의한 분류 : 지시견인력, 동륜주견인력, 인장봉견인력
제한 인자에 따라 분류 : 점착견인력, 특성견인력

4. 다음 중 10 ‰ 상구배에 350m 곡선일 있을 경우, 환산구배 값으로 맞는 것은?
① 8 ‰ ② 10 ‰ ③ 12 ‰ ④ 14 ‰

정답 : ③
해설 : ic = I + 700/R 상구배는 기울기 플러스 하구배는 기울기 마이너스
ic: 환상구배 (‰) i: 실제구배(‰) R: 곡선반경(m)

$$10+\frac{700}{350}=12‰$$

5. 다음 중 유도전동기 속도(회전수) 제어법이 아닌 것은?
① 유도전류제어 ② 슬립제어 ③ 전원주파수제어 ④ 극수제어

정답 : ①
해설 : 속도제어법은 슬립제어 전원주파수제어 극수제어

6. 다음 중 출발저항에 대한 설명으로 맞는 것은?
① 객차가 화차보다 출발저항이 크다.
② 기온이 높을수록. 정차시간이 길수록 작다.
③ 3 K/h에서 최대가 되며 이후 주행저항으로 변한다.
④ 답면 기울기(테이퍼)에 영향을 받는다.

정답 : ①
해설 : 화차가 객차보다 출발저항이 적은 것은 화차는 연결기의 유간이 커서 그 탄력으로 인해 출발할 때 저항이 작아지기 때문에 객차가 화차보다 출발저항이 크다.

7. 60km/h로 달리던 열차가 제동을 체결하여 50m 이동 후 정차하기 시작했다. 공주시간으로 맞는 것은?
① 1초 ② 2초 ③ 3초 ④ 4초

정답 : ③
해설 : $s=\frac{vt}{7.2}=\frac{60\times30}{7.2}=250m$ $t=\frac{7.2s}{v}=3$초

8. 다음 중 직류직권전동기의 구비조건으로 틀린 것은?
① 속도변화폭이 커서 속도제어가 용이할 것
② 기동회전력이 클 것
③ 직렬 운전 시 부하 불균형이 적을 것
④ 운전 중 급격한 전류, 전압의 변동에도 고장이 발생하지 않을 것

정답 : ③
해설 : ③ 병렬 운전 시 부하 불균형이 적을 것

9. 다음 중 동력차 치차비와 속도와의 관계에 대한 설명으로 틀린 것은?
① 치차비: 대치차의 치수 / 소치차의 치수
② 주전동기 1회전한 경우 동륜회전수 = 1 / 치차비
③ 1시간당 동륜회수 = 60 x N x 1 / 치차비
④ km = 0.1885 x D N / Gr x 주전동기 1시간 회전수

정답 : ④

해설 : V = 0.1885 X D N / Gr X 주전동기 1시간 회전수
속도의 단위는 km/h

10. 다음 중 점착력에 영향을 미치는 것으로 맞는 것은?
① 접촉면 상태
② 선로의 길이
③ 축중 보상
④ 곡선 통과시 횡 방향 슬립

정답 : ①
해설 : 점착력에 영향을 미치는 인자
접촉면 상태, 속도의 변화, 축중이동, 점착계수, 곡선통과 등에 의한 횡방향 슬립영향

11. 다음 중 공기제동장치의 공주거리 발생 원인으로 맞는 것은?
① 기초제동장치 동작시간과 상관없다.
② 제륜자가 차륜과 접촉된 후 제동압력이 불규칙적으로 변화하여 제동압력이 고르지 못함에 따라 발생한다.
③ 압력공기가 공기배관을 따라 이동하는데 시간이 걸린다.
④ 제륜자 또는 라이닝의 재질차이에 따른 점착계수의 변화 때문이다.

정답 : ③
해설 : ① 기초제동장치가 동작되는데 시간이 걸린다.
② 제륜자가 차륜에 접촉된 후 적정압력이 될 때까지 제동통압력이 상승하는데 시간이 걸린다.
④ 상관없음

12. 다음 중 발전제동의 단점으로 틀린 것은?
① 전기제동의 고장 또는 저속도에서 제동력이 극소하므로 타 공기제동장치의 병설을 요한다.
② 저항제어를 하므로 별도의 저항기가 필요하다.
③ 주전동기의 부하율이 높기 때문에 주전동기의 용량을 줄일 필요가 있다.
④ 전기회로가 복잡하다.

정답 : ③
해설 : 주전기의 부하율이 높기 때문에 주전동기의 용량을 줄일 필요가 있다.
주전기의 부하율이 높기 때문에 주전동기의 용량을 증대할 필요가 있다.

13. 다음 중 발전제동의 단점을 설명한 것으로 맞는 것은?
① 고속에서 제동력 극소하므로 타 공기 제동장치 병설이 필요하다.
② 별도의 저항기 필요 없다.
③ 전기 회로가 단순하다.
④ 주전동기의 용량 증대가 필요하다.

정답 : ④
해설 : ① 저속도에서 제동력이 극소하므로 타 공기제동장치의 병설이 필요하다.
② 저항제어를 하므로 별도의 저항기가 필요하다.
③ 전기 회로가 복잡하다.

14. 다음 중 견인정수 산정 시 고려요소로 틀린 것은?
① 하구배 제동 길이
② 가상구배 완급과 장단
③ 선로의 길이
④ 승강장의 유효장

정답 : ②
해설 : ② 상구배의 완급과 장단

15. 다음 중 열차의 출발저항을 이용하여 인출하는 방법으로 맞는 것은?
① 압축 인출법 ② 자연 인출법 ③ 후퇴 인출법 ④ 보조기관차 이용

정답 : ①
해설 : 상구배선로에서 정차시 인출취급
자연인출법 : 평단선로에서 출발할 때와 같이 하는 인출방법이다. 제동을 완해한 다음 가감간을 상승시켜 동력운전을 하는 방법이다.
압축인출법 : 열차 출발저항을 이용하여 인출하는 방법이다. 다른 인출방법 보다 인출이 용이하며 이 방법을 가장 많이 사용한다.
후퇴인출법 : 열차를 퇴행시켰다가 인출하는 방법으로서 구배가 완만하고 열차장이 비교적 짧은 경우에 사용한다.

16. 다음 중 혼잡도에 대한 설명으로 맞는 것은?
① 경제성을 고려해 250% 내외를 기준으로 산정
② 한 명당 기준 중량은 60kg으로 산정

③ 도시철도 혼잡도 기준은 객실정원을 150%로 산정
④ 혼잡도는 승차인원과 운행시격에 의해 영향을 받는다.

정답 : ④
해설 : 일반적으로 객실 정원을 혼잡도 100%로 하여 산정한다.
노선마다 차이가 있지만 경제적인 면을 고려하여 혼잡도 200% 내외를 기준으로 열차를 배차하고 있다. 도시철도의 혼잡도 기준은 100%이다.

17. 시속 60km/h로 달리는 전동열차가 제동력을 체결하여 정차하였다. 실 제동거리로 맞는 것은? (단, 감속력은 100)
① 154.40m
② 154.44m
③ 154.46m
④ 154.48m

정답 : ②
해설 : 실제동거리

$$S2=\frac{4.17V^2}{fdm}$$ → 일반열차

$$S2=\frac{4.29V^2}{fdm}$$ → 전기차, 전동차

fdm=감속력

$$\frac{4.29\times v^2}{100}=154.44m$$

18. 다음 중 곡선저항에 대한 설명으로 틀린 것은?
① 레일과 차륜간의 마찰저항
② 내외측 레일의 무게차이에 의한 저항
③ 레일과 차륜답면과의 마찰저항
④ 내외측 레일의 길이 차이에 의한 저항

정답 : ②
해설 : 곡선선로를 주행할 때는 관성 및 원심력에 의하여 레일과 차륜 간에 마찰저항이 생기고, 내측레일과 외측레일의 길이차이 때문에 한 쪽 차륜이 활주(미끄러짐)하면서 마찰저항이 생긴다. 또 외측레일에는 횡압이 작용하여 차륜 후렌지와 레일 간에 마찰저항이 생긴다.

19. 다음 중 마찰력의 설명으로 맞는 것은?
① 물체간의 재질에 따른 마찰계수에 반비례한다.
② 수직항력에 반비례 한다.
③ 두면이 만나는 접선력이다.
④ 크기는 같고 방향이 동일하다.

정답 : ③
해설 : ① 물체간의 재질에 따른 마찰계수에 비례한다.
② 마착력은 물체가 면으로부터 받는 수직항력에 비례한다.
④ 물체의 운동방향과 반대로 작용한다.

20. 다음 중 환산량수에 대한 설명으로 맞는 것은?
① 기준중량/차량중량
② 기관차는 30톤, 객차는 40톤, 화차는 43.5톤을 적용한다.
③ 무궁화 열차는 150% 승차율
④ 전동차는 200% 승차율

정답 : ②
해설 : ① 차량중량 / 기준중량
③ 좌식 지징 열차는 100%
④ 기타열차는 150% 승차율로 계산

[기출응용문제 해설 16]

1. 다음 중 유도전동기 특성으로 틀린 것은?
① 부하증감에 대한 속도변화가 크다.
② 구조가 간단하고 튼튼하다.
③ 가격이 싸고 유지보수비가 적다.
④ 교류전원을 사용할 수 있으므로 전원공급이 쉽다.

정답 : ①
해설 : ① 부하증감에 대한 속도변화가 적다.

2. 다음 중 슬립주파수를 일정하게 유지한 상태에서 전원주파수와 전원전압의 비를 일정하게 유지하며 주파수를 증가시켜 속도를 제어하는 영역으로 맞는 것은?
① 정토크제어 ② 정출력제어 ③ 특성영역 ④ 고속영역

정답 : ②
해설 : 전원의 전압을 일정하게 유지한 상태에서, 전원주파수의 자승의 값 과 슬립주파수의 비를 일정하게 유지시키면서 전원주파수를 낮추면 토크는 일정하게 유지가 되고, 그에 따라 속도 가 점점 줄어들게 된다. 이때 전원주파수가 1/2승의 비로 작아지는데 반해 슬립주파수는 전원주파수의 자승의 비로 작아지므로 회전자의 전류 Im은 전원주파수 F에 비례하여 감소하게 된다.

3. 다음 중 어떤 물체가 정지상태에서 $2m/s^2$의 가속도로 30초간 운동하였다. 실제로 이동한 거리로 맞는 것은?
① 600 m ② 900 m ③ 1,200 m ④ 1,800 m

정답 : ②
해설 : 가속도와 거리와의 관계 공식 = $a \cdot t^2/2$

$$\frac{2 \times 900}{2} = 900m$$

4. 다음 중 소요차량 편성수가 23편성, 표정시분 35분, 양단역 반복시분 5분, 예비율 15%(3편성) 라면 영업용 운용차량 편성수와 최소운행시격으로 맞는 것은?
① 18편성, 4min ② 20편성, 4min ③ 18편성, 5min ④ 20편성, 5min

정답 : ②

해설 : 소요차량편성수(23편성)는 영업용과 예비용 합.
예비용은 3편성이면 영업용은 20편성이 되므로 계산하면 4분
공식 : Nt(운용차량 소요 편성수) = (T + t)•2 / P
T : 표정시분(시발역 출발시각부터 종착역 도착시각까지), t : 양단 역의 반복 시분, P : 최소운행시격(분)
운행시격 : 선행열차와 후속열차의 운전간격을 시, 분으로 표시한 것

5. 다음 주행저항 중 차량의 중량과 관계없는 인자로 맞는 것은?
① 차축과 축수간의 마찰저항
② 후렌지와 레일간의 마찰저항
③ 차륜의 회전 마찰저항
④ 동요에 의한 저항

정답 : ④
해설 : 동요에 의한 저항은 속도의 제곱에 비례하는 인자이다.

6. 다음 중 차축과 축수(軸受)간 마찰저항에 대한 설명으로 틀린 것은?
① W(축당 부담중량)와 μ(차축과 축수간 마찰계수)는 반비례한다.
② 마찰력은 차축직경에 비례한다.
③ 마찰력은 차륜직경에 비례한다.
④ μ(차축과 축수간 마찰계수) 값은 발차할 때 최대가 되었다가 약 3km/h의 속도에서 최소값을 가지며, 이후 속도의 5승근에 비례한다.

정답 : ③
해설 : ③ 차륜 직경에 반비례,
마찰저항 R은 마찰계수, 차축의 부담중량, 차축직경에 비례, 차륜직경에 반비례 한다.

7. 다음 견인력 중 가장 큰 것으로 맞는 것은?
① 지시견인력 ② 동륜주견인력 ③ 인장봉견인력 ④ 점착견인력

정답 : ①
해설 : 지시견인력 〉 동륜주견인력 〉 인장봉견인력
② 동륜주견인력은 동륜과 레일면간에 발휘되는 실제견인력으로 지시견인력에서 기계 마찰 등 내부손실을 뺀 견인력으로 지시견인력 보다 항상 작다.
③ 인장봉견인력은 동력차가 객화차를 견인하고 주행할 때 동력차 후부의 연결기에 걸리는 유효견인력을 말하며 객화차에 걸리는 견인력으로 견인력 중 가장 작다.

④ 점착견인력은 차륜과 레일면 간의 마찰력 즉, 점착력의 제한을 받는 견인력으로 동륜주견인력이 점착견인력보다 크면 차륜이 공전하므로 동륜주견인력은 점착견인력보다 작아야 한다.

8. 다음 중 전기식 제동방법으로 틀린 것은?
① 발전제동
② 회생제동
③ 수용제동
④ 레일제동

정답 : ③
해설 : 전기식 제동방식에는 발전제동, 회생제동, 레일제동, 와류제동, 혼합제동 등이 있다. 수용제동은 기계식 제동 방법인데 수용제동과 공기제동이 있다.

9. 다음 중 12‰의 상구배에 곡선반경이 700m일 경우 환산구배의 값으로 맞는 것은?
① 13 ② 14 ③ 11 ④ 10

정답 : ①
해설 : 환산구배는 곡선저항을 구배로 환산한 것으로 구배저항+곡선저항을 말한다.
곡선저항 = $\frac{700}{R}$(kg)으로 $12+\frac{700}{700}=13(‰)$

10. 다음 중 기관차의 제동관압력이 $6km/cm^2$ 일 경우 최대 유효감압량으로 맞는 것은?
① $0.16km/cm^2$
② $1.43km/cm^2$
③ $1.71km/cm^2$
④ $1.65km/cm^2$
정답 : ③
해설 : 최대 유효감압량 : 제동통 압력은 제동관 감압량에 비례하여 보조공기통의 압력공기가 제동 통으로 들어가는데 어느 정도가 지나면 보조공기통 압력과 제동통 압력이 균형을 이루어 더 이상 감압이 되는 않을 때의 감압량을 말한다.

① 0.16은 기관차의 최소 유효감압량을 말한다.
② 1.43은 기관차의 제동관압력이 $5km/cm^2$ 일 경우 최대 유효감압량을 말한다.
④ 1.65는 객화차의 제동관압력이 $6km/cm^2$ 일 경우 최대 유효감압량을 말한다.

11. 다음 중 발전제동의 장점으로 틀린 것은?
① 차륜마모 및 이완현상이 없다
② 저항기 필요
③ 주전동기의 부하율이 높기 때문에 주전동기의 용량을 감소할 필요가 있다
④ 전기회로가 복잡

정답 : ③
해설 : ③ 주전동기의 부하율이 높으면 높을수록 주전동기의 용량을 더 증가시켜야 할 필요가 있다.

12. 다음 중 탈선계수에 대한 설명으로 맞는 것은?
① 횡압(q)/윤중(p)
② 윤중(p)/횡압(q)
③ 수직방향의힘/수평방향의 힘
④ 윤중이 크면 클수록 탈선계수는 커진다.

정답 : ①
해설 : 탈선계수$(D) = \frac{\text{횡압(수평방향의 힘)}Q}{\text{윤중(수직방향의 힘)}P}$ 으로 횡압(Q)이 커지면 탈선계수도 커진다.

13. 다음 중 열차가 90km/h의 속도로 10초간 이동한 거리로 맞는 것은?
① 240m ② 250m ③ 260m ④ 230m

정답 : ②
해설 : 거리(s) = 속력(v) × 시간(t)로 $S = (90 \times \frac{1}{3.6}) \times 10 = 25 \times 10 = 250(\text{m})$

90km/h를 m/s로 환산하기 위해 90에 $\frac{1}{3.6}$을 곱함.

14. 다음 중 동륜주견인력 치차전달효율 구하는 식으로 맞는 것은?
① $Td = \frac{t^2 Grm \mathfrak{J}}{D}$

② $Td = \frac{2tGrm\mathfrak{J}}{D}$

③ $Td = \frac{2tDm\mathfrak{J}}{Gr}$

④ $Td = \frac{tDm\mathfrak{J}}{Gr}$

정답 : ②

해설 : 동륜주견인력$(Td) = \frac{2tGrmJ}{D} = \frac{\text{전동기회전력*치차비*전동기수*전달효율}}{\text{동륜직경}}$

동륜주견인력은 동륜직경에 반비례, 전동기회전력, 치차비, 전동기수, 전달효율에 비례

15. 다음 중 단시간 정격에 속하지 않은 것은?
① 1시간 정격
② 30분 정격
③ 15분 정격
④ 10분 정격

정답 : ④

해설 :

1시간 정격: 견인전동기를 1시간 연속 구동하여도 열이 발생하는 부분의 온도상승이 허용범위를 내린 것을 말한다.

30분 정격: 견인전동기를 30분간 연속 구동하여도 열이 발생하는 부분의 온도상승이 허용범위 이내인 정격을 말한다.

15분 정격: 견인전동기를 15분간 연속 구동하여도 열이 발생하는 부분의 온도상승이 허용 범위 이내인 정격을 말한다.

16. 다음 10‰의 하구배에 350m의 곡선이 있는 경우 환산구배 값으로 맞는 것은?
① -12 ② -8 ③ 8 ④ 12

정답 : ②

해설 : $i_c = i + \frac{700}{R}$‰ [i_c : 환산구배(‰), i : 실제구배(‰), R: 곡선반경(m)]

$$i_c = -10 + \frac{700}{350} = -10 + 2 = -8(‰)$$

17. 다음 중 유도전동기 속도제어방법으로 틀린 것은?
① 슬립제어 ② 주파수제어 ③ 극수변경제어 ④ 전압제어

정답 : ④

해설 : $N=(1-S)Ns\ /\ Ns=\frac{120f}{P}(rpm)$ [N: 실제속도, S: 슬립, P: 극수, f: 주파수]

$\therefore N=(1-S)\frac{120f}{P}(rpm)$

실제속도는 슬립(S)와 극 수(P), 주파수(f) 등의 인자를 제어하여 속도를 제어한다.

18. 주행저행 일반식 $R=a+bv+cv^2$ 중 b인자로 맞는 것은?
① 플랜지와 레일간의 마찰저항
② 기계부분의 마찰저항
③ 공기저항
④ 차축과 축수간의 마찰저항

정답 : ①

해설 : 주행저항 일반식 : $R=a+bv+cv^2$

a는 속도와 관계없는 인자(기계부분의 마찰저항, 차축과 축수간의 마찰저항, 차륜의 회전 마찰저항)

b는 속도와 비례하는 인자(플랜지와 레일간의 마찰저항, 충격에 의한 저항)

c는 속도의 제곱에 비례하는 인자(공기저항, 동요에 의한 저항)

19. 다음 중 실제동거리에 대한 설명으로 틀린 것은?
① 열차중량에 비례한다.
② 감속력에 반비례한다.
③ 제동초속도의 제곱에 비례한다.
④ 열차저항에 비례한다.

정답 : ④

해설: 열차가 가진 운동에너지는 속도의 자승에 비례하고 중량에 비례하므로 제동거리 역시 제동초속도의 자승에 비례하고 열차의 중량에 비례하게 된다.

실제동거리 식 "$S_2=\frac{4.17\,WV^2}{Fdm}$ ▶일반열차"에서 Fdm(평균감속력)은 반비례

20. 다음 중 가속도 $2km/h/s$인 일반열차의 가속력으로 맞는 것은?

① 15 kg/ton
② 30 kg/ton
③ 60 kg/ton
④ 90 kg/ton

정답 : ③
해설 : 일반열차 가속력 공식: $Fc = 30A = 30 \times 2 = 60$kg/ton($A$: 가속력)

[기출응용문제 해설 17]

1. 다음 중 탈선계수(Derailment coefficient) 산출식으로 맞는 것은?
  (단, P: 수직력, Q: 수평력)
① P × Q ② P + Q ③ P ÷ Q ④ Q ÷ P

정답 : ④

해설 : $탈선계수(D) = \frac{횡압(수평방향의 힘)Q}{윤중(수직방향의 힘)P}$

2. 다음 설명 중 맞는 것은?
① 전동기 단시간 정격에는 1시간, 30분, 10분 정격이 있다.
② 동력차의 동륜주견인력에서 동력차 자체의 주행저항을 뺀 견인력을 지시견인력이라 한다.
③ 점착계수는 축중이동량에 따라 변화할 수 있다.
④ 동력차의 인장봉견인력에서 기계마찰 등 내부손실을 뺀 견인력을 동륜주견인력이라 한다.

정답 : ③

해설 : ① 전동기 단시간 정격에는 1시간, 30분, 15분 정격이 있다.
② 동력차의 동륜주견인력에서 동력차 자체의 주행저항을 뺀 견인력을 인장봉견인력이라 한다.
③ 정착계수는 축중이동량에 따라 변화할 수 있다.
④ 동력차의 인장봉견인력에서 기계마찰 등 내부손실을 뺀 견인력을 지시견인력이라 한다.

3. 다음 주행저항 중 차량의 중량과 관계없는 인자는?
① 차축과 축수간의 마찰저항
② 후렌지와 레일간의 마찰저항
③ 차륜의 회전 마찰저항
④ 동요에 의한 저항

정답 : ④

해설 : 동요에 의한 저항은 차량의 전후, 상하, 좌우 동요로 인한 저항으로 속도의 자승에 비례한다. ① ② ③은 모두 차량의 중량과 비례한다.

4. 다음 중 차축과 축수 간 마찰저항에 대한 설명으로 틀린 것은?
① W(축당 부담중량)와 μ(차축과 축수 간 마찰계수)는 반비례한다.
② 마찰력은 차축직경에 비례한다.
③ 마찰력은 차륜직경에 비례한다.
④ μ(차축과 축수 간 마찰계수) 값은 발차할 때 최대가 되었다가 약 3km/h의 속도에서 최소값을 가지며, 이후 속도의 5승근에 비례한다.

정답 : ③
해설 : ③ 마찰력은 차륜직경에 반비례한다.

5. 소요차량 편성수가 23편성, 표정시분 35분, 양단역 반복시분 5분, 예비율은 15%(3편성)라면 영업용 운용차량 편성수와 최소운행시격으로 맞는 것은?
① 18편성, 4min ② 20편성, 4min ③ 18편성, 5min ④ 20편성, 5min

정답 : ②
해설 : Nt= $\dfrac{(T+t)\times 2}{P}=\dfrac{(35+5)\times 2}{4}=20$, 4분

6. 다음 중 극수가 6극이고, 주파수가 60Hz인 유도전동기의 동기속도로 맞는 것은?
① 1000rpm ② 1200rpm ③ 1400rpm ④ 1600rpm

정답 : ②
해설 : Ns= $\dfrac{120f}{p}=\dfrac{120\times 60}{6}=1200$

7. 다음 중 열차가 공전하지 않고 가속전진하기 위한 조건으로 맞는 것은?
(단, F : 마찰력, Td : 동륜주 견인력, R : 열차저항)
① R 〉F 〉Td ② F 〉Td 〉R ③ F 〉R 〉Td ④ R 〉Td 〉F

정답 : ②
해설 : 열차가 공전하지 않고 가속전진하기 위해서는 열차의 동륜주견인력이 열차저항보다 크고 마찰력보다 작아야 한다.

8. 어느 고속열차가 100m/s의 속력으로 주행 중 제동을 체결하였다. 공주거리가 120m이면 공주시간은 몇 초인가?
① 0.8초 ② 1.0초 ③ 1.2초 ④ 1.4초

정답 : ③

해설 : $\frac{vt}{3.6} = \frac{360 \times t}{3.6} = 120m \;\; t = \frac{120 \times 3.6}{360} = 1.2$초

9. 다음 중 역행시 정토크 영역에 대한 설명으로 틀린 것은?
① 전압이 일정하다.
② 슬립주파수가 일정하다.
③ 전류가 일정하다.
④ 토크가 일정하다.

정답 : ①

해설 : 정토크영역에서 슬립주파수 일정, 공급전압 증가, 전류 일정, 그리고 토크가 일정하다.

10. 다음 중 구심력에 대한 설명으로 틀린 것은?
① 구심력과 원심력은 방향이 반대이고 크기는 같다.
② 구심력은 질량에 비례하고 반경에 반비례한다.
③ 구심력의 크기는 회전반경에 비례한다.
④ 구심력은 속도제곱에 비례한다.

정답 : ③

해설 : 구심력의 식 F=ma = m v2/r =mrw2

F구심력(dyne), m질량(g), r반지름(cm) v속도(cm/s), w각속도(rad/s) 이다.

식을 보면 구심력은 질량에 비례, 반경에 반비례, 속도제곱에 비례하는 것을 알 수 있다. ③ 구심력의 크기는 회전반경에 반비례한다.

11. 다음 중 상구배에서 정차한 경우 열차를 인출하는 방법으로 틀린 것은?
① 후퇴인출법 ② 살사인출법 ③ 압축인출법 ④ 자연인출법

정답 : ②

해설 : 상구배선로에서 정차 시 인출 취급 방법으로는 자연인출법, 압축인출법, 후퇴인출법이 있다.

12. 다음 중 직류직권전동기 회전력에 대한 설명으로 틀린 것은?
① 계자 포화시 전류에 비례한다.
② 계자 미포화시 전류의 자승에 비례한다.

③ 계자 미포화시 자속에 비례한다.
④ 계자 미포화시 전압에 비례한다.

정답 : ④
해설 : 계자 미포화시 회전력은 T=KΦI= K・K'I・I= KI2
계자 포화시 회전력은 T=KΦI= K・K'・I= KI
계자 미포화시 회전력이 전압에 비례한다는 틀린 것이다.

13. 다음 중 견인정수 산정시 고려사항으로 틀린 것은?
① 열차의 사명
② 선로의 상태
③ 선로유효장 및 승강장유효장
④ 제작시 동력차 견인정수

정답 : ④
해설 : 견인정수 산정할 때 고려사항으로 열차사명, 선로의 상태, 선로유효장 및 승강장 유효장, 동력차상태, 기온이 나온다.

14. 다음 견인력 중에서 가장 큰 값을 갖는 견인력은 무엇인가?
① 지시견인력 ② 동륜주견인력 ③ 점착견인력 ④ 인장봉견인력

정답 : ①
해설 :
지시견인력 : 기계 각부의 마찰로 인한 손실을 고려하지 않고 기계효율을 100%로 보았을 때 견인력을 말하며 견인력 중 가장 큰 값을 갖는다.
동륜주견인력 : 지시견인력에서 기계마찰 등 내부손실을 뺀 견인력을 말한다.
점착견인력은 동륜주견인력이 커지면 따라서 증가하나, 일정 한도를 넘으면 공전하게 되어 급속히 감소한다.
인장봉 견인력 : 객화차의 연결기에 걸리는 견인력으로서 견인력 중 가장 작은 견인력이다. **지시견인력 〉 동륜주견인력 〉 인장봉견인력**

15. 다음 중 전동기손실에 대한 설명으로 틀린 것은?
① 동손은 무부하손이다.
② 손실 중 부하손의 대부분은 동손이다.
③ 표류부하손은 가변손이다.
④ 저항손은 가변손이다.

정답 : ①
해설 : 동손은 부하손에 속한다.

16. 다음 중 전동기 견인력에 대한 설명으로 맞는 것은?
① 견인력은 역기전력에 반비례한다.
② 견인력은 단자전압에 반비례한다.
③ 견인력은 회전속도에 비례한다.
④ 견인력은 차륜직경에 비례한다.

정답 : ①
해설 : ② 회전력은 단자전압에 비례한다.
③ 회전력은 회전속도와 반비례한다.
④ 토크는 차륜직경에 반비례한다.

17. 다음 중 마찰력에 대한 설명으로 틀린 것은?
① 마찰계수의 크기는 접촉면 넓이와는 무관하다.
② 마찰력은 수직항력에 비례한다.
③ 마찰계수의 크기는 미끄럼 〉 정지 〉 회전마찰계수 순이다.
④ 마찰계수와 수직항력은 서로 반비례한다.

정답 : ③
해설 : 마찰계수의 크기는 정지 〉 미끄럼 〉 회전마찰계수 (정 〉 미 〉 회)

18. 다음 중 유도전동기 특성 설명에 대한 설명으로 틀린 것은?
① 구조가 간단하고 튼튼하다.
② 취급이 간단하고 운전이 쉽다.
③ 가격이 싸고 유지보수비가 적다.
④ 부하증감에 대한 속도변화가 크다.

정답 : ④
해설 : 부하증감에 대한 속도변화가 적다.

19. 다음 중 η(치차전달효율)를 구하는 식으로 맞는 것은?
[Td: 동륜주견인력, T: 주전동기 회전력, G: 치차비, m: 주전동기 수]
① (Td · D)÷(2 · T · G · m)
② (Td · m)÷(2 · T · G · D)

③ (Td · G)÷(2 · T · D · m)
④ (Td · T)÷(2 · D · G · m)

정답 : ①

해설 : 모터 관점에서 동륜주 견인력을 구하는 공식 $Td = \frac{2tGmn}{D}(kg)$ 을 치차전달효율을 구할 수 있도록 정리하기 위해서 양변에 D를 곱하면 $TdD = 2tGmn$가 되고, 양변을 2tGm으로 $n = \frac{TdD}{2tGm}$

20. 다음 중 상구배 20(‰) 구간에 곡선반경 500m의 곡선이 있다면 환산구배로 맞는 것은?
① 20.0 (‰) ② 20.4 (‰) ③ 21.0 (‰) ④ 21.4 (‰)

정답 : ④

해설 : 환산구배 공식 $ic = i + \frac{700}{R}[‰]$

$$ic = 20 + \frac{700}{500} = 20 + 1.4 = 21.4‰$$

[기출응용문제 해설 18]

1. 다음 중 마찰력의 특징으로 틀린 것은?
① 마찰계수의 크기는 접촉면의 넓이와 비례한다.
② 물체끼리의 면이 접해서 생기는 접선력이다.
③ 물체의 운동방향과 반대로 작용한다.
④ 수직항력과 두 물체사이의 마찰계수 값에 비례한다.

정답 : ①
해설 : 마찰계수의 크기는 접촉면의 성질에 따라 다르나 접촉면 넓이와는 무관하다. (단, 실제 열차운전시의 점착계수 또는 차륜과 제륜자간의 마찰계수 등은 접촉역의 방산효율에 따라 접촉면의 넓이에 영향을 받게 된다.)

2. 다음 중 운동의 제3법칙에 대한 설명으로 맞는 것은?
① 두 물체사이의 작용과 반작용력은 크기는 같고 방향이 반대이며, 동일 직선상에서 작용하지 않을 수 있다.
② 작용과 반작용력은 서로 합할 수 있다.
③ 두 물체가 떨어져 있으면 작용할 수 없다.
④ 동시작용력이다.

정답 : ④
해설 : 운동의 제 3법칙(작용반작용의 법칙)
두 물체사이의 작용과 반작용력은 크기는 같고 방향이 반대이며 동일 직선상에서 작용한다. 또한 서로 합할 수 없으며 두 물체가 떨어져 있어도 공간을 통해 작용할 수 있는 동시작용력

3. 열차가 정지 상태에서 2m/s2의 가속도로 30초간 운동하였다. 실제로 이동한 거리로 맞는 것은?
① 600m ② 900m ③ 1200m ④ 1800m

정답 : ②
해설 : $\frac{1a}{2}t^2=900m$

4. 다음 중 직류직권 전동기의 회전수(N)를 구하는 공식으로 맞는 것은?

① $N = K\phi I$ ② $N = K\phi Ec$ ③ $N = K\phi N$ ④ $N = \frac{Et}{\phi}$

정답 : ④

해설 : 직류직권전동기는 회전수는 단자전압 Et에 비례하고 자속수 ϕ에 반비례한다.

5. 다음 중 열차가 출발하여 출발저항이 최소치가 되는 운전속도로 맞는 것은?

① 0km/h ② 1km/h ③ 3km/h ④ 5km/h

정답 : ③

해설 : 열차가 출발 시에 차축 등의 회전마찰부의 유막 파괴로 발생하는 출발저항은 유막이 다시 형성되는 속도 3km/h 정도에서 최소치가 된다. 3km/h 이후부터는 주행저항으로 계산.

6. 다음 중 질량 10kg의 물체가 20m 높이에서 떨어져 10m에 도착했을 경우 위치에너지로 맞는 것은?

① 98J ② 98N ③ 980N ④ 980J

정답 : ④

해설 : 위치에너지 구하는 식 EP = mgh

10 x (20-10) x 9.8

7. 방향은 없고 크기만 있는 것을 스칼라라고 한다. 다음 중 스칼라에 속하는 것으로 맞는 것은?

① 변위 ② 에너지 ③ 중량 ④ 속력

정답 : ④

해설 : 스칼라 - 길이, 질량, 시간, 면적, 부피, 온도, 신장, 속력 등

벡터 - 위치, 변위, 속도, 가속도, 힘, 체중 마찰력, 힘의 모멘트

8. 다음 중 객화차 견인정수 산정 시 객화차의 실제 중량을 가지고 산정하는 견인정수법으로 맞는 것은?

① 수정톤수법 ② 환산량수법 ③ 실제량수법 ④ 실제톤수법

정답 : ④

해설 :
수정톤수법 : 객화차의 저항이 전부 중량에 비례하는 것이라고 가정할 경우에 같은 저항을 부여하는 방법
환산량수법 : 현재사용하고 있는 견인정수법으로 차량의 환산량수에 의하여 견인정수를 정하는 방법
실제량수법 : 현차수를 가지고 견인정수를 정하는 것으로 가장 원시적인 방법

9. 다음 열차저항에 대한 설명으로 틀린 것은?
① 구배저항은 열차중량과 관계가 있다.
② 출발저항은 겨울보다 여름이 크다.
③ 주행저항은 치차전달손실을 포함한다.
④ 곡선저항은 고정축거가 클수록 크다.

정답 : ③
해설 : 견인 전동기의 입력 대 출력간의 손실, 치차의 전달 손실 등은 포함하지 않는다.

10. 다음 중 12‰ 상구배에 곡선반경 700m의 곡선이 있는 경우 환산구배 값으로 맞는 것은?
① 11 ② 12 ③ 13 ④ 14

정답 : ③
해설 : 환산구배 공식
환산구배=실제구배+700/R(%)
12+700/700 = 13

11. 다음 중 주행저항일반식 R=a+bV+cV2 (kg/ton) 식에서 a인자와 관련이 없는 것은?
① 기계부분의 마찰저항
② 차축과 축수간의 마찰저항
③ 충격에 의한 저항
④ 차륜의 회전 마찰저항

정답 : ③
해설 : 충격에 의한 저항은 속도에 비례하는 b인자이다.

12. 다음 중 치차비(Gr)에 대한 설명으로 틀린 것은?
① 견인전동기의 동력을 차축에 전달하는 치차는 소치차와 대치차로 구성되어 있다.
② 소치차 치수와 대치차 치수의 비율을 말한다.
③ 주전동기 1회전시 동륜은 Gr만큼 회전한다.
④ 속도는 치차비에 반비례한다.

정답 : ③
해설 : 주전동기 1회전시 동륜은 1/Gr 만큼 회전한다.

13. 다음 중 터널저항의 크기를 좌우하는 인자로 틀린 것은?
① 터널의 단면적 ② 터널의 길이
③ 터널의 측면형상 ④ 터널 내 궤조의 상태

정답 : ④
해설 : 터널저항의 크기는 터널의 단면적, 길이, 측면형상, 열차의 속도 등에 따라 다르다.

14. 다음 중 제동배율의 의미로 맞는 것은?
① 제동통 압력과 제륜자 압력의 비를 말한다.
② 전제동과 부분제동의 비율을 말한다.
③ 제동통 피스톤 면에 작용하는 힘을 말한다.
④ 제륜자가 차륜답면을 누르는 힘을 말한다.

정답 : ①
해설 : ② 제동 사용율이라 한다.
③ 제동 원력이라고 한다.
④ 차륜자 압력이라고 한다.

15. 다음 중 실제동거리의 설명으로 틀린 것은?
① 실제동거리는 제동이 유효하게 작용할 때부터 정지할 때까지의 주행한 거리를 말한다.
② 실제동거리는 제동초속도의 제곱에 비례한다.
③ 실제동거리는 전제동거리와 공주거리를 합한 것을 말한다.
④ 실제동거리를 주행하는 동안 소요된 시간을 실제동시간이라 한다.

정답 : ③

해설 : 실제동거리는 전제동거리에서 공주거리를 뺀 것을 말한다.

16. 다음 중 차량의 진동을 감소시키는 방법으로 틀린 것은?
① 차륜답면의 테이퍼를 최소화 한다.
② 레일이음매의 불일치를 없앤다.
③ 좌우 차륜의 직경을 동일하게 유지한다.
④ 대차의 상판 높이를 가급적 높게 한다.

정답 : ④
해설 : 대차의 상판 높이를 가급적 낮게 한다.

17. 다음 중 유도전동기의 동력운전 시 정토크 제어에 대한 설명으로 맞는 것은?
① 토크는 회전수의 자승에 반비례한다.
② 회전수가 증가함에 따라 토크가 급격히 감소되는 단점이 있다.
③ 전압이 낮아져서 높은 가속력을 가지게 된다.
④ 속도를 증가시키면서 토크도 일정하게 유지시켜 준다.

정답 : ④
해설 : 동력운전 시 정토크 제어 $T = K_4(V_m/F)^2 \cdot F_s$
(K_4 : 기계정수, V_m : 전원의 전압, F : 전원의 주파수, F_s : 슬립주파수)
① 직류직권 전동기의 경우 토크는 회전수의자승에 반비례 한다.
② 직류직권 전동기의 경우 회전수가 증가함에 따라 토크가 급격히 감소되는 단점이 있다.
③ 유도전동기의 경우에는 정토크제어 영역에서 속도가 증가함에 따라 전압도 높아져 토크가 일정하게 유지되므로 높은 가속능력을 가지게 된다.

18. 다음 설명 중 틀린 것은?
① 속도란 단위시간 동안의 변위를 말한다.
② 속력이란 어떤 물체가 시간의 경과에 따라 그 위치를 변화하는 량을 말한다.
③ 시간이 흘러도 속도가 일정한 것을 가속도 운동이라 한다.
④ 시간의 경과에 따라 속도의 변화비율을 가속도라 한다.

정답 : ③
해설 : ③ 시간이 흘러도 속도가 일정한 것을 등속도 운동이라 한다.

19. 다음 중 점착견인력을 크게 하는 방법으로 틀린 것은?
① 살사를 한다.
② 동력차를 최적의 상태로 보수한다.
③ 선로보수를 최적의 상태로 보수한다.
④ 대차의 스프링을 공기담퍼나 오일담퍼로 대체한다.

정답 : ④
해설 : ④번은 철도차량의 진동을 감소시키는 방법

20. 다음 중 제동관 압력을 1kg/cm2 감압하면 기관차 제동통압력으로 맞는 것은?
① 2.5 kg/cm2 ② 3.0 kg/cm2 ③ 3.5 kg/cm2 ④ 4.0 kg/cm2

정답 : ①
해설 : 기관차 제동통압력 Cp = 2.5r [kg/cm^2]
r : 제동관 감압량 [kg/cm^2], Cp : 제동통압력[kg/cm^2]
r은 1kg/cm^2이므로 2.5×1=2.5

[기출응용문제 해설 19]

1. 다음 중 동력차 치차비와 속도와의 관계에 대한 설명으로 틀린 것은?
① 치차비 : 대차차의 치수(齒數)÷소치차의 치수(齒數)
② 주전동기 1회전한 경우 동륜회전 = 1 ÷ 치차비
③ 1시간당 동륜회수 = 60 · (주전동기 rpm) · (1÷치차비)
④ 1시간당 주행거리 = 0.1885 · (동륜직경÷치차비) · 주전동기 1시간 회전수

정답 : ④
해설 : ④ 주전동기 1시간 회전수가 아니라 주전동기 1분간 회전수

2. 다음 중 기관차 및 객화차의 최소 유효 감압량으로 맞는 것은?
① 기관차-0.16kg/cm2,객화차-0.43kg/cm2
② 기관차-0.43kg/cm2, 객화차-0.16kg/cm2
③ 기관차-0.43kg/cm2, 객화차-0.41kg/cm2
④ 기관차-0.71kg/cm2, 객화차-0.65kg/cm2

정답 : ①
해설 : 2.5r=0.4 $\therefore r-\frac{0.4}{2.5}=0.16$ 3.25r-1=0.4 $\therefore \frac{1.4}{3.25}=0.43$

3. 전동열차가 60km/h의 속도로 운행하다 비상제동 체결 시, 전기동차의 간이식을 적용하여 구한 제동거리로 맞는 것은?
① 120m ② 130m ③ 150m ④ 170m

정답 : ③
해설 : $\frac{vt}{3.6}+\frac{v^2}{7.2a}=\frac{60\times 1.5}{3.6}+\frac{3600}{7.2\times 4}=150m$

4. 다음 중 마찰력에 대한 설명으로 틀린 것은?
① 두 물체가 접촉하여 운동할 때 그 운동을 방해하는 힘이다.
② 수직항력과 두 물체사이의 마찰계수 값에 반비례한다.
③ 물체끼리의 면이 접해서 생기는 접선력이다.
④ 마찰력은 물체가 면으로부터 받는 수직항력에 비례한다.

정답 : ②
해설 : ② 수직항력과 두 물체사이의 마찰계수 값에 비례한다.

5. 다음 중 견인정수 종류에서 환산량수법에 대한 설명으로 맞는 것은?
① 환산량 수는 실 적재중량을 기준중량으로 나눈 값이다.
② 기준중량은 기관차 30톤, 객차40톤, 화차43.5톤을 적용한다.
③ 승차인원 1인당 60kg을 표준으로 한다.
④ 고속열차(ktx) 및 전좌석 지정열차는 100%승차율, 기타열차는 120% 승차율로 계산한다.

정답 : ②
해설 : 환산량수 = $\frac{\text{차량중량}}{\text{기준중량}}$
승차인원 1인당 75kg을 표준으로 한다.
기타열차는 120%가 아니라 150% 승차율로 계산한다.

6. 다음 중 직류직권전동기 구비조건에 대한 설명으로 틀린 것은?
① 회전속도가 낮을 때 전류가 적어서 전력소비량이 적을 것
② 회전속도가 낮을 때 회전력이 클 것
③ 속도의 변화폭이 커서 속도제어가 용이할 것
④ 기동회전력이 클 것

정답 : ①
해설 : ① 회전속도가 클 때 전류가 적어서 전력소비량이 적을 것

7. 다음 중 선로용량에 해당하는 것으로 틀린 것은?
① 실용용량 ② 한계용량 ③ 환산용량 ④ 경제용량

정답 : ③
해설 : 선로용량에 해당하는 것은 실용용량, 한계용량, 경제용량이다.

8. 다음 설명 중 맞는 것은?
① 속력 = 걸린 시간 ÷ 이동한 거리
② 속도 = 걸린 시간 ÷ 변위
③ 물체의 운동방향이 변했다면 속력은 속도보다 크다.
④ 가속도 = 걸린 시간 ÷ 속도변화량

정답 : ③
해설 : ① 속력 = 이동한 거리 ÷ 걸린 시간
② 속도 = 변위 ÷ 걸린 시간
④ 가속도 = 속도변화량 ÷ 걸린 시간

9. 다음 중 유도전동기의 속도제어 방법으로 틀린 것은?
① 슬립제어 ② 주파수제어 ③ 극수변경제어 ④ 계기전류제어

정답 : ④
해설 : 계기전류제어는 포함되지 않음

10. 다음 중 탈선계수를 구하는 식으로 맞는 것은?
① 탈선계수 = 횡압 ÷ 윤중
② 탈선계수 = 윤중 ÷ 횡압
③ 탈선계수 = 윤중 + 횡압
④ 탈선계수 = 윤중 x 횡압

정답 : ①
해설 : 탈선계수의 공식은 횡압 ÷ 윤중

11. 다음 중 전동차의 실제동거리를 구하는 식으로 맞는 것은?
(단, W(ton)은 열차중량, V(km/h)는 속도, Fdm(kg)은 평균감속력)
① S = (4.29WV2) ÷ Fdm
② S = (4.17WV2) ÷ Fdm
③ S = (4.29WV) ÷ Fdm
④ S = (4.17WV) ÷ Fdm

정답 : ①
해설 : 전동차의 실제동거리를 구하는 식은 (4.29WV2) ÷ Fdm $\frac{4.29wv^2}{fdm}$

12. 다음 중 운전이론 1단계에 대한 설명으로 틀린 것은?
① 견인력 ② 열차저항 ③ 제동력 ④ 견인정수 산정

정답 : ④
해설 : 견인정수 산정은 운전이론 2단계에 해당함

13. 다음 중 속도의 종류에 대한 설명으로 틀린 것은?
① 표정속도 : 운전거리를 도중 정차시간으로 나누어 구한 속도
② 평균속도 : 운전거리를 순수운전시분으로 나누어 구한 속도
③ 상대속도 : 움직이고 있는 두 물체의 한쪽에서 바라본 다른 쪽의 속도
④ 최고속도 : 단위시간 중 변위가 가장 큰 속도

정답 : ①

해설 : 표정속도: $\frac{\text{운전거리}}{\text{순수운전시분} + \text{도중정차시분}}$

14. 다음 주전동기의 회전력 중에서 계자 미포화시 회전력 산식으로 맞는 것은?
① KI ② Ki^2 ③ KV ④ KV2

정답 : ②

해설 : 회전력 T = KΦI = K · K'I · I = KI^2

15. 다음 중 8 ‰의 상구배에 곡선반경 R=350m의 곡선이 있는 경우 환산구배 값(‰)으로 맞는 것은?
① 8 ② 10 ③ 12 ④ 14

정답 : ②

해설 : $8+\frac{700}{350}=10‰$

16. 다음 공식이 적용되는 곡선반경(m)으로 맞는 것은?
[S = - S' (S' = 0~15), 슬랙은 30mm 이하]
① 600m 이하 ② 700m 이하 ③ 800m 이하 ④ 900m 이하

정답 : ①

해설 : 반경 600m 이하인 곡선구간의 궤도에는 다음의 공식에 의하여 산출된 슬랙을 두어야 한다.

$$S=\frac{2400}{R}-S' \quad (S'=0\sim15)$$

17. 다음 중 횡압에 대한 설명으로 틀린 것은?
① 차량이 곡선을 통과할 때 차륜의 플랜지가 내측레일을 미는 힘에 의하여 발생
② 차량이 캔트 설정속도 이상으로 주행 시는 외측으로 작용하는 힘에 의하여 발생

③ 차량동요에 따라 차량의 사행동과 궤도의 틀림에 의하여 발생
④ 분기기 및 신축이음매 등 특수개소를 주행할 때 발생하는 충격력

정답 : ①
해설 : 차량이 곡선을 통과할 때 차륜의 플랜지가 내측레일이 아닌 외측 레일을 미는 힘에 의하여 발생

18. ARE 제동장치를 사용하는 열차가 120km/h로 주행 중 상용제동을 체결하면 공주거리가 얼마인가?
① 100m ② 150m ③ 200m ④ 250m

정답 : ①
해설 : $\frac{vt}{3.6} = \frac{120 \times 3}{3.6} = 100\text{m}$

19. 다음 중 전동기회전력(T)에 대한 설명으로 맞는 것은?
① 전동기출력에 비례하고, 회전수에 반비례한다.
② 전동기출력에 반비례하고, 회전수에 반비례한다.
③ 전동기출력에 반비례하고, 회전수에 비례한다.
④ 진동기출력에 비례히고, 회전수에 비례한다.

정답 : ①
해설 : 전동기회전력 $T = 0.975 * \frac{Et \times I \times \mathfrak{I}}{n}$ 이므로 회전수에 반비례하고 전동기출력이 비례한다.

20. 다음 정차시분에 관한 설명 중 틀린 것은?
① 여유시간에 비례한다.
② 전동차 편성량수와 반비례한다.
③ 출입문 수와 비례한다.
④ 출입문 개폐시간과 비례한다.

정답 : ③

해설 : 정차시분 = $\dfrac{P1+P2}{\dfrac{60}{Th}\times n\times N\times F\times Q}$ + 출입문 개폐시간 + 여유시간 에서

(P1+P2)는 역의 시간당 승차인원, $\dfrac{60}{Th}$은 시간당 열차횟수, n 전동차 편성량 수, N 출입문 수, F 초당 승하차인원, Q 불균등 인자(0.5)이므로 승차인원, 열차횟수, 개폐시간, 여유시간에 비례하고 출입문 수에 반비례한다.

[기출응용문제 해설 20]

1. 다음 중 열차 DIA 작성 시 고려사항으로 틀린 것은?
① 열차 상호간의 지장을 주지 않고 선로용량 범위 내에 작성
② 모든 열차지연에 탄력성 유지
③ 수송수요에 적합 라. 회차설비, 착발선 등 운전설비 조건 적합
④ 회차설비, 착발선 등 운전설비 조건 적합

정답 : ②
해설 : ② 열자지연에 어느 정도 탄력성이 있어야 한다.

2. 다음 중 기계식 제동장치로 맞는 것은?
① 공기제동 ② 발전제동 ③ 회생제동 ④ 와류제동

정답 : ①
해설 : 기계식 제동 장치 : 수용제동, 공기제동
전기식 제동 장치 : 발전제동, 회생제동, 와류제동

3. 10% 하구배에 350m의 곡선이 있는 경우 환산구배 값으로 맞는 것은?
① -12 ② -8 ③ 12 ④ 8

정답 : ②
해설 : 환산구배(ic) $= i+\frac{700}{R} = -10 + \frac{700}{350} = -8$

4. 주행저항 중 속도와 관계없는 저항, 속도에 비례하여 증가하는 저항, 속도의 제곱에 비례하는 저항의 분류를 나타낸 식으로 맞는 것은?
① R= a + bV + cV2
② R= a + bV2 + cV
③ R= a + b + cV
④ R= a + bV2 + cV2

정답 : ①
해설 : 주행저항 일반식 R= a + bV + cV2

5. 다음 중 출발저항에 대한 설명으로 틀린 것은?
① 객차가 화차보다 출발저항이 크다.
② 기온이 낮을수록 출발저항이 크다.
③ 일단차량이 움직이면 유막이 다시 형성되어 3Km/h 전후에서 최소치 된다.
④ 정차시간이 길수록 출발저항이 크다.

정답 : ②
해설 : 기온이 높고, 정차시간이 길수록 출발저항은 크다.

6. 다음 중 현재사용하고 있는 견인정수법으로 차량의 환산량수에 의하여 견인정수를 정하는 방법으로 맞는 것은?
① 인장봉하중법 ② 실제량수법 ③ 실제톤수법 ④ 환산량수법

정답 : ④
해설 : 환산량수 $W_g = \frac{\text{차량중량 } W}{\text{기존중량 } W_g}$

7. 다음 중 전동기 손실에 대한 설명으로 틀린 것은?
① 동손은 무부하손(고정손)으로 전류가 흐를 때 발생하는 저항손이다.
② 표류부하손은 부하의 변화에 수반하여 불규칙적으로 변화하는 손실이다.
③ 철손은 와류손과 히스테리손이 있다.
④ 기계손은 전동기의 축, 베어링 등 마찰부분에서 생기는 손실이다.

정답 : ①
해설 : 동손은 부하손(가변손)이다.

8. 치차비는 동력차의 운전성능에 큰 영향을 미치므로 경제적이고 합리적인 운전을 위해서는 적절한 치차비를 선정하여야 한다. 다음 중 치차비 선정 제한요소로 틀린 것은?
① 최대허용 회전 수 ② 기동 견인력 ③ 설비한계 ④ 차량한계의 제한

정답 : ③
해설 : 치차비 선정 제한요소
① 최대 허용 회전수
② 기동 견인력
③ 차량한계의 제한

9. 다음 중 뉴턴의 운동법칙에서 제2법칙으로 맞는 것은?
① 관성의 법칙
② 가속도의 법칙
③ 운동의 법칙
④ 작용·반작용의 법칙

정답 : ②
해설 : 뉴턴운동의 제1법칙은 관성의 법칙, 제2법칙은 가속도의 법칙, 제3법칙은 작용·반작용의 법칙

10. 다음 중 운전거리를 이동소요 시분(운전시분+도중정차시분)으로 나누어 구한 속도로 맞는 것은?
① 최고속도 ② 평균속도 ③ 제한속도 ④ 표정속도

정답 : ④
해설 : $표정속도 = \frac{운전거리}{순수운전시분 + 도중정차시분}$

11. 크기만을 가진 물리량을 스칼라라고 한다. 다음 중 스칼라로 맞는 것은?
① 위치 ② 체중 ③ 변위 ④ 속력

정답 : ④
해설 : 변위, 체중, 위치는 크기와 방향을 가지고 있으므로 벡터에 속한다.

12. 다음 중 공기에 의한 저항 분류에서 속도에 비례하는 것으로 맞는 것은?
① 전부저항 ② 후부저항 ③ 차량 간의 와류저항 ④ 측면、상하면 저항

정답 : ④
해설 : 후부저항은 열차후부의 공기가 희박해짐에 따라 발생하는 저항이다.
차량 간의 와류저항은 차량과 차량사이에 발생하는 와류에 의한 저항이며, 측면·상하면 저항은 공기의 점성에 의한 마찰 저항이 발생한다.

13. 다음 중 탈선계수 공식으로 맞는 것은? (단, P:윤중, Q:횡압)
① D=Q/P ② D=P/Q ③ P=D/Q ④ P=Q/D

정답 : ①

해설 : 탈선계수의 공식은 $\frac{횡압}{윤중}$이다.

14. 72km/h로 달리던 전동열차가 제동을 취급하여 정차할 때 까지 주행한 전제동거리 약산식으로 맞는 것은? (단, 공주시간은 1초이고, 감속도는 4.5km/h/s이다.)
 ① 150m ② 160m ③ 180m ④ 200m

정답 : ③

해설 : $\frac{vt}{3.6}+\frac{v^2}{7.2a}$=20+160=180

15. 동기속도가 1,000rpm이고 슬립이 5%인 경우 회전자의 회전속도는?
 ① 500rpm ② 900rpm ③ 950rpm ④ 1050rpm

정답 : ③

해설 : 동기속도(Ns)=1000 슬립(S) = 0.05
회전속도(N) = (1-S) * (Ns)
∴ (1-0.05) * 1000 = 950 rpm

16. 다음 중 회생제동 영역으로 틀린 것은?
 ① 정토크 영역 ② 특성 영역 ③ 정출력 영역 ④ 일정 영역

정답 : ③

해설 : 회생제동 시에도 역행시와 거의 동일한 방법으로 제어하는데 차이가 있다면 역행시는 전원주파수를 증가시켜 제어하지만, 회생제동 시에는 반대로 전원 주파수를 감소시켜 제어하고, 역행 시에 제어하던 정출력영역 제어를 제동 시에는 하지 않는다는 것이다.

17. 다음 중 유도전동기에 대한 설명으로 틀린 것은?
 ① 속도제어는 슬립제어, 주파수제어, 극수변경제어가 있다.
 ② 회전력은 슬립주파수에 비례한다.
 ③ 회전수는 전원주파수에 비례한다.
 ④ 회전수는 단자전압에 비례하고, 슬립주파수에 반비례한다.

정답 : ④

해설 : ① 유도전동기의 속도제어방법에는 슬립제어, 주파수제어, 극수변경제어 기타가 있다.

② 회전력은 슬립주파수 fs에 비례한다.
③ 회전수는 전원주파수 f에 비례한다.
④ 회전수는 슬립주파수에 비례한다.

18. 다음 중 운전기술상 경제운전의 3원칙으로 틀린 것은?
① 정시운전을 할 수 있을 것
② 열차지연시분을 회복할 것
③ 열차충격이 없고 기기 손상이 없을 것
④ 동력비가 최소일 것

정답 : ②
해설 : 운전기술상 경제운전의 3원칙
1. 정시운전을 할 수 있을 것
2. 동력비가 최소일 것
3. 열차 출격이 없고 기기손상이 없을 것

19. 다음 중 공전방지 운전취급 중 점착력을 크게 하는 방법으로 틀린 것은?
① 동력차를 최적의 상태로 보수한다.
② 선로를 최적의 상태로 보수한다.
③ 대차스프링을 공기스프링이나 오일댐퍼로 대체한다.
④ 살사를 한다.

정답 : ③
해설 : ① 동력차의 보수상태가 나쁘면 동요가 많아지고 동요가 많아지면 점착계수가 낮아지므로 공전이 발생할 가능성이 크다.
② 선로보수가 나쁘면 점착계수가 낮아지므로 공전발생 가능성이 크다.
④ 점착력을 증가시키는 가장 좋은 방법이다. 그러나 긴 상구배에서 연속적으로 살사를 하면 주행저항이 증가된다.

20. 다음 중 스프링 아래 중량에 대한 스프링 위 중량의 상대운동으로 틀린 것은?
① 전후진동 ② 상하진동 ③ 핏칭진동 ④ 롤링진동

정답 : ①
해설 : 스프링 아래 중량에 대한 스프링 위 중량의 상대운동에 의한 것으로는 상하진동, 핏칭진동, 로오링진동이 있으며, "전후진동"은 선로에 대한 스프링 아래 중량의 상대운동에 의한 것이다.(이밖에도 사행동, 좌우진동이 있음)

[기출응용문제 해설 21]

1. 다음 중 기초제동장치에 대한 설명으로 틀린 것은?
① 힘의 전달에 대하여 최대의 효율을 가질 것
② 축 중량에 대하여 차륜에 가하는 압력을 최대로 공전하지 않도록 최대의 제동력을 발휘할 것
③ 제륜자 및 차륜의 마모에 관계없이 항상 일정한 제동력을 얻을 것
④ 보수 및 부품교환이 용이할 것

정답 : ②
해설 : 축 중량에 대해여 차륜에 가하는 압력을 적당히 분포시켜 차륜이 활주하지 않을 범위에서 최대의 제동력을 발휘할 것

2. 다음 중 제동관공기(5Kg)를 0.5kg/㎠ 만큼 감압한 경우 기관차(6-BL)와 객화차의 제동통압력으로 맞는 것은?
① 기관차 : 1.25, 객화차 : 0.625 ② 기관차 : 1.27, 객화차 : 0.630
③ 기관차 : 1.30, 객화차 : 0.650 ④ 기관차 : 1.32, 객화차 : 0.652

정답 : ①
해설 : 제동통 압력
기관차 : Cp = 2.5r(kg/㎠)
2.5 x 0.5 = 1.25
객화차 : Cp = 3.25 r - 1(kg/㎠)
(3.25 x 0.5) - 1 = 0.625
〈r: 제동관 감압량(kg/㎠), Cp : 제동통압력(kg/㎠)

3. 다음 중 전기식 제동장치에 대한 설명으로 틀린 것은?
① 와류제동은 전기제동장치로만 열차를 정차시킬 수 없으므로 정차시에는 공기제동력을 사용하는 제동방식.
② 회생제동은 발전제동의 발생된 전력을 전차선에 반환하는 과정에서 제동효과를 얻는다.
③ 레일제동은 레일과 차량 간의 반대극성의 자력을 이용레일이 차량을 끌어당기도록 하여 제동효과를 얻는다.
④ 발전제동은 직류직권전동기의 특성을 활용 운동에너지가 전기적 에너지로 변환하여 저항기에서 소모시켜 제동효과를 얻는다.

정답 : ①
해설 : 와류제동 : 궤간에 별도 와류장치 설치
레일제동과 유사한 방법이나 이것은 궤도에 별도의 와류 발생장치를 설치하여 자력선에 의한 와류를 일으켜 제동효과를 발생시키는 장치이다.

4. 다음 중 제동배율의 정의에 대한 설명으로 틀린 것은?
① 제륜자압력과 제동통압력의 비이다.
② 제륜자이동거리에 대한 피스톤행정거리 비이다.
③ 제동배율이 6이라면 제동력은 1/6이다.
④ 지레대원리에 의한 제동력을 증대시키는 것이다.

정답 : ③
해설 : 제동배율이 6이라면 제륜자 압력이 제동통 피스톤 압력(제동력)의 6배가 되고 또 제륜자 이동거리는 제동통 피스톤 이동거리의 1/6이 된다는 뜻이다.

5. 다음 중 운전상의 구배(기울기)에서 평상 출발 시 평축의 출발저항으로 틀린 것은?
① 객차 6 ② 동차 6 ③ 화차 8 ④ 단행기관차 8

정답 : ②
해설 : 운전계획상 출발저항 값(kg/ton)

구분 / 차종	평상시 출발		구매(기울기)상에서 기동시	
	평축	Roller축	평축	Roller축
객차열차	8	3	6	3
화물열차	8	-	8	5
기동열차	3	-	3	-
전동열차	3	-	3	-
단행기관차	8	5	8	5

6. 다음 중 기울기가 13이고 곡선이 200일 때 환산구배로 맞는 것은?
① 14.5 ② 15.5 ③ 16.5 ④ 17.5

정답 : ③

해설 : ic=i+700/R [‰]

[ic: 환산구배(‰), i: 실제구배(‰), R:곡선반경(m)]

$$13+\frac{700}{200}=16.5$$

7. 열차가 60km/h의 속도로 주행 중 제동을 체결하였을 때 정차시까지 제동거리로 맞는 것은? (단, 공주시간 1.5S, 감속도 4.0KM/H/S)

① 125m ② 150m ③ 175m ④ 200m

정답 : ②

해설 : 제동거리 약산식(전기동차)

1. 전기동차의 간이 식: $vt/3.6+v^2/7.2A$
   [A(감속도) :4.0km/h/s, t(공주시간): 1.5s]
2. 여객열차(일반열차)의 간이식: $S=V^2/20$(m)
   화물열차의 간이식: $S=V^2/14$(m)

8. 다음 중 제동률의 영향요인으로 틀린 것은?

① 제동통 직경 ② 제동통 압력
③ 축당중량 ④ 기초제동장치의 효율

정답 : ③

해설 : 제동률의 영향인자

1. 제동통직경
2. 기초제동장치 제동배율
3. 제동통압력
4. 기초제동장치 효율

9. 다음 중 견인력에 대한 설명으로 틀린 것은?

① 속도는 동륜직경에 비례한다.
② 토크는 치차비에 비례한다.
③ 토크는 회전수에 비례한다.
④ 속도는 자극수에 반비례한다.

정답 : ③

해설 : 견인력의 영향 요인

1. 회전속도가 낮을 때 회전력이 클 것
2. 회전수가 낮을 때 토크가 높아야 한다.

3. 회전수는 속도에 비례하며, 회전수는 자극수에 반비례한다.
4. 속도는 자극수에 반비례한다.
5. 속도는 치차비에 반비례하나, 견인력은 치차비에 비례한다.
6. 치차비가 변화한 경우의 인장력 = 견인력은 치차비와 비례한다.

10. 다음 중 터널저항에 영향을 미치는 인자로 틀린 것은?
① 터널내 궤조 형상
② 터널의 길이
③ 터널 단면적
④ 터널 측면형상

정답 : ①
해설 : 터널저항에 미치는 영향
1. 터널의 단면적
2. 터널의 길이
3. 터널의 측면형상
4. 열차 속도

11. 다음 중 사행동의 주원인으로 맞는 것은?
① 사륜 답면의 구배　　② 레일의 형상
③ 궤도의 틀림　　④ 차륜과 레일의 마찰

정답 : ①
해설 : 사행동의 주원인
사행동: 차륜차축이 평행한 2개의 레일면을 주행하는 경우에 차륜이 가지고 있는 차륜답면경사(테이퍼)에 따른 정현파 상태 운동이다.

12. 다음 중 유도전동기 토크조절 방식으로 틀린 것은?
① 전원전류　　② 전원전압　　③ 슬립주파수　　④ 전원주파수

정답 : ①
해설 : 유도전동기의 토크: $T = K_4 (\frac{V_M}{F})^2 \cdot F_S$
(K_4 : 기계상수, F = 전원주파수, V_M = 전원전압, F_S = 슬립주파수)

13. 다음 중 속도변화를 구배로 환산한 구배로 맞는 것은?
① 지배구배 ② 환산구배 ③ 가상구배 ④ 등가구배

정답 : ③
해설 : 지배구배 : 열차운전에 있어서 최대의 견인력이 요구되는 구배
환산구배 : 곡선주항을 구배로 환산하여 표시한 구배
등가구배 : 구배와 열차장을 고려하여 견인정수 산정을 위한 계산상의 최대구배

14. 다음 중 슬랙에 대한 설명으로 틀린 것은?
① 슬랙은 30mm 미만의 범위 내에서 궤간을 확대 하는 것을 말한다.
② 완화곡선이 있는 경우에 슬랙의 체감길이는 완화곡선 전체길이이다.
③ 완화곡선이 업는 경우에 슬랙의 체감길이는 켄트 체감길이와 같은 길이이다.
④ 차량이 곡선부를 원활하게 통과하도록 바깥쪽 레일을 기준으로 궤간을 확대 하는 것을 말한다.

정답 : ①
해설 : 슬랙은 30mm 이하의 범위 내에서 궤간을 확대하는 것을 말한다.

15. 다음 중 열차주행 시 발생하는 주행저항 인자에서 속도에 비례하는 것으로 맞는 것은?
① 공기에 의한 저항
② 후렌지와 레일간의 마찰저항
③ 기계부분 마찰저항
④ 차륜의 회전마찰 저항

정답 : ②
해설 : ① 공기에 의한 저항 : 속도의 제곱에 비례하는 인자(c)
③ 기계부분의 마찰저항,
④ 차륜의 회전 마찰저항 : 속도에 관계없는 인자(a)

16. 다음 중 스칼라량으로 맞는 것은?
① 힘의 모멘트
② 질량
③ 속도
④ 일량

정답 : ②
해설 : 스칼라량은 길이, 질량, 시간, 면적, 부피, 온도, 신장, 속력

17. 다음 중 철도차량 제동력에 관한 설명으로 틀린 것은?
① 제동통 면적에 비례한다.
② 제동통 수에 비례한다.
③ 제동 배율에 비례한다.
④ 제륜자 이동거리에 비례한다.

정답 : ④
해설 : ④ 제륜자 이동거리에 비례하지 않는다.

18. 다음 중 유도전동기 토크에 대한 설명으로 틀린 것은?
① 전기자 전류 반비례 ② 자속 비례 ③ 기계상수 비례 ④ 슬립주파수 비례

정답 : ①
해설 : 유도전동기의 토크는 전기자 전류의 곱에 비례한다.

19. 다음 중 동력자차 객화차를 견인하고 주행하는 경우, 동력차 후부 연결기에 나타나는 견인력으로 맞는 것은?
① 정격견인력 ② 지시견인력 ③ 동륜주견인력 ④ 인장봉견인력

정답 : ④
해설 : 정격견인력은 주전동기의 정격전압, 정격전류에서의 지시견인력이다.

20. 다음 중 용어에 대한 설명으로 틀린 것은?
① 속도란 물체의 변위와 시간과의 관계이다.
② 크기와 방향을 가진 물리량을 벡터라고 한다.
③ 가속도는 속도변화와 시간과의 비율이다.
④ 운동이란 시간이 경과함에 따라 속력이 바뀌는 것이다.

정답 : ④
해설 : 운동이란 물체가 시간의 경과에 따라 그 점유위치를 바꾸어 나가는 현상이다.

[기출응용문제 해설 22]

1. 다음 중 주행저항에 대한 설명으로 틀린 것은?
① 차륜과 축수간의 마찰계수에 비례 ② 차축 부담중량에 비례
③ 동륜직경에 반비례 ④ 차축직경에 반비례

정답 : ④
해설 : 주행저항은 차축직경에 비례한다.

2. 다음 중 사행동에 대한 설명으로 틀린 것은?
① 1차 사행동은 차체사행동이다.
② 2차 사행동은 대차사행동이다.
③ 1차, 2차 사행동이 동시에 나타나기도 한다.
④ 2차 사행동은 속도가 증가하면 없어진다.

정답 : ④
해설 : 사행동은 차축속도와 무관하다.

3. 다음 중 3상유도전동기의 속도 및 토크 조절방법으로 틀린 것은?
① 속도는 전원주파수에 비례한다. ② 토크는 슬립주파수에 비례한다.
③ 토크는 전원주파수에 비례한다. ④ 속도는 자극수에 반비례한다.

정답 : ③
해설 : 토크는 전원전압을 전원주파수로 나눈 값의 자승에 비례한다.

4. 다음 중 주행저항에 관한 사실로 틀린 것은?
① 객차가 화차보다 크다 ② 편성량 수가 적을수록 크다
③ 공차가 영차보다 크다 ④ 진행방향으로 작용하는 저항이다.

정답 : ④
해설 : 주행저항은 진행방향의 반대로 작용하는 힘이다.

5. 다음 중 기초제동장치의 구비조건으로 틀린 것은?
① 힘의 전달에 대해서 최대의 효율을 가질 것
② 축 중량에 대하여 차륜에 가하는 압력을 최대로 공전하지 않을 범위 내에서 최적의 제동력을 발휘할 수 있을 것

③ 제륜자 및 차륜의 마모에 관계없이 항상 일정한 제동력을 얻을 것
④ 보수 및 부품교환이 용이할 것

정답 : ②
해설 : 축 중량에 대하여 차륜에 가하는 압력을 적당히 분포시켜 차륜이 활주하지 않는 범위에서 최대의 제동력을 발휘할 수 있을 것

6. 다음 중 제동관 공기압이 $5kg/cm^2$이고 감압량이 $0.5kg/cm^2$ 일 때 기관차 및 객화차의 제동통 압력으로 맞는 것은?
① 기관차 : 1.27 객화차 : 0.630
② 기관차 : 1.30 객화차 : 0.650
③ 기관차 : 1.25 객화차 : 0.625
④ 기관차 : 1.32 객화차 : 0.652

정답 : ③
해설 : 5-r=2.5r $r=\frac{5}{3.5}$ 5-r=3.25r-1 $r=\frac{6}{4.25}$
1. 기관차 제동통압력
CP=2.5r R= 감압량($0.5kg/cm^2$)이므로 2.5*0.5= $1.25kg/cm^2$
2. 객화차 제동통압력
CP=3.25r-1 R= 감압량($0.5kg/cm^2$)이므로 3.25*0.5-1=$0.625kg/cm^2$가 된다.

7. 다음 중 전기식 제동장치의 설명으로 틀린 것은?
① 와류제동은 전기제동장치로만 열차를 정차시킬 수 없으므로 정차 시에는 공기 제동력을 사용하는 제동방식
② 회생제동은 발전제동의 발생된 전력을 전차선에 반환하는 과정에서 제동효과를 얻는다.
③ 레일제동은 레일과 차량 간의 반대극성의 자력을 이용 레일이 차량을 끌어당기도록 하여 제동효과를 얻는다.
④ 발전제동은 직류직권전동기의 특성을 활용 운동에너지가 전기적 에너지로 변환하여 저항기에서 소모시켜 제동효과를 얻는다.

정답 : ①
해설 : 와류제동은 궤도에 별도의 와류 발생장치를 설치하여 자력선에 의한 와류를 일으켜 제동효과를 발생시키는 장치이다. ①은 혼합제동에 대한 설명이다.

8. 다음 중 운전계획상 구배(기울기)에서 평축기동시 출발저항값(kg/ton) 으로 틀린 것은?

① 객차:6 ② 화차:8 ③ 전동차:6 ④ 단행기관차:8

정답 : ③

해설 : 평축 시 전동차는 3의 저항값을 가진다.

차종 \ 구분	평상시 출발		구매(기울기)상에서 기동시	
	평축	Roller축	평축	Roller축
객차열차	8	3	6	3
화물열차	8	-	8	5
기동열차	3	-	3	-
전동열차	3	-	3	-
단행기관차	8	5	8	5

9. 다음 중 주행저항에 대한 설명으로 틀린 것은?

① 차륜과 축수간의 마찰계수에 비례한다.

② 차축부담중량에 반비례한다.

③ 동륜직경에 반비례한다.

④ 차축직경에 비례한다.

정답 : ②

해설 : R= $\frac{uwd}{D}$ 와 같은 관계를 가지므로 나의 차축부담중량에 비례한다.

차륜과 축수간의 마찰저항 R은 마찰계수(u), 차축의 부담중량(W), 차축직경(d)에 비례하고 차륜직경(D)에 반비례한다.

10. 다음 중 상구배 12‰에서 200M 곡선이 있는 경우 환산구배의 값으로 맞는 것은?

① 10.5 ② 11.5 ③ 15.5 ④ 17.5

정답 : ③

해설 : 환산구배는 $i_c = i + \frac{700}{R}[^0/_{00}]$의 공식을 사용

i_c=12+$\frac{700}{200}[^0/_{00}]$의 값을 계산하면 i_c=15.5

(i_c=환산구배, i=실제구배, R=곡선반경)

[기출응용문제 해설 23]

1. 주행거리 252km를 120분에 운행하였다면 그 열차의 표정속도로 맞는 것은? (단, 정차시분은 20분)

① 30m/s ② 32m/s ③ 34m/s ④ 36m/s

정답 : ①

해설 : $\frac{252}{120+20} = 1.8 \times 60 = 108 \div 3.6 = 30m/s$

2. 1폐색을 50km/h로 통과해서 등가속운동하여 2폐색을 90km/h로 통과한 뒤 계속 3폐색까지 90km/h 로 갔다면 평균속도로 맞는 것은? (폐색당 거리는 250m이다.)

① 70km/h ② 80km/h ③ 85km/h ④ 90km/h

정답 : ②

해설 : Vs = $\frac{v_1+v_2}{2} = \frac{50+90}{2} = \frac{140}{2}$ = 70km/h (1폐색~2폐색)

Vs = $\frac{v_1+v_2}{2} = \frac{70+90}{2} = \frac{160}{2}$ = 80km/h (2폐색~ 3 폐색)

평균속도 = 80km/h

3. 다음 중 극수가 6인 전동기의 동기속도로 맞는 것은? (단, 주파수는 60)

① 1000 ② 2000 ③ 1200 ④ 2400

정답 : ③

해설 : Ns = $\frac{120f}{P} = \frac{120 \times 60}{6}$ = 1200(rpm)

4. 다음 중 크기와 방향을 가진 물리량으로 틀린 것은?

① 체중 ② 위치 ③ 변위 ④ 속력

정답 : ④

해설 :

스칼라량 : 크기만을 가진 물리량을 스칼라라고 한다.

(길이, 질량, 시간, 면적, 부피, 온도, 신장, 속력 등)

벡터량 : 크기와 방향을 가진 물리량
(위치, 변위, 속도, 가속도, 힘, 체중, 마찰력, 힘의 모멘트 등)

5. 다음 중 유도단위로 틀린 것은?
① mol ② km/h ③ m/s2 ④ m/s3

정답 : ①
해설 : m/s^3 = 저크의 단위이며 저크는 단위시간당 가속도 변화비율을 말한다. mol = 물질량, 농도의 단위로 쓰이고 있다.

6. 다음 중 힘의 3요소로 틀린 것은?
① 가하는 힘의 크기
② 힘이 가해지는 방향,
③ 힘이 작용하는 지점
④ 힘이 가해지는 속도

정답 : ④
해설 : 힘은 어떤 물체가 가지고 있는 관성을 파괴시키는 작용을 하며 크기와 방향, 작용점을 갖는 벡터량이다.
힘의 3요소
1. 크 기 : 가하는 힘의 크기
2. 방 향 : 힘이 가해지는 방향
3. 작용점 : 힘이 작용하는 점 또는 지점

7. 다음 중 직류직권전동기의 특성으로 틀린 것은?
① 기동회전력이 클 것
② 회전속도가 낮을 때 회전력이 클 것
③ 속도 변화폭이 커서 속도제어가 용이할 것
④ 회전속도가 낮을 때 전류가 적어서 전력소비량이 적을 것

정답 : ④
해설 :
직류직권 전동기의 특성
1. 기동회전력이 클 것
2. 회전속도가 낮을 때 회전력이 클 것
3. 속도 변화폭이 커서 속도제어가 용이할 것

4. 회전속도가 클 때 전류가 적어서 전력소비량이 적을 것
5. 병렬 운전할 때 부하불균형이 적을 것
6. 운전 중 급격한 전류 · 전압의 변동에도 고장이 발생하지 않을 것

8. 다음 중 운전 기술상 경제운전으로 틀린 것은?
① 고객의 편의를 위하여 최대한 달려서 일찍 도착한다.
② 차량중량을 경감한다.
③ 열차에 충격 및 기기손상이 없도록 한다.
④ 제동감속도를 크게 하여 제동시분을 감소한다.

정답 : ①
해설 : ②번은 차량 성능상 경제 운전의 간접적인 요소이다.

9. 다음 중 철도차량의 진동으로 틀린 것은?
① 대지에 대한 스프링 하중량의 상대운동에 의한 것 - 사행동
② 스프링하 중량에 대한 스프링상 중량의 상대운동에 의한 것 - 로우링
③ X_X축을 기준한 회전운동 - 로우링
④ Z-Z축을 기준한 회전운동 - 핏칭

성납 : ④
해설 :
- 선로에 대한 스프링 아래 중량의 상대운동에 의한 것
  1. 좌우진동 2. 전후진동 3. 사행동
- 스프링 아래 중량에 대한 스프링 위 중량의 상대운동에 의한 것
  1. 상하진동 2. 핏칭진동 3. 로우링 진동
④ 핏칭 진동은 Y-Y축을 기준한 회전운동이다.

10. 전동기에 500의 출력이 입력되었고 10의 손실이 있을 때 전동기의 효율로 맞는 것은?
① 96% ② 97% ③ 98% ④99%

정답 : ③
해설 : 전동기의 효율 $= \frac{출력}{입력} \times 100(\%) = \frac{입력 - 손실}{입력} \times 100(\%)$

$$\frac{500-10}{500} \times 100(\%) = \frac{490}{500} \times 100(\%) = 98\%$$

11. 다음 중 동력차가 공전하지 않고 가속하기 위한 조건으로 맞는 것은?
① 동륜과 레일면의 마찰력〉 열차저항 〉동륜주 견인력
② 동륜주 견인력 〉열차저항 〉동륜과 레일면의마찰력
③ 열차저항 〉동륜주 견인력 〉동륜과 레일면의 마찰력
④ 동륜과 레일면의 마찰력 〉동륜주 견인력 〉열차저항

정답 : ④
해설 : 동력차가 공전을 하지 않고 가속하기 위한 기본 조건은 동륜과 레일면의 마찰력 〉 동륜주 견인력 〉 열차저항이다.

12. 중량 200톤의 열차가 10%의 하구배와 700의 곡선을 통과할 때의 견인중량으로 맞는 것은?
① 2000 ② -1800 ③ -2000 ④ -2200

정답 : ②
해설 : $-10 + \frac{700}{700} = -9‰$이다. 즉, 톤당 견인중량은 -9(kg/ton)이고, 총 견인중량은 $-9 \times 200 = -1800$kg이다.

$$200(-10+\frac{700}{700})=-1800\text{ton}$$

13. 다음 중 치차비의 선정을 할 때 고려해야 할 사항으로 틀린 것은?
① 기관의 최대 회전수
② 기동견인력 크기
③ 차량한계의 제한
④ 권선에 대한 열의 한계

정답 : ④
해설 : 치차비 선정 제한요소
최대 허용 회전수 : 치차비가 클수록 전동기의 회전수가 증가되어야 하므로 고속운전에 제한된다.
기동 견인력 : 치차비가 작을수록 견인력이 작아지며 기동 시에 견인력 부족으로 인한 인출 불능 또는 가속불량을 초래한다.
차량한계의 제한 : 치차비가 클수록 대치차의 직경이 커지므로 차량한계에 제한을 받는다.

14. 다음 중 상구배 선로에서 정차 시 인출취급으로 맞는 것은?
① 자연인출법 ② 압축인출법 ③ 인장인출법 ④ 후퇴인출법

정답 : ②
해설 : 압축인출법 : 열차 출발저항을 이용하여 인출하는 방법이다.

15. 다음 중 열차의 가속도에 기인한 저항을 구배로 환산한 값으로 맞는 것은?
① 사정구배 ② 지배구배 ③ 가상구배 ④ 등가구배

정답 : ①
해설 : 가상구배는 구배구간을 운전하는 열차의 속도 변화를 구배로 환산하여 실제의 구배에 대수적으로 가산한 것

16. 다음 중 슬랙에 대한 설명으로 맞는 것은?
① 반경 600m 이하의 곡선구간에서 두어야 한다.
② 반경 800m 이하의 곡선구간에 두어야 한다.
③ 완화곡선이 있는 경우 켄트의 체감길이와 같은 길이.
④ 완화곡선이 없는 경우 완화곡선 전체의 길이.

정답 : ①
해설 : ② 반경 600m 이하인 곡선구간에 두어야 한다.
③ 완화곡선이 있는 경우 : 완화곡선 전체의 길이
④ 완화곡선이 없는 경우 : 캔트의 체감길이와 같은 길이

17. 다음 중 열차의 편성 조건으로 틀린 것은?
① 가능하면 여객 화물용 견인차를 구분 배치한다.
② 차량의 혼합편성시 제동율의 중간치를 취한다.
③ 여객열차에는 되도록 화물열차와 편성을 자제한다.
④ 화물열차 또는 입환을 위한 동력차는 안전을 위하여 제동율을 높인다.

정답 : ④
해설 : 화물열차 또는 입환을 위한 동력차는 제동율을 저하시킨다.

18. 다음 중 제륜자의 압력에 대한 설명으로 맞는 것은?
① 정미제동통압력에 반비례한다.
② 제동통 직경에 자승에 비례한다.

③ 제동배율에 반비례한다.
④ 차륜반경에 비례한다.

정답 : ②

해설 : 디스크제동 = P = $\frac{\pi D^2}{4}$ × P' × n × E × η X $\frac{v}{R}$

P = 제륜자압력, n = 제동통 수, E = 제동배율,
R = 차륜반경
P' = 정미제동통압력, D = 제동통 직경,
η = 제동효율 v = 디스크 반경

19. 다음 중 발전제동의 특징에 대한 설명으로 틀린 것은?
① 광범위한 속도변화에 대응하여 일정한 큰 제동력 즉, 큰 평균감속력을 얻을 수 있다.
② 연속 하구배에서 속도제어가 용이하다.
③ 저항제어를 하므로 별도의 저항기가 필요하다.
④ 주전동기의 부하율이 낮기 때문에 주전동기의 용량을 증대할 필요가 있다.

정답 : ④
해설 : 발전제동의 단점 → 주전동기의 부하율이 높기 때문에 주전동기의 용량을 증대할 필요가 있다.

20. 다음 중 견인전동기가 1200rpm으로 돌고, 치차비는 60:10 일 때, 차륜직경은 1000mm 이면, 속도로 맞는 것은?
① 35.7km/h ② 36.7km/h ③ 37.7km/h ④ 38.7km/h

정답 : ③
해설 : $Gr = 6$
$D = 1000mm = 1m$
$N = 1200$
$\therefore 0.1885\frac{D}{Gr} \times N = 0.1885\frac{1}{6} \times 1200 = 37.7km/h$

[기출응용문제 해설 24]

1. 다음 중 틀린 것은 ?
① 운동이란 시간의 경과에 따라 힘의 위치를 바꾸어 나가는 현상
② 변위란 물체가 운동하고 있을 때 물체의 위치 변화
③ 속도란 물체의 변위와 시간의 비로서 단위시간의 변위
④ 가속도란 속도가 시간의 경과에 따라 변하는 경우 속도의 변화비율

정답 : ①
해설 : 운동이란 시간의 경과에 따라 그 점유위치를 바꾸어 나가는 현상

2. 다음 중 벡터량으로 틀린 것은?
① 일량 ② 힘 ③ 질량 ④ 힘의 모멘트

정답 : ③
해설 : 스칼라량 - 길이, 질량, 시간, 면적, 부피, 온도, 신장, 속력 등 크기만 있고 방향은 없다. 벡터량 - 위치, 변위, 속도, 가속도, 힘, 체중, 마찰력, 힘의 모멘트 등 크기와 방향이 있다.

3. 가속도의 법칙에서 물체에 힘이 작용하면 힘의 방향으로 가속도가 생기며 가속도의 크기는 힘의 크기에 비례하고 물체의 질량에 반비례한다. 여기서 질량으로 맞는 것은?
① 실효중량 ② 부가관성질량 ③ 중력 질량 ④ 관성질량

정답 : ④
해설 : 관성질량 : 물체에 힘을 가했을 때 이에 비례하여 가속도가 생긴다. 이 관계의 비례상수를 관성 질량이라 하며 물체마다 다른 고유의 값을 가진다.

4. 다음 중 마찰력에 대한 설명으로 틀린 것은?
① 마찰계수는 접촉면의 성질과 접촉면의 넓이와 관련이 있다.
② 물체끼리의 면이 접해서 생기는 접선력이다.
③ 물체의 운동방향과 반대로 작용한다.
④ 수직항력과 두 물체사이의 마찰계수 값에 비례한다.

정답 : ①
해설 : ① 마찰계수는 접촉면의 성질에 따라 다르나 접촉면의 넓이와는 무관하다.

5. 다음 중 직류 직권전동기의 특성으로 틀린 것은?
① 기동회전력이 클 것
② 회전속도가 낮을 때 회전력이 클 것
③ 속도 변화폭이 적어 속도제어가 용이할 것
④ 병렬 운전 시 부하 불균형이 적을 것

정답 : ③
해설 : ③ 속도 변화폭이 커서 속도제어가 용이할 것

6. 다음 중 유도전동기의 회전수 및 회전력에 대한 설명으로 맞는 것은?
① 회전수는 단자 전압에 비례하고 자속에 반비례한다.
② 회전력(포화시)은 전류에 비례한다.
③ 회전수는 전원 주파수에 비례하고 자극 수에 반비례한다.
④ 회전력은 전원 주파수자승에 비례하고 전원전압자승 및 슬립주파수에 반비례한다.

정답 : ③
해설 : ① 직류직권전동기 회전수에 대한 설명이다.
② 유도전동기가 아닌 직류직권전동기에 대한 설명
④ 유도전동기 회전력은 전원주파수 자승에 반비례하고, 1차 전압 자승 및 슬립주파수에 비례한다.

7. 다음 중 탈선계수로 맞는 것은?
① P/Q ② Q/P ③ Q*P ④ 2Q/P

정답 : ②
해설 : 탈선계수 공식은 Q/P이다.

8. 다음 중 전동기 손실에 대한 설명으로 틀린 것은?
① 동손은 전류가 흐를 때 발생하는 저항손이다.
② 고정손은 부하의 대소에 관계없이 일정하게 발생되는 손실이다.
③ 와류손은 철손으로 전기자 철심이 자속중을 회전할 때 발생하는 손실이다.
④ 풍손은 기계손으로 축 베어링 등 마찰부분에 생기는 손실이다.

정답 : ④
해설 : ④ 풍손은 회전부분의 공기마찰에 의한 것이고, 축 베어링 등에 의한 것은 마찰손이다.

9. 다음 중 점착 계수의 크기가 제일 작은 것으로 맞는 것은?
① 낙엽이 있는 경우 ② 습한 경우
③ 기름기가 있는 경우 ④ 서리가 있는 경우

정답 : ①
해설 : 낙엽이 있는 경우 0.08
습한 경우 0.18 ~ 0.2
기름기가 있는 경우 0.1
서리가 있는 경우 0.15 ~ 0.18

10. 다음 중 열차 출발 저항의 설명으로 틀린 것은?
① 3키로 이후 주행 저항으로 바뀐다.
② 온도가 높을 때, 정차 시간이 길수록 출발 저항이 높다.
③ 유막이 파괴되어 열차 출발 저항이 감소한다.
④ 화차 보다 객차가 크다.

정답 : ③
해설 : ③ 유막결핍으로 금속과 금속의 직접 접촉으로 인한 마찰력 증가로 발생한다.

11. 주행 저항 중 공기에 의한 저항의 크기를 차량의 연결 상태로 볼 때, 중간부를 1이라 하면 후부는 얼마인가?
① 2.5 ② 10 ③ 0.8 ④ 0.5

정답 : ①
해설 : 공기저항의 크기는 열차의 중간부를 1이라 할 때, 전면부의 저항은 10, 기관차 차위 차량은 0.8, 열차 후부의 차량은 2.5의 크기 비율로 커진다.

12. 각 동력차의 견인정수를 산정하고 열차운전에 있어서 최대의 견인력이 요구 되는 구배로 맞는 것은?
① 표준구배 ② 지배구배 ③ 가상구배 ④ 평균구배

정답 : ②
해설 : 지배구배(제한구배)는 열차운전에 있어서 최대의 견인력이 요구되는 구배

13. 다음 설명 중 틀린 것은?
① 제동 배율=제동 원력/제동 압력

② 제동 압력=제동 원력×제동 배율
③ 제동율=제륜자 압력/축중량
④ 전제동율=전 제륜자 압력/열차 총 중량

정답 : ①

해설 : 제동배율 $= \dfrac{제동압력}{제동원력}$

14. 다음 중 피스톤 행정이 변화하는 이유로 틀린 것은 ?
① 제동 배율 ② 제동 초속도 ③ 제륜자 마모 ④ 하중의 변화

정답 : ①

해설 : 제동피스톤의 행정이 변화하는 이유
제륜자의 마모, 하중의 변화, 제동통 압력의 대소, 제동초속도

15. 다음 중 제동관 감압량이 1.2kg/cm2일 때 제동통 압력으로 맞는 것은?
① 4 ② 3 ③ 2.5 ④ 2.0

정답 : ②

해설 : 기관차 제동통 압력 Cp = 2.5r
[r : 제동관 감압량(kg/cm^2), Cp : 제동통압력(kg/cm^2)]
2.5 $*$ 1.2 = $3kg/cm^2$

16. 2km/h/s 감속도의 열차가 60km/h 속도에서 제동을 사용하였을 때 제동거리로 맞는 것은?
① 400m ② 300m ③ 250m ④ 200m

정답 : ③

해설 : S=V2 /7.2a S=(m), V =(km/h), a=(km/h/s) S=(60*60)/(7.2*2)=250m

17. 중량 500 ton 열차가 곡선 반경 350m의 1ton의 곡선저항으로 맞는 것은?
① 1000kg ② 2000kg ③ 2kg/ton ④ 4kg/ton

정답 : ①

해설 : 1ton당 곡선저항 r=700/R (kg/ton)=700/350=2(kg/ton)
총 곡선저항 R= rW=2*500=1000(kg)

V. 실전예상문제

에듀컨텐츠·휴피아
ECH Educontents-Huepia

제1장 운전이론의 개요

1. 다음 설명 중 틀린 것은?
① 철도의 사명은 안전, 정확, 신속, 능률적 수송이다.
② 운전이론의 1단계는 견인력, 열차저항, 제동력에 관한 기초이론이다.
③ 운전이론의 2단계는 견인정수 산정, 열차운전시분 검토, 합리적인 열차운전법 등에 관한 이론이다.
④ 운전이론은 열차를 합리적 경제적으로 운행하기 위한 운전기술에 관한 기초이론으로 운전설비의 검토에도 활용된다.

2. 다음 운전이론의 2단계 중 동력차 운전업무에 관한 이론이 아닌 것은?
① 합리적, 경제적 동력차 운전법
② 안전하고 정확한 동력차 운전법
③ 동력차의 고장 조치
④ 열차의 운전시분 검토

3. 다음 운전이론의 2단계 중 운전계획에 관한 이론이 아닌 것은?
① 동력차 견인정수 산정
② 최소 운전시격 및 표준운전시분 검토
③ 운전설비의 검토
④ 합리적이고 경제적인 동력차 운전

4. 다음 설명 중 틀린 것은?
① 운전이론은 열차 또는 차량을 합리적 또는 경제적으로 운행하기 위한 운전기술에 관한 기초이론이다.
② 운전이론 1단계는 동력차의 견인력, 열차저항, 제동력에 관한 이론이다.
③ 운전이론 2단계는 동력차의 견인정수산정, 열차운전시분검토, 합리적 열차조정법에 관한 이론이다.
④ 운전선도는 열차가 어떠한 제동성능과 운전시분의 경과를 가지고 있는가를 역학적으로 도시한 것이다.

5. 다음 설명 중 틀린 것은?
① 견인정수란 열차의 속도에 맞게 동력차가 견인 할 수 있는 객화차의 중량을 환산량수로 표시한 것이다.

② 최소운전시격 산출은 서로 다른 선로의 선로이용률 및 차량운용률 등을 높일 수 있다.
③ 운전선도란 열차의 속도변화와 운전시분을 역학적으로 도시한 것이다.
④ 열차는 안전을 위하여 열차 상호간 일정한 시간 간격을 유지하여야 한다.

정답
1.①, 2.④, 3.④, .④, 5.②

제2장 운전역학

1. 다음 설명 중 맞는 것은?
① 물리학의 기본단위는 길이(l), 질량(m), 시간(t), 에너지(E)이다.
② 스칼라량은 크기만을 가진 물리량으로 질량, 길이, 시간 등이 있다.
③ 벡터량은 크기와 방향을 가진 물리량으로 일, 마찰력, 가속도 등이 있다.
④ 스칼라는 기하학적인 취급이 필요하다.

2. 다음 설명 중 틀린 것은?
① 벡터량에는 위치, 속도, 가속도, 힘, 체중 마찰력, 힘의 모멘트 등이 있다.
② 스칼라량에는 길이, 질량, 시간, 면적, 부피, 온도, 신장, 속력 등이 있다.
③ 운동 방향이 변하였다면 속도는 속력보다 크다.
④ 운동에는 반드시 속력과 방향이 있다.

3. 다음 운동의 설명 중 틀린 것은?
① 운동은 시간의 경과에 따라 위치를 바꾸어 나가는 현상
② 물체의 운동은 상대적이나 정지는 아니다.
③ 변위는 물체의 위치변화이며, 도중의 운동 경과 시간에는 관계가 없다.
④ 운동 또는 정지는 지구를 표준으로 한다.

4. 열차가 10분 동안 동쪽으로 6km, 북쪽으로 8km 이동하였을 때 열차의 속력과 속도는 몇 km/h인가?
① 1km/h, 1.4km/h
② 1.4km/h, 1km/h
③ 60km/h, 84km/h
④ 84km/h, 60km/h

5. 30km/h로 움직이던 열차의 가속도가 2km/h/s라면, 30초 후의 열차속도는 얼마인가?
① 30km/h
② 60km/h
③ 90km/h
④ 180km/h

6. 열차가 정거장을 출발하여 20초 후에 144km/h의 속도가 되었다면 이 열차의 가속도(m/s^2)는 얼마인가?
① $0.5m/s^2$
② $1m/s^2$
③ $2m/s^2$
④ $3m/s^2$

7. 열차가 30초 동안 450m를 주행하였다면 가속도는 얼마인가?
① $0.8m/s^2$
② $1.0m/s^2$
③ $1.1m/s^2$
④ $1.5m/s^2$

8. 열차가 역을 출발하여 일정한 가속도로 직선운동으로 4초 동안 200m를 이동하였다면 속도는 얼마인가?
① 25m/s
② 50m/s
③ 100m/s
④ 150m/s

9. 다음 속도의 설명 중 맞는 것은?
① 표정속도는 운전 거리를 순수 운전시분으로 나누어 구한 속도이다.
② 제한 속도는 하구배, 곡선, 측선, 분기기, 신호현시에 제한 등이 있다.
③ 물체의 질량은 일정하지만 중량은 적도가 가장 크다.
④ 운동방향이 변하여도 속력과 속도는 일정하다

10. 다음 중 운전속도를 일시 제한할 필요가 있을 때 조건 중 아닌 것은?
① 차량 제한속도
② 하구배 제한속도
③ 곡선 제한속도
④ 측선, 분기기 제한속도

11. 다음 중 운전속도를 일시 제한할 필요가 있을 때 조건 중 아닌 것은?
① 곡선 제한속도

② 상구배 제한속도
③ 신호현시에 따른 제한 속도
④ 측선, 분기기 제한속도

12. 다음 뉴턴의 운동법칙에 관한 설명 틀린 것은?
① 관성은 일정한도 까지는 힘의 크기에 비례하여 증가한다.
② 가속도의 크기는 힘의 크기에 비례하고 질량에 반비례한다.
③ 작용과 반작용력은 크기와 방향이 다르며, 동일선상에 작용한다.
④ 관성의 법칙, 가속도의 법칙, 작용반작용의 법칙이 있다.

13. 다음 운동의 법칙 설명 중 틀린 것은?
① 힘이란 어떤 물체가 가지고 있는 관성을 파괴시키는 작용을 하며 크기, 방향, 작용점을 갖는다.
② 관성의 법칙, 가속도법칙, 작용반작용의 법칙이 있다.
③ 힘의 단위는 dyne, N(뉴턴) 등이 있다.
④ 질량에는 관성질량과 중력질량이 있으며 위치에 따라 그 값이 변한다.

14. 다음 원운동과 원심력에 대한 설명으로 틀린 것은?
① 등속원운동에서 속도는 방향이 바뀌므로 변하게 된다.
② 가속도는 원의 중심을 향하게 되므로 구심가속도라 한다.
③ 구심력은 물체의 운동방향에 수평으로 작용한다.
④ 원심력 구심력과 힘의 크기가 같고 방향은 반대이다.

15. 다음 설 명중 틀린 것은?
① 마찰력은 물체의 운동방향과 반대로 작용하며, 수직항력과 비례한다.
② 크기는 정지마찰력 〉 미끄럼마찰력 〉 회전마찰력 순이다.
③ 에너지는 일을 할 수 있는 능력을 말하며, 질량과 속도에 비례한다.
④ 운동에너지와 위치에너지의 합을 역학적 에너지라 한다.

16. 다음 마찰력에 대한 설명 중 틀린 것은?
① 물체끼리의 면이 접해서 생기는 접선력이다.
② 움직이는 그 순간의 마찰력을 운동마찰력이라 한다.
③ 물체의 운동방향과 반대로 작용한다.
④ 수직항력과 두 물체사이의 마찰계수 값에 비례한다.

17. 다음 설명 중 틀린 것은?
① 1N은 질량 1kg의 물체가 1m/s^{2}의 가속도 운동을 하게 하는 힘이다.
② 물체에 힘을 가했을 때 이에 비례하여 생기는 가속도와의 비를 관성질량이라 한다.
③ 물체가 원둘레를 따라 일정한 속력으로 회전할 때 등속원운동이라 한다.
④ 등속원운동에서는 속도, 방향 모두 일정하다.

18. 원심력에 대한 설명 중 틀린 것은?
① 질량과 속도에 비례하여 증가한다.
② 원운동을 하고 있는 물체에 나타나는 관성력이다.
③ 구심력과 반대방향으로 향한다.
④ 가상의 힘이다.

19. 다음 일(Work)에 관한 설명 중 틀린 것은?
① 에너지의 변화량을 일로 정의할 수 없다.
② 일의 절대단위는 J, erg를 사용한다.
③ 물체에 외력을 가하여 그 힘의 방향으로 물체가 이동했을 때 외력은 일을 했다고 한다.
④ 1Joule는 1A의 전류가 1Ω의 저항을 가진 도체를 통과할 때의 량이다.

20. 질량 2kg인 물체가 10m/s의 속도로 운동할 때 운동에너지는 얼마인가?
① 40J
② 100J
③ 40N
④ 100N

21. 질량 10kg인 물체가 지표면으로부터 높이 10m에 매달려 있다면 이물체의 위치에너지는 얼마인가?
① 100J
② 980J
③ 100N
④ 980N

22. 거리 60km 순수운전시분 40분, 도중정차시분 20분인 열차의 표정속도와 평균속도는 얼마인가?
① 표정속도 90km/h, 평균속도 60km/h
② 표정속도 60km/h, 평균속도 90km/h
③ 표정속도 90km/h, 평균속도 45km/h
④ 표정속도 45km/h, 평균속도 90km/h

23. 다음 중 힘의 3요소가 아닌 것은?
① 힘의 크기
② 힘의 방향
③ 힘의 작용점
④ 힘의 작용선

24. 질량이 2kg이고 속도가 36km/h인 물체의 운동 에너지는 얼마인가?
① 100J
② 720J
③ 200N
④ 720N

25. 뉴턴의 운동법칙에 관한 설명 중 틀린 것은?
① 관성은 일정한도까지는 작요하는 힘의 크기에 비례하여 증가한다.
② 가속도의 크기는 힘의 크기에 비례하고 질량에 반비례한다.
③ 작용과 반작용력은 크기는 같고 방향이 반대이다.
④ 작용과 반작용력은 두 물체가 떨어져 있으면 작용할 수 없다.

26. 중량 98kg인 물체에 20N의 힘이 작용하였다면 물체의 가속도는 얼마인가?
① $1m/s^2$
② $2m/s^2$
③ $3m/s^2$
④ $4m/s^2$

27. 가속도가 3km/h/s인 열차가 24초 동안 이동거리(m)는 얼마인가?
① 240m
② 480m

③ 920m
④ 3,456m

28. 중량 98톤인 열차를 3.6km/h/s의 가속도로 주행하게 하려면 필요한 힘은 얼마인가?
① 9,800N
② 10,000N
③ 35,280N
④ 10,000J

29. 다음 마찰력에 대한 설명이다. 틀린 것은?
① 물체끼리 접해서 생기는 접선력이다.
② 물체의 운동방향과 반대로 작용한다.
③ 마찰계수 크기는 접촉면의 넓이와는 무관하다.
④ 물체가 면으로 받는 수직항력에 반비례한다.

30. 다음 일률의 설명 중 바른 것은?
① 힘의 크기 × 일의 크기
② 힘의 크기 × 가속도
③ 힘의 크기 × 속도
④ 힘의 크기 × 움직인 거리

정답
1.②, 2.③, 3.②, 4.④, 5.③, 6.③, 7.②, 8.③, 9.②, 10.①
11.②, 12.③, 13.④, 14.③, 15.③, 16.②, 17.④, 18.①, 19.①, 20.②, 21.②,
22.②, 23.④, 24.①, 25.④, 26.②, 27.①, 28.②, 29.④, 30.③

제3장 동력차의 특성과 견인력 성능

1. 다음 직류직권전동기의 설명 중 틀린 것은?
① 기동회전력이 클 것
② 회전속도가 높을 때 회전력이 클 것
③ 속도 변화폭이 커서 속도제어가 용이할 것
④ 병렬 운전할 때 부하 불균형이 적을 것

2. 직류직권 전동기의 구비조건 중 틀린 것은?
① 기동회전력이 클 것
② 속도변화폭이 작아 속도제어가 용이할 것
③ 병렬 운전할 때 부하 불균형이 적을 것
④ 운전 중 급격한 전류, 전압의 변동에도 고장이 발생하지 않을 것

3. 다음 중 직류직권 전동기 설명으로 틀린 것은?
① 회전력은 계자 포화시 전류에, 미포화시는 전류의 자승에 비례한다.
② 회전수는 단자전압에 비례, 자속수에 반비례한다.
③ 회전수 제어법은 단자전압제어, 저항제어, 계자전류제어방법이 있다.
④ 역기전력은 공급전압에 대하여 저항으로 작용한다.

4. 유도전동기의 특성이 아닌 것은?
① 취급이 간단하고 운전이 쉽다.
② 구조가 간단하고 튼튼하다.
③ 부하증감에 대한 속도 변화가 크다.
④ 교류전원을 사용할 수 있으므로 전원공급이 쉽다.

5. 다음 유도전동기의 설명 중 틀린 것은?
① 전압, 주파수, Slip주파수를 변화시켜 속도를 제어한다.
② 구조가 간단하고 튼튼하며, 유지보수비가 적다.
③ 부하증감에 대한 속도변화가 크며, 취급이 간단하고 운전이 쉽다.
④ 아라고의 원판은 프레밍의 오른손 법칙에 따라 유도기전력이, 왼손법칙에 따라 회전토크가 발생한다.

6. 다음 중 유도전동기의 속도제어방법이 아닌 것은?
① 전압제어
② 주파수제어
③ 슬립제어
④ 극수변경제어

7. 다음 극수가 4, 주파수가 60Hz인 유도전동기의 동기속도는 얼마인가?
① 1200rpm
② 1500rpm
③ 1800rpm
④ 2400rpm

8. 다음 유도전동기 속도제어 방법 중 토크의 비례추이를 응용하여 회전수를 제어하는 것은 어느 것인가?
① 슬립제어
② 주파수 제어
③ 극수제어
④ 2차 여자제어

9. 다음 유도전동기에 대한 설명 중 틀린 것은?
① 회전수는 전원주파수에 비례, 자극수에 반비례한다.
② 회전력은 전원주파의 제곱에 반비례한다.
③ 회전력은 1차 전압에 비례한다.
④ 회전력은 슬립주파수에 비례한다.

10. 다음 유도전동기의 정출력 제어에 대한 설명 중 올바른 것은?
① 전원주파수와 전원전압의 비를 일정하게 유지하며 증가시킨다.
② 전원주파수와 슬립주파의 변화비를 일정하게 하며 속도를 상승시킨다.
③ 고속영역을 위해 전원주파수를 높여 전동기의 속도를 높인다.
④ 토크를 일정하게 유지하기 위해 전압을 상승시키는 영역이다.

11. 다음 극수가 4극인 선풍기의 동기속도(rpm)는 얼마인가? 단, 주파수는 60HZ이다.
① 1,200rpm
② 1,500rpm

③ 1,800rpm
④ 3,600rpm

12. 극수가 4극이고, 주파수가 80Hz인 유도전동기의 동기속도로 맞는 것은?
① 2000rpm ② 2200rpm ③ 2400rpm ④ 2600rpm

13. 동기속도 800(rpm), 슬립이 4%일 때 전동기의 회전수(rpm)는 얼마인가?
① 760rpm
② 768rpm
③ 776rpm
④ 784rpm

14. 유도전동기의 속도제어 설명 중 틀린 것은?
① 슬립제어는 2차 저항을 가감하는 방법으로 토크의 비례추이를 응용한 것으로 으로 효율이 좋다.
② 주파수 제어는 열차, 선박 등 특수한 경우에만 사용한다.
③ 극수제어는 극수가 다른 2개의 권선을 같은 홈(slot)에 넣은 방법
④ 2차 여자제어 및 2대의 유도전동기를 서로 종속시켜 전체극수를 달리하는 방법이 있다.

15. 다음 중 유도전동기의 토크제어 설명 중 틀린 것은?
① 정토크 영역은 슬립주파수를 일정하게 유지시킨 상태에서 전원 주파수와 전원 전압의 비를 일정하게 유지하며 주파수를 증가시켜 속도를 제어하는 영역
② 정출력제어는 슬립주파수를 상승시켜 전기자 전류를 일정하게 유지시켜 가속을 얻는 영역
③ 특성영역제어 고속으로 운전하기 위해 전원주파수를 고정시킨 상태에서 슬립주파수를 높여 전동기의 속도를 높이는 영역
④ 정출력 제어가 이루어지는 동안 출력과 손실은 일정하게 유지된다.

16. 유도전동기의 회전수 및 회전력 제어에 대한 설명이다. 틀린 것은?
① 슬립은 1>S>0의 범위를 가지며, 1일 때 N=0, 0일 때 무부하 상태이다.
② 주파수 제어는 열차, 선박 등 특수한 경우에만 사용된다.

③ 회전수는 전원주파수에 비례하고, 극수에 반비례 한다.
④ 회전력은 전압에 비례하고 전원 및 슬립주파수에 반비례한다.

17. 다음 중 유도전동기의 토크제어 방법이 아닌 것은?
① 정토크제어
② 정출력제어
③ 특성영역제어
④ 기동토크제어

18. 다음 중 유도전동기의 토크제어 설명중 틀린 것은?
① 정토크제어 : 슬립주파수와 전원전압을 일정하게 유지하면서 속도제어
② 정출력제어 : 슬립주파수를 상승시켜 속도제어, 토크는 감소한다.
③ 특성영역제어 : 전원주파수를 높여 속도제어, 토크는 감소한다.
④ 정토크제어는 저속, 정출력제어는 중속, 특성영역제어는 고속영역제어다.

19. 다음 회생제동시 토크제어에 대한 설명 중 틀린 것은?
① 전원주파수가 전동기회전자 주파수보다 낮으면 발전기가 된다.
② 특성영역은 전원전압 및 슬립주파수 일정, 전원주파수 감소, 전류증가
③ 정토크(중속)영역은 슬립주파수, 전류, 토크, 전원전압의 변화가 없다.
④ 정토크(저속)영역은 전압을 전원 주파수 값의 감소비에 따라 감소

20. 다음 전동기의 설명 중 틀린 것은?
① 부하손에는 동손과 표류부하손이 있으며 동손이 대부이다.
② 무부하손은 철손과 기계손이 있으며 철손이 대부분이다.
③ 전동기의 소손 원인 중 온도상승이 가장 큰 비중을 차지한다.
④ 동력차의 정격 중 가장 중요한 것은 단시간 정격이다.

21. 열차가 25m/s의 속도로 주행 중 제동을 체결하였다. 열차가 100m부터 제동이 체결되었다면 공주시간은 몇 초인가?
① 2.5초 ② 3.0초 ③ 3.5초 ④ 4초

22. 동력차의 동륜직경이 900mm이고 치차비가 2.25이다. 이 동력차의 주전동기 회전수가 800rpm일 때 동력차의 운전속도는?
① 약 40km/h ② 약 50km/h ③ 약 60km/h ④ 약 70km/h

23. 다음 유도전동기의 회전자 전류를 구하는 공식으로 맞는 것은?
① $Im = k_3(\frac{Vm}{F})^2 Fs$
② $Im = k(\frac{Vm}{F})^2 Fs$
③ $Im = k_3 \frac{Vm}{F} Fs$
④ $Im = k_3 \frac{Vm}{F}$

24. 다음 치차비에 대한 설명 중 틀린 것은?
① $v = 0.1885 \frac{DN}{Gr} (km/h)$
② $v_2 = v_1 \frac{Gr_1}{Gr_2} (km/h)$ (치차비가 변한 경우)
③ $v_2 = v_1 \frac{D_1}{D_2} (km/h)$ (동륜직경이 변한 경우)
④ 속도는 치차비에 반비례하고, 견인력은 치차비에 비례한다.

25. 치차비 선정의 제한요소가 아닌 것은?
① 최대 허용 회전수
② 기동견인력
③ 차량한계의 제한
④ 레일면의 상태

26. 다음 치차비 설명 중 틀린 것은?
① 치차비 선정 제한 요소는 최대허용회전수, 기동견인력, 차량한계 등이 있다.
② 치차비가 작을수록 기동 시 인출불량을 초래할 수 있다.
③ 치차비가 클수록 고속운전에 제한된다.
④ 동륜직경에 반비례하고 견인력에 비례한다.

27. 다음 전동기의 손실에 관한 설명 중 틀린 것은?
① 부하손은 동손과 표류부하손이 있으며 동손이 대부분이다.
② 무부하손은 철손과 기계손이 있으며 철손이 대부분이다.
③ 히스테리손은 표류부하손이다.
④ 손실은 대부분 열로 변환되어 견인전동기의 성능을 감소시킨다.

28. 다음 전동기의 효율에 대한 설명 중 맞지 않는 것은?
① 주전동기에 공급된 전력은 전부 기계적 에너지로 출력되지 못하고 일부는 전동기 자체에서 소멸된다.
② 동손(저항손) : 전류가 흐를 때 발생하는 저항손이다.
③ 무부하손(고정손) : 부하의 대소에 관계없이 일정하게 발생되는 손실을 말한다.
④ 전동기 소손 원인 중 가장 큰 비중을 차지하는 것은 고정손이다.

29. 다음 전동기의 효율과 정격에 관한 설명 중 틀린 것은?
① 전동기의 정격은 연속정격, 1시간, 30분, 15분이 있다.
② 1시간 정격은 동력차의 정격 중 가장 중요하다.
③ 정격이란 전동기를 안전하게 사용하기 위한 최대 공급전류량을 규정
④ 전동기의 효율(ℑ)은 출력/입력, 또는 (입력-손실)/입력으로 구한다.

30. 다음 전동기의 효율과 정격에 관한 설명 중 틀린 것은?
① 견인력은 차량의 특성, 차륜과 레일가의 상태, 점착계수, 차량연결량수의 지배를 받는다.
② 동력차가 공전을 하지 않고 가속하기 위한 기본조건은 "동륜과 레일면의 마찰력 〉 동륜주견인력 〉 열차저항"이다
③ 작용하는 장소에 따라 지시견인력, 동륜주견인력, 인장봉견인력으로 분류한다.
④ 제한하는 인자에 따라 마찰견인력과 특성견성력으로 분류한다.

31. 다음 견인력 설명 중 틀린 것은?
① 작용하는 장소에 따라 지시견인력, 동륜주 견인력, 인장봉 견인력으로 분류한다.
② 동륜주 견인력은 동륜직경, 전동기의 회전력, 치차비, 전동기 수, 효율에 비례한다.
③ 특성견인력은 병렬 최종위치일 때 견인력을 사용한다.
④ 동륜주 견인력은 항상 점착견인력에 제한을 받는다.

32. 견인정수를 산정할 때 고려사항 중 동력차의 상태에 따른 구분이 아닌 것은?
① 동력차의 상태 및 견인시험
② 사용연료 및 전차선 전압
③ 가상구배상의 인출조건
④ 전기차의 온도상승 한도

33. 다음 견인력 중에서 가장 작은 것은 어느 것인가?
① 지시견인력 ② 동륜주견인력 ③ 점착견인력 ④ 인장봉견인력

34. 다음 동륜주 견인력에 대한 설명으로 틀린 것은?
① 동륜주 견인력은 동륜주 직경에 반비례한다.
② 동륜주 견인력은 속도에 비례한다.
③ 동륜주 견인력은 치차비에 비례한다.
④ 전동기 회전력에 비례한다.

35. 다음 점착력 향상 방안으로 틀린 것은?
① 점착계수의 향상
② 동축중의 일시적 변화유도
③ 축중이동(하중 쏠림) 유도
④ 활주방지장치의 도입

36. 다음 견인정수의 설명 중 틀린 것은?
① 견인정수의 종류는 실제량수법, 실제ton수법, 인장봉하중법, 수정ton수법, 환산량수법이 있다.
② 인장봉하중법은 인장봉견인력과 열차저항(가속도 저항 제외)이 대등하게 되는 객화차수를 견인정수로 산정하는 방법으로 가장 이상적이다.
③ 수정ton수법은 객화차의 저항이 전부 중량에 비례하는 것으로 가정하여 저항을 부여하는 방법으로 가장 원시적인방법이다.
④ 환산량수법은 기관차 30톤, 동차 및 객차 40톤, 화차 43.5톤을 적용한다.

37. Ns 동기속도(rpm), N 회전수, P 극수, f 주파수(Hz), S 슬립이라 할 때 다음 유도전동기의 회전수에 대한 설명 중 틀린 것은?
① Ns=120f/P
② S=(Ns-N)/Ns

③ N=(1-S) · Ns
④ Ns=(1-S) · N

38. 다음 유도전동기의 회전수에 대한 설명 중 틀린 것은?
① 전원주파수에 비례
② 자극 수에 반비례
③ 동기속도에 비례
④ 슬립에 비례

39. 다음 구배 중 구간의 견인정수를 지배하는 구배는 어느 것인가?
① 가상구배
② 사정구배
③ 환산구배
④ 평균구배

40. 유도전동기의 동력운전시 토크제어 방법 중 토오크 감소, 전류일정, 전압일정, 슬립주파수 증가하는 제어 영역은?
① 정토크 제어
② 정출력 제어
③ 특성영역 제어
④ 일정영역 제어

41. 유도전동기의 동력운전시 토크제어 방법 중 토오크 일정, 전류일정, 전압상승, 슬립주파수가 일정한 영역은?
① 정토크 제어
② 정출력 제어
③ 특성영역 제어
④ 일정영역 제어

42. 직류직권 전동기의 계자 포화시 주전동기의 회전력을 구하는 식으로 옳은 것은?
① $K\varphi I$
② KI
③ KI^2
④ K^2I

43. 주파수 60Hz, 극수 6극, 슬립 10%인 유도전동기의 회전수는 얼마인가?
① 1080rpm
② 1200rpm
③ 1620rpm
④ 1800rpm

44. 견인력 분류 중 유효견인력이라고도 하며, 가장 작은 값을 갖는 것은?
① 지시 견인력
② 동륜주 견인력
③ 인장봉견인력
④ 점착견인력

45. 어느 전동기의 입력이 80, 손실이 5%일 때 효율은 얼마인가?
① 72% ② 74%
③ 76% ④ 80%

46. 다음 중 치차비와 속도, 견인력과의 관계가 맞는 것은? (단, V=속도, Gr=기어비, T=견인력)
① $V \propto Gr$ $T \propto Gr$
② $V \propto \frac{1}{Gr}$ $T \propto \frac{1}{Gr}$
③ $V \propto Gr$ $T \propto \frac{1}{Gr}$
④ $V \propto \frac{1}{Gr}$ $T \propto Gr$

47. 견인정수 산정할 때 고려사항이 아닌 것은?
① 열차의 사명
② 선로의 상태
③ 승강장의 유효장
④ 객화차의 상태

48. 견인정수 산정 시 선로의 상태에 따른 고려사항이 아닌 것은?
① 하구배의 완급과 장단
② 곡선 및 터널

③ 레일의 상태
④ 하구배의 제동거리

49. 견인정수 산정 시 동력차의 상태에 따른 고려사항이 아닌 것은?
① 동력차의 상태 및 제동시험
② 사용연료 및 전차선 전압
③ 제한구배상의 인출조건
④ 전기차의 온도상승 한도

50. 견인중량산정 시 열차저항에 포함되지 않는 것은?
① 곡선저항
② 터널저항
③ 구배저항
④ 출발저항

51. 철도차량이 공전 현상이 발생하지 않는 조건을 나타낸 것은?
① 점착견인력 〈 동륜주견인력
② 점착견인력 〉 동륜주 견인력
③ 점착견인력 ≤ 인장봉견인력
④ 점착견인력 ≥ 지시견인력

52. 운전기술상의 구배에 대한 각각의 설명 중 틀린 것은?
① 표준구배 : 인접역, 신호소간 1km에 걸치는 최급구배, 1km내에 2이상 구배가 있을 경우에는 1km내의 평균구배
② 지배구배 : 열차운전에 있어서 최대의 견인력이 요구되는 구배
③ 환산구배 : 구배저항을 곡선저항으로 환산하여 표시한 구배
④ 가상구배 : 구배구간을 운전하는 열차의 속도변화를 구배로 환산하여 실제구배에 대수적으로 가산한 구배

53. 열차가 20‰인 상구배의 구배정상까지 오를 때 타력으로 5‰분 만큼 올랐다고 한다면 가상구배는 얼마인가?
① 5‰ ② 15‰
③ 20‰ ④ 25‰

54. 다음 중 평지에서 발차 시 운전계획상 특성견인력 값으로 틀린 것은?
① 화물열차(디젤기관차) : 1시간 정격의 100%이내
② 여객열차(디젤기관차) : 1시간 정격의 120%이내
③ 디젤동차 : 점착견인력에 대응한 견인력
④ 전기기관사 : 공칭전압의 90%이하

55. 다음 중 구배에서 발차 시 운전계획상 특성견인력 값으로 맞는 것은?
① 화물열차(디젤기관차) : 1시간 정격의 100%이내
② 여객열차(디젤기관차) : 1시간 정격의 120%이내
③ 디젤동차 : 점착견인력에 대응한 95%이하
④ 전기기관사 : 공칭전압의 90%이하

56. 다음 중 견인력을 지배하는 요소 중 틀린 것은?
① 차량의 특성
② 차륜과 레일간의 상태
③ 점착계수
④ 차량연결 방법

57. 다음 견인정수의 용어설명 중 맞는 것은?
① 실제량수법 : 차량의 종류나 크기가 달라도 사용 가능하다.
② 실제 ton수법 : 실제 차량 중량 측정이 곤란한 문제점이 있다.
③ 인장봉 하중법 : 인장봉견인력과 열차저항이 다를 때만 사용 가능하다.
④ 수정 ton수법 : 객화차의 저항이 모두 중량에 비례하지 않는다고 가정한다.

정답

1.②, 2.②, 3.④, 4.③, 5.③, 6.①, 7.③, 8.①, 9.③, 10.②, 11.③, 12.③, 13.②, 14.①, 15.③, 16.④, 17.④, 18.①, 19.③, 20.④, 21.④, 22.③, 23.③, 24.③, 25.④, 26.④, 27.③, 28.④, 29.②, 30.④, 31.②, 32.③, 33.④, 34.②, 35.③, 36.③, 37.④, 38.④, 39.②, 40.②, 41.①, 42.②, 43.①, 44.③, 45.③, 46.④, 47.④, 48.①, 49.①, 50.④, 51.②, 52.③, 53.②, 54.③, 55.④, 56.④, 57.②

제4장 열차저항

1. 다음 설명 중 틀린 것은?
① 출발저항은 기온이 높을수록, 정차시간이 길수록 크다.
② 출발저항은 3km/h에서 최소가 된다.
③ 주행저항은 객차가 화자보다, 빈차가 실은 차보다, 편성량 수가 적을수록 크다.
④ 차륜과 축수간이 마찰저항은 차륜직경에 비례하고 차축직경에 반비례 한다.

2. 주행저항 $R=a+bV+cV^2$으로 나타낼 수 있다. 다음 중 a에 해당하지 않는 것은?
① 차량의 동요
② 차축과 축수간의 마찰저항
③ 차륜의 회전 마찰저항
④ 기계부분의 마찰 저항

3. r= a + bv + cv2에서 a, b, c설명 중 맞는?
① a=충격에 의한 저항
② b=후렌지와 레일간 마찰저항
③ c=기계부분의 마찰저항
④ a=차륜의 회전마찰 저항

4. 다음 균형속도의 설명 중 틀린 것은?
① 유효견인력과 객화차의 열차저항이 균형을 이룰 때의 속도이다.
② 전기기관차는 균형전류가 1시간 정격의 120%로 되는 속도
③ 디젤기관차는 균형전류가 1시간 정격으로 되는 속도
④ 액체식디젤동차 18km/h

5. 10‰의 하구배에 700m의 곡선이 있는 경우 환산구배 값은 얼마인가?
① -9 (‰)
② -11 (‰)
③ 9 (‰)
④ 11 (‰)

6. 곡선반경 1400m, 중량 600ton 일 때 총 곡선저항값은 얼마인가?
① 150kg ② 200kg ③ 250kg ④ 300kg

7. 구배와 열차장을 고려하여 견인전수 산정을 위한 계산상의 최대구배는?
① 가상구배
② 표준구배
③ 지배구배
④ 등가구배

8. 20‰ 상구배중에 반경 350m의 곡선을 만들 경우, 곡선부분의 열차저항을 직선부분과 동등하게 하려면 곡선부분의 구배를 몇 ‰로 하면 좋은가?
① 17‰
② 18‰
③ 19‰
④ 20‰

9. 열차저항이 큰 순서대로 바르게 나열한 것은?
가. 전부, 나. 제2위차, 다. 중간차, 라. 후부차
① 가 - 나 - 다 - 라
② 가 - 라 - 나 - 다
③ 가 - 라 - 다 - 나
④ 라 - 가 - 다 - 나

10. 다음 슬랙의 설명 중 틀린 것은?
① 차량이 곡선부를 원활하게 통과할 수 있도록 바깥쪽 레일을 기준으로 궤간을 확대한다.
② 반경 600m 이하의 곡선구간에 두며, 30mm이하로 한다.
③ 복심곡선안의 경우 두 곡선 사이의 캔트차이의 600배 이상의 길이로 체감
④ 복심곡선안의 경우 두곡선 사이의 슬랙의 차이를 체감, 곡선 반경이 작은 곡선에서 행한다.

11. 다음 중 슬랙의 체감 길이로 맞는 것은?
① 완화곡선이 있는 경우 - 완화곡선 전체길이
② 완화곡선이 없는 경우 - 캔트의 체감길이의 600배
③ 복심곡선안의 경우 - 슬랙차이의 600배 이상의 길이
④ 복심곡선안의 경우 두 곡선 사이의 슬랙의 차이를 체감하되, 곡선반경이 작은 곡선에 행한다.

12. 터널저항의 설명 중 틀린 것은?
① 터널저항의 크기는 터널의 단면적, 길이 측면형상, 열차 속도 등에 따라 다르다.
② 길이에 비례하고 속도의 제곱에 비례한다.
③ 150km/h이하 열차에 대하여는 단선 2kg/ton, 복선 1kg/ton 적용한다.
④ 환산저항 값은 운전계획상 600m이상의 터널에 일괄 적용한다.

13. 다음 용어 중 성격이 다른 것은?
① 등가중량　② 실효중량
③ 부가관성중량　④ 회전관성중량

14. 가속도 저항에 대한 설명 중 틀린 것은?
① 가속도 저항은 동륜주 견인력에 주행저항, 구배저항, 곡선저항을 제한값이다.
② 부가관성계수는 일반열차 6%, 전동열차 9%, 고속열차 5%로 산정한다.
③ 가속도는 균형속도에 도달하면 가속은 불가능하다.
④ 관성계수는 실제중량을 부가관성중량으로 나눈 값이다.

15. 다음 마찰력에 대한 설명 중 틀린 것은?
① 마찰계수와 수직항력은 비례한다.
② 최대 정지 마찰력은 수직항력에 비례한다.
③ 정지마찰계수 〉 정지마찰계수 〉 회전마찰계수
④ 마찰계수의 크기는 접촉면 넓이와는 무관하다.

16. 마찰력에 대한 설명으로 맞는 것은?
① 동륜직경에 반비례 한다.
② 차축직경에 반비례 한다.
③ 동륜직경 차축직경에 비례한다.
④ 차축직경에 비례한다.

17. 열차저항이 발생하는 조건 중 선로상태에 의한 것이 아닌 것은?
① 구배의 크기
② 곡선 반경의 대소
③ 레일의 형상
④ 기후상태

18. 열차저항이 발생하는 조건 중 차량의 상태에 의한 것이 아닌 것은?
① 차량의 구조
② 견인정수
③ 윤활유의 종류
④ 기후상태

19. 다음 곡선저항에 대한 설명 중 틀린 것은?
① 내,외측 레일의 길이 차에 의한 마찰저항이다
② 곡선반경이 크면 저항도 커진다.
③ 원심력에 의한 차륜 후렌지와 레일의 마찰저항이다
④ 대차의 고정축거가 클수록 커진다.

20. 다음 곡선 저항에 대한 설명 중 틀린 것은?
① 고정축거에 비례한다.
② 궤간에 비례한다.
③ 곡선반경에 반비례한다.
④ 마찰계수는 영향이 없다.

21. 다음 열사저항에 내안 설병 중 틀린 것은?
① 출발저항은 회전부문 유막파괴로 발생되며, 기온이 높을수록 정차시간이 길수록 크다.
② 주행저항의 원인 중 차축과 축수 간 마찰저항은 마찰계수, 차량부담중량, 차축직경에 비례에 비례하고 차륜직경에 반비례한다.
③ 공기저항은 차량중량과 무관하며. 단면적에 비례하고 속도제곱에 비례한다.
④ 열차저항이란 열차의 진행 반대방향으로 작용하는 힘으로 모든 열차저항은 손실로 작용한다.

22. 다음 주행주항의 요인 중 가장 크게 작용하는 것은?
① 동요에 의한 저항
② 충격에 의한 저항
③ 기계부분의 마찰저항
④ 후렌지와 레일간의 마찰저항

23. 열차의 주행저항 발생 원인이 아닌 것은?
① 차축과 축수간 유막파괴
② 차륜답면과 레일간 마찰저항
③ 동요에 의한 저항
④ 차륜의 회전 마찰저항

24. 한국철도에서 중저속용 열차(150km/h)의 터널저항(환산저항값) 적용값으로 바른 것은?
① 단선터널 1kg/ton, 복선터널 2kg/ton
② 단선터널 2kg/ton, 복선터널 1kg/ton
③ 단선터널 2kg/ton, 복선터널 4kg/ton
④ 단선터널 4kg/ton, 복선터널 2kg/ton

25. 다음 터널저항에 대한 설명 붕 틀린 것은?
① 터널저항의 크기는 터널의 단면적, 길이, 측면형상, 열차속도 등에 따라 다르다.
② 터널의 길이에 비례하고 속도의 자승에 비례한다.
③ 환산저항값은 운전계획상 600m이상의 터널에 일괄 적용한다.
④ 터널저항은 열차가 터널주행시 발생하는 공기저항에 의하여 발생한다.

26. 20‰의 상구배중에 반경 350m의 곡선을 만들 경우, 곡선부분의 열차저항을 직선부분과 같이 하려면 곡선부분의 구배를 얼마로 하여야 하는가?
① 17.5‰
② 18‰
③ 23.5‰
④ 24‰

27. 곡선반경 400m인 선로에 슬랙을 부설한다면 얼마로 하여야 하는가? (단, 조정값 S'는 2로 한다.)
① 1.75mm
② 2mm
③ 4mm
④ 6mm

28. 다음 횡압의 발생 원인에 대한 설명 중 틀린 것은?
① 차륜의 플랜지가 외측 레일 미는 힘에 의하여 발생한다.
② 차량 동요에 따라 사행동과 궤도의 틀림에 의하여 발생한다.
③ 분기기 및 신축이음매 등을 주행할 때 발행하는 충격력이다.
④ 캔트 설정속도 이상으로 주행시 선로의 내측, 그 이하로 주행시 외측으로 발생한다.

29. 다음 중 열차가 탈선할 수 있는 수직력에 대한 횡압의 최대 크기는 얼마인가?
① 50%
② 60%
③ 80%
④ 100%

30. 다음 중 열차별 부가관성계수 올바른 것은?
① 일반열차 6%, 전동열차 9%, 고속열차 5%
② 일반열차 6%, 전동열차 5%, 고속열차 9%
③ 일반열차 5%, 전동열차 6%, 고속열차 9%
④ 일반열차 9%, 전동열차 6%, 고속열차 5%

31. 다음 중 부가관성계수를 고려한 전동열차의 총가속력(총가속도저항 : kg)을 구하는 식으로 바른 것은? (단, W: 열차중량, S: 이동거리, V_1: 처음속도, V_2: 나중속도)
① $F = \frac{4.17W(V_2^2 - V_1^2)}{S}$
② $F = \frac{4.29W(V_2^2 - V_1^2)}{S}$
③ $F = \frac{4.13W(V_2^2 - V_1^2)}{S}$
④ $F = \frac{4.35W(V_2^2 - V_1^2)}{S}$

32. 다음 주행저항의 차축과 축수간의 마찰계수(μ)값을 변화시키는 요인에 대한 설명 중 틀린 것은?
① 차축의 부담중량 증가 시 감소한다.
② 윤활유 온도가 높아지면 감소한다.

③ 발차할 때 최대, 3km/h에서 최소값이 된다.
④ 차축부담중량의 제곱근에 반비례하고, 속도의 제곱근에 비례한다.

33. 다음 중 차량동요의 원인으로 볼 수 없는 것은?
① 레일이음의 상하, 좌우 불일치
② 곡선부의 원심력 작용
③ 풍압
④ 선로구배의 경사도

정답
1.④, 2.①, 3.②, 4.④, 5.①, 6.④, 7.④, 8.②, 9.③, 10.④, 11.①, 12.④, 13.②, 14.④, 15.①, 16.①, 17.④, 18.②, 19.②, 20.④, 21.④, 22.①, 23.①, 24.②, 25.③, 26.②, 27.③, 28.④, 29.③, 30.①, 31.②, 32.④, 33.④

제5장 제동이론

1. 6kg의 제동관압력이 투입된 경우 객화차의 최대 감압량과 최대 제동통압력으로 알맞은 것은?
① 1.41kg/cm^2 3.59kg/cm^2
② 1.43kg/cm^2 3.58kg/cm^2
③ 1.65kg/cm^2 4.35kg/cm^2
④ 1.71kg/cm^2 4.28kg/cm^2

2. 서울-수원간 60km를 여객열차로 운행하였다. 표정속도와 평균속도로 맞는 것은? (순수운전시분 50분, 정차시분 10분)
① 평균속도 : 72km/h, 표정속도 : 60km/h
② 평균속도 : 60km/h, 표정속도 : 72km/h
③ 평균속도 : 70km/h, 표정속도 : 55km/h
④ 평균속도 : 55km/h, 표정속도 : 70km/h

3. A역에서 09:00 출발하여 E역에 11:00에 도착한 열차의 평균속도와 표정속도는 얼마인가? (단, A역에 E역까지의 거리는 180km이며, 도중에 B역에서 10분, C역에서 5분, D역에서 5분을 정차하였음)
① 평균속도 108km/h, 표정속도 90km/h
② 평균속도 90km/h, 표정속도 108km/h
③ 평균속도 96km/h, 표정속도 80km/h
④ 평균속도 80km/h, 표정속도 96km/h

4. 질량 50kg의 물체에 150N의 힘이 작용하였다면 이때의 가속도는 얼마인가?
① 2m/s^2 ② 3m/s^2 ③ 4m/s^2 ④ 5m/s^2

5. 다음은 제동율에 대한 설명이다. 틀린 것은?
① 축제동율이란 열차 축당중량에 대한 축당 제륜자압력의 비를 말한다.
② 축제동율에는 동축 이외의 차축도 계산하여야 한다.
③ 전차제동율이란 열차 전 중량에 대한 총 제륜자압력의 비를 말한다.
④ 제동거리를 산출 할 때는 전차제동율을 사용한다.

6. 다음 제동에 관한 설명 중 틀린 것은?
① 제동배율이란 제동통압력과 제륜자 압력의 비를 말한다.
② 제동사용율이란 전제동과 부분제동과의 비를 말한다.
③ 제동율은 열차중량에 대한 제륜자압력의 비를 말한다.
④ 수제동일 때는 전차제동율이 30% 이상 정한다.

7. 제동율에 의한 열차편성의 조건 중 틀린 것은?
① 가능하면 여객, 화물용 견인차를 구분하여 배치한다.
② 차량을 혼합편성 시 제동율의 중간치를 위하여 충격을 최소화 한다.
③ 화물열차 또는 입환을 위한 동력차는 제동율을 높인다.
④ 객차와 화자의 제동율은 차이가 크다.

8. 피스톤 행정이 늘어나면 제동력도 작아지는 제동방식은?
① ARE
② SELD
③ LN
④ SED

9. 제동관 압력 5kg/㎠일 때 객화차의 최대 감압량과 최대제동통압력을 바르게 연결한 것은?
① 1.41kg/㎠ 3.59kg/㎠
② 4.65kg/㎠ 4.35kg/㎠
③ 1.43kg/㎠ 3.58kg/㎠
④ 1.71kg/㎠ 4.28kg/㎠

10. 제동거리에 대한 설명 중 틀린 것은?
① 전 제동거리는 공주거리에 실제동거리를 더한 값이다.
② 실 제동 거리는 중량에 비례, 감속력에 반비례, 제동초속도의 자승에 비례한다.
③ 공주시간은 제동장치의 종류, 제동취급방법, 열차의 편성, 연결량 수 등에 따라 다르다.
④ 공주거리는 제동이 걸리는 시점부터 예정 제동율의 75%에 도달 할 때까지 진행한 거리이다.

11. 다음 중 철도차량의 제륜자 압력과 관계없는 것은?
① 제동통직경의 자승에 비례한다.
② 제동통수에 비례한다.
③ 제동배율에 비례한다.
④ 제륜자 이동거리에 비례한다.

12. 시속 72km/h의 속도로 운행 중인 열차의 공주시간이 1초이고, 감속도가 4.0km/h/s 일 때 제동거리는 얼마인가?
① 160m
② 180m
③ 200m
④ 220m

13 시속 100km로 운행하는 여객열차의 제동거리(m)를 약산식으로 구하면 얼마인가?
① 100m
② 500m
③ 714m
④ 1000m

14 시속 49km로 운행하는 화물열차의 제동거리(m)를 약산식으로 구하면 얼마인가?
① 100m
② 120m
③ 171.5m
④ 350m

15. 시속 72km로 운행하는 ARE차량의 비상제동거리(m)는 얼마인가? (단, 감속도는 4km/h/s로 한다.)
① 160m
② 180m
③ 210m
④ 240m

16. 발전제동을 사용하기 위한 조건 중 틀린 것은?
① 주전동기와 저항기(방전용)를 폐회로로 만들어야 한다.

② 전기자 전류의 방향과 계자 전류의 방향이 반대 방향이 되도록 권선을 연결시켜 주어야 한다.
③ 각 발전기의 부하는 평행이 되어야 한다.
④ 자극은 잔류자기를 가져야 한다.

17. 다음 중 전동차의 제동 배율의 크기가 틀린 것은?
① SELD(M차) : 3.66
② HRDA(M차) : 4.47
③ SELD(1위) : 2.13
④ HRDA(T차) : 3.2

18. 다음 중 기초 제동장치의 구비 조건이 아닌 것은?
① 힘의 전달에 대하여 최대의 효율을 가져야 한다.
② 최대의 제동력이 발휘되도록 하여야 한다.
③ 중량 및 형상의 크기는 작으면서도 안전도가 높아야 한다.
④ 부품의 마모(제륜자, 차륜)에 관계없이 일정한 제동력 발휘하여야 한다.

19. 다음 중 제동 배율에 관한 설명으로 틀린 것은?
① $\frac{\text{피스톤이 움직인 거리}}{\text{제륜자 이동거리}}$
② $\frac{\text{제륜자 총 압력}}{\text{피스톤 총 압력}}$
③ $\frac{\text{제동 압력}}{\text{제동 원력}}$
④ $\frac{\text{기초 제동장치의 효율}}{\text{제동통 길이}}$

20. 다음 중 제동률 변화 요인이 아닌 것은?
① 제동통 직경
② 제동배율 크기
③ 제동통 압력 크기
④ 제동통 피스톤 재질

21. 다음 중 기초 제동장치의 구비 조건이 아닌 것은?
① 힘의 전달에 대하여 최대의 효율을 가져야 한다.
② 최대의 제동력이 발휘되도록 하여야 한다.
③ 중량 및 형상의 크기는 작으면서도 안전도가 높아야 한다.
④ 부품의 마모(제륜자, 차륜)에 관계없이 일정한 제동력 발휘하여야 한다.

22. 다음 중 제동장치의 설명으로 틀린 것은?
① 수용 제동장치는 전동방지용으로 사용된다.
② 발전제동, 회생제동, 레일제동, 와류제동, 혼합제동은 전기식 제동장치에 포함된다.
③ 공기제동장치는 자동공기제동장치와 직통공기제동장치로 구분된다.
④ 발전제동과 회생제동에서는 발생된 전력을 낭비하지 않는 장점이 있다.

23. 다음 중 정지거리 계산식에 대한 설명으로 틀린 것은?
① 정지거리는 제동 초속도에 영향이 크고 제동거리는 평균 감속력에 반비례한다.
② 공주거리, 공주시간은 제동관 공기의 유동시간, 제동장치의 동작 시간 등의 영향으로 발생하고 공주거리는 제동초속도와 공주시간에 비례한다.
③ 제동거리는 열차의 중량, 열차의 제동취급 시 속도의 제곱에 비례하고, 감속력에 반비례 한다.
④ 열차의 속도가 12km/h이고 감속도가 2km/h/s일 때 제동거리를 약식으로 구하면 100m이다

24. 다음 중 제동율의 설명으로 틀린 것은?
① 혼합편성에서 평균값을 사용하여 열차충격을 최소화 한다.
② 제동기가 작용하는 차축에 대한 제동율을 전차제동율이라 한다.
③ 전동차에 사용하는 비상제동율은 122%이다.
④ 제동거리를 산출할 때는 전차제동율을 사용한다.

25. 다음 제동원력에 대한 설명 중 바른 것은?
① 제동통 피스톤 면에 작용하는 압력
② 순수하게 제동통으로부터 나오는 압력
③ 제륜자가 차륜답면을 누르는 압력
④ 제동통 압력과 제륜자 압력의 비

26. 다음 제동에 대한 설명 중 틀린 것은?
① 전 제동이란 제동기 설계상 최대 사용가능한 비상제동을 말한다.
② 전 제동에서 제동력이 가감된 경우 부분제동이라 한다.
③ 제동 사용율이란 부분제동에서 전제동을 나눈 값이다.
④ 부분제동이란 전제동과 제동사용율의 곱이다.

27. 다음 설명 중 틀린 것은?(단, P: 제륜자 압력, f: 마찰계수, W: 축중량, μ: 점착계수)
① 열차의 가속과 제동에 따라 차량중량이 이동하는 것을 축중이동이라 한다.
② 전동차의 경우 최대 축중이동값을 15%정도 고려한다.
③ 차륜이 활주하지 않기 위해서는 $P \cdot f \leq \mu \cdot W$가 되어야 한다.
④ 활주하지 않는 최대 제동력은 마찰계수와 점차계수에 비례한다.

28. 다음 보일의 법칙에 대한 설명 중 틀린 것은?
① 일정온도에서 기체의 압력과 그 부피는 서로 비례한다
② 일정온도에서 기체의 압력과 그 부피는 서로 반비례한다.
③ 공기제동장치의 기초이론을 제공한다.
④ 공기의 압력과 부피와의 관계를 정리한 법칙이다.

29. 다음 제동장치의 설명 중 틀린 것은?
① 회생제동 : 발전제동 시 발생된 전력을 전차선으로 반환한다.
② 레일제동 : 레일과 차량 간 같은 극성의 자력을 이용한다.
③ 와류제동 : 궤간에 별도의 와류장치를 설치하여야 한다.
④ 혼합제동 : 공기제동장치와 전기제동장치가 혼합하여 작용한다.

30. 다음 설명 중 틀린 것은?
① 제동원력은 제동통의 내경과 제동통 정미압력에 비례한다.
② 제륜자압력은 BC압력, 제동통수, 제동배율, 효율에 비례한다.
③ 정미압력이란 리턴스프링의 압력과 제동통 피스톤 로드와의 마찰력을 뺀 압력을 말한다.
④ 제동원력이란 제륜잘ㄹ 직접 누르는 경우 제륜자를 누르는 힘을 말한다.

31. 제동통 정미(유효)압력을 계산할 때 손실되는 압력은 얼마를 고려하는가?
① 0.25kgf/㎠
② 0.35kgf/㎠

③ 0.4kgf/㎠
④ 0.5kgf/㎠

32. 제동통 피스톤행정거리를 제륜자의 이동거리로 나누어준 것을 무엇이라 하는가?
① 제동율
② 제동사용율
③ 제동배율
④ 제동원력

33. 제동율 변화에 영향을 주는 요인으로 아닌 것은?
① 차량 조성 수
② 제동통 직경
③ 기초제동장치 제동배율
④ 기초제동장치 효율

34. 다음 제동율에 영향을 미치는 인자 중 설계상 일정한 것을 모두 고르시오?

가. 제동통의 직경	나. 제동통 압력
다. 기초제동장치 제동배율	라. 기초제장치 효율

① 가, 나
② 가, 다
③ 나, 다
④ 가, 나, 다, 라

35. 다음 실제동거리에 대한 설명 중 틀린 것은?
① 열차의 중량에 비례한다.
② 열차의 감속력에 반비례한다.
③ 열차의 제동초속도의 자승에 비례한다.
④ 열차의 편성길이에 비례한다.

36. 제동체결 시 제륜자에 가해지는 압력에 영향을 미치는 요소에 대한 설명 중 바른 것은?
① 제동배율 비례한다.
② 제동통 직경에 비례한다.

③ 제동장치 효율에 반비례
④ 주공기통 압력에 반비례

37. 제륜자 압력이 커지면 마찰계수 값은 어떻게 변하는가? (단, 제동력 값은 일정하다고 본다.)
① 작아진다.
② 커진다.
③ 일정하다.
④ 관계없다.

38. 축중이동에 대한 설명 중 틀린 것은?
① 가속이나 감속 시에 차량중량이 이동하는 현상을 축중이동이라 한다.
② 발차 시에는 차량의 앞쪽에, 제동시에는 차량의 뒤쪽에 중량이 가해진다.
③ 최대견인력, 최대제동력을 계산할 때 고려한다.
④ 전 중량의 약 85%를 점착중량으로 산정 한다.

정답
1.③, 2.①, 3.①, 4.②, 5.②, 6.④, 7.③, 8.③, 9.①, 10.④, 11.④, 12.③, 13.②, 14.②, 15.③, 16.②, 17.③, 18.②, 19.④, 20.④, 21.②, 22.④, 23.④, 24.②, 25.①, 26.①, 27.④, 28.①, 29.②, 30.①, 31.③, 32.③, 33.①, 34.②, 35.④, 36.①, 37.①, 38.②

제6장 운전계획

1. 소요차량 편성수가 29편성, 표정운전시분 45분 양단역 반복시분 5분 예비율15%(4편성)라면 영업용 운용차량 편성수와 최소운행시격은 얼마인가?
① 25편성 3분
② 29편성 3분
③ 25편성 4분
④ 29편성 4분

2. 열차횟수의 산정 설명 중 틀린 것은?
① 승차효율은 열차승차인원에 비례하고 1량 정원과 연결량 수에 반비례한다.
② 열차횟수는 수송량에 비례하고 승차인원에 반비례한다.
③ 편성량 수 및 승차효율이 일정하면 수송량의 증가와 열차횟수의 증가는 반비례한다.
④ 노선에 대해 여객열차의 최소 열차회수는 최저 1왕복이며, 화물열차는 최저 "0"이다.

3. 다음 중 사용목적에 따른 운전선도의 분류가 아닌 것은?
① 계획운전선도
② 실제운전선도
③ 표준운전선도
④ 가속력 선도

4. 소요차량 편성수가 20편성, 표정시분 30분, 양단역 반복시분 6분, 예비율이 10%라면 영업용 운용차량 편성수와 최소운행시격은?
① 18편성, 4min
② 20편성, 4min
③ 18편성, 5min
④ 20편성, 5min

5. 열차의 정차시간 산정에 관한 설명 중 틀린 것은?
① 전동차의 편성량 수에 반비례한다.
② 역의 시간당 승차인원에 반비례한다.

③ 출입문 수에 반비례한다.
④ 도시철도의 역정차시간은 30초, 경전철은 20초로 적용한다.

6. 다음 중 선로용량의 산정에 있어 고려사항 중 현실적 선로용량을 산정하기 위한 영향 인자가 아닌 것은?
① 열차취급시분
② 열차유효시간대
③ 선로보수시간
④ 열차여유시분

7. 다음 선로용량 중 현실적 선로용량을 산정하기 요소가 아닌 것은?
① 열차취급시분
② 열차유효 시간대
③ 선로보수시간
④ 열차여유시분

8. 다음 중 열차유효시간대, 시설보수시간, 열차운전취급시간, 운전시간의 여유시분 등을 고려하여 정한 것은?
① 한계용량
② 실용용량
③ 경제용량
④ 선로이용률

9. 다음 열차횟수를 산정할 때 고려해야 할 사항이 아닌 것은?
① 승차인원
② 1량당 정원
③ 수송인 키로
④ 수송량

10. 다음 중 틀린 것은?
① 수송력을 적게 하면 열차횟수는 증가한다.
② 운행간격을 좁게 하면 수송량도 감소한다.
③ 편성량 수 및 승차효율을 적게 하면 열차횟수를 증가시켜야 한다.
④ 열차횟수는 수송량(이용승객)을 승차인원으로 나누어 구한다.

11. 다음 중 최소운행시격 설정에 영향을 미치는 요소가 아닌 것은?
① 폐색구간
② 열차편성
③ 가감속도 및 구배
④ 간격제어방식

12. 어느 도시철도 노선에서 1개 열차의 수송능력이 2,000명이고 이 노선의 출근시간 승객유입 수가 시간당 20,000명일 때 운행시격을 얼마(분)로 설정해야 하는가?
① 3
② 4
③ 5
④ 6

13. 다음 혼잡도에 대한 설명으로 틀린 것은?
① 혼잡도 100%란 객실 정원을 말한다.
② 노선마다 차이가 있지만 일반적으로 혼잡도 150%를 기준으로 열차를 배차한다.
③ 혼잡도는 승차인원과 운행시격에 의해 영향을 받는다.
④ 정원이 160명인 차량에 240명이 승차한다면 혼잡도는 150%이다.

14. 다음 설명 중 틀린 것은?
① 예비차량 수는 보유차량 수에서 운용차량 수를 뺀 값이다.
② 차량운용율이란 총 보유량 수에 대한 1일 운용량 수의 비율이다.
③ 예비율은 일반적으로 보유량의 10~15%를 산정한다.
④ 예비율은 높을수록 좋다.

15. 표정시간을 60분으로 하고 출발역과 종착역의 반복시분을 각각 10분으로 하는 신규노선에 7분 시격으로 열차를 운행하려고 할 때 운용차량 소요편성은?
① 16
② 20
③ 26
④ 28

16. 거리기준 운전선도에 표시되지 않는 것은?
① 평균속도 곡선

② 속도시간 곡선
③ 거리시간 곡선
④ 전력량 곡선

17. 다음 운전선도 중 기관사의 표준운전법 습득을 목적으로 제작한 운전선도는?
① 계획운전선도
② 실제운전선도
③ 가속력선도
④ 운전선로도표

18. 다음 중 정차시분 산정에 필요한 직접적인 요소가 아닌 것은?
① 출입문 개폐시간
② 편성량 수
③ 초당 승하차 인원
④ 운행시격

19. 다음 중 열차다이아의 종류가 아닌 것은?
① 1시간 눈금 다이아
② 30분 눈금다이아
③ 10분 눈금다이아
④ 2분 눈금다이아

20. 열차다이아 작성 시 고려해야 할 요소가 아닌 것은?
① 기관사의 운전기량
② 수송수요 수용
③ 열차지연에 대한 탄력성 확보
④ 회차 및 착발선 운전설비

21. 다음 중 선로의 보수시간, 열차취급시간 등을 고려하지 않고 산정한 선로용량은?
① 한계용량
② 실용용량
③ 경제용량
④ 적정용량

22. 다음 중 선로용량을 변화시키는 요인이 아닌 것은?
① 열차속도를 크게 변경
② 폐색방식의 변경
③ 폐색구간 거리 변경
④ 이용승객의 증감

23. 열차 DIA의 기재방법 설명 중 틀린 것은?
① 노선명칭, 다이아 작성부서, 열차번호 등을 기재하여야 한다.
② 시각선은 세로선으로 표시한다.
③ 정거장선의 간격은 일정하게 나눈다.
④ 간이역은 점선으로 표시한다.

24. 수송력 증대방안의 선택이나 착공시기의 지표가 되는 것은?
① 한계용량
② 실용용량
③ 경제용량
④ 적정용량

정답
1.③, 2.③, 3.③, 4.①, 5.②, 6.①, 7.①, 8.②, 9.②, 10.②, 11.③, 12.④, 13.②, 14.④, 15.②, 16.①, 17.②, 18.④, 19.②, 20.①, 21.①, 22.④, 23.③, 24.③

제7장 경제운전

1. 차량성능상 경제운전의 직접적인 요소가 아닌 것은?
① 고가속도 운전
② 가감속도 운전
③ 차량경량화
④ 약계자방식 운전

2. 다음 철도차량의 경제적인 운전 3원칙에 해당되지 않는 것은?
① 정시운전
② 동력비 최소
③ 충격방지
④ 서행운전

3. 다음 공전발생의 원인에 대한 설명 중 틀린 것은?
① 동륜주 견인력이 점착견인력 클 때 발생
② 세일 교환 등 신설선에서는 발생하지 않는다.
③ 선로에 눈, 비, 서리가 내려 레일이 미끄러울 때 발생
④ 차량 진동으로 축중이동이 있을 때 발생

4. 다음 점착견인을 증대시키는 방법에 대한 설명 중 틀린 것은?
① 살사를 한다.
② 동력차의 견인력을 대폭 증대시킨다.
③ 선로를 최적의 상태로 보수한다.
④ 동력차를 최적의 상태로 보수한다.

5. 다음 상구배에서 정차시 인출법이 아닌 것은?
① 자연인출법
② 압축인출법
③ 후퇴인출법
④ 중력인출법

정답
1.③, 2.④, 3.②, 4.②, 5.④

제8장 철도차량의 진동

1. 다음 철도차량의 진동에 관한 설명 중 틀린 것은?
① 1축사행동의 파장은 약14m, 대차사행동의 파장은 약30m이다.
② 탈선계수는 상하진동에 좌우진동으로 나눈 값이다.
③ 크리퍼지란 크리이프 속도를 차륜 주행속도로 나누어 준 값이다.
④ 철도차량의 진동이란 10싸이클 이상의 고주파수, 5싸이클 이하를 동요하고 한다.

2. 다음 탈선계수(Derailment coefficient) 산출식 중 옳은 것은?
(단, P : 수직력, Q : 수평력)
① P ÷ Q ② Q ÷ P ③ P × Q ④ P + Q

3. 다음 철도차량의 진동을 줄이는 방법 중 옳지 않은 것은?
① 궤도의 유간을 정확히 하고 상하, 좌우의 어긋남이 없도록 정비한다.
② 차륜간 부담중량을 균등히 한다.
③ 대차의 스프링을 오일 담퍼나 공기 담퍼로 바꾼다.
④ 대차의 상판 높이를 가급적 높게 한다.

4. 사행동에 대한 설명 중 틀린 것은?
① 사행동은 차륜의 테이퍼 때문에 발생한다.
② 1차사행동은 저속에서 일어나는 차체사행동이다.
③ 2차 사행동은 대차사행동으로 속도가 증가하면 없어진다.
④ 고속에서 일어나는 3차 사행동은 차축에서 일어난다.

5. 철도차량 진동에 대한 설명 중 틀린 것은?
① 사행동이란 차륜 테이퍼 경사 때문에 발생하는 진동이다.
② 피칭이란 차체가 좌우방향으로 흔들리는 진동이다.
③ 헌팅이란 차량의 횡진동을 말한다.
④ 크리프란 차륜과 레일간에 일어나는 일종의 미끄러짐 현상이다.

6. 다음 철도차량의 진동을 감소시키는 방법 중 옳지 않은 것은?
① 궤간의 유간을 정확히 한다.
② 대차의 상판 높이를 낮게 한다.

③ 차륜의 테이퍼를 최대화 한다.
④ 차륜의 후렌지와 레일간의 간격을 가급적 최소화 한다.

7. 다음 철도차량의 진동에 대한 설명 중 틀린 것은?
① 헌팅이란 횡진동이 심하게 나타나는 현상이다.
② 대차에서 일어나는 헌팅은 속도가 상승하면 없어진다.
③ 차체에서 일어나는 헌팅은 비교적 낮은 속도에서 나타난다.
④ 3차 헌팅은 차축헌팅이다.

8. 다음 진동 중 성격이 다른 것은?
① 좌우진동
② 상하진동
③ 전후진동
④ 사행동

9 다음 중 스프링 아래 중량에 대한 스프링 위 중량의 상대운동이 아닌 것은?
① 상하진동
② 핏칭진동
③ 로우링진동
④ 사행동

10. 다음은 사행동의 설명이다. 틀린 것은?
① 1축사행동의 파장은 약 14m이다.
② 대차 사행동의 파장은 약 30m이다.
③ 대차사행동은 축거에 반비례하고, 궤간에 비례한다.
④ 1축 사행동의 파장은 궤간과 차륜경에 비례하고, 답면구배에 반비례한다.

11. 다음 차량의 진동에 대한 설명 중 틀린 것은?
① 스프링 아래와 위 중량의 상대운동이 있다.
② 10싸이클 이상을 진동, 5싸이클 이하의 주파수를 동요로 구분한다.
③ 철도차량의 진동은 6개로 구분할 수 있다.
④ 전후진동은 로오링진동을 좌우진동은 핏칭진동을 동반한다.

12. 크리프(Creep) 속도를 차륜 주행속도로 나누어 주었을 때, 이것을 무엇으로 정의하는가?

① 크리퍼지(creepage)
② 크리퍼(creeper)
③ 사행동
④ 균형속도

정답
1.②, 2.②, 3.④, 4.③, 5.②, 6.③, 7.②, 8.②, 9.④, 10.③, 11.④, 12.①

철도운전이론 해설

鐵道運轉理論 解說

저 자 | **황보 작** 著

발행처 | 에듀컨텐츠휴피아
발행인 | 李 相 烈
발행일 | 초판 1쇄 • 2017년 8월 28일

출판등록 | 제22-682호 (2002년 1월 9일)

주 소 | 서울 광진구 자양로 30길 79
전 화 | (02) 443-6366
팩 스 | (02) 443-6376
e-mail | huepia@daum.net
web | http://cafe.naver.com/eduhuepia

만든사람들 | 기획 • **김수아** / 책임편집 • **이지원 김연경 유현주 황혜영**
디자인 • **김미나** / 영업 • **이순우**

정 가 | 21,000원
I S B N | **978-89-6356-210-0** (93320)

[도서검색 QR코드]